中国地质调查成果 CGS 2016—055
华东地区矿产资源潜力评价成果系列丛书
"华东地区矿产资源潜力评价"项目资助(1212011121031)

华东地区化探综合研究

HUADONG DIQU HUATAN ZONGHE YANJIU

陈国光　湛　龙　等著

中国地质大学出版社
ZHONGGUO DIZHI DAXUE CHUBANSHE

图书在版编目(CIP)数据

华东地区化探综合研究/陈国光等著. —武汉:中国地质大学出版社,2017.12
(华东地区矿产资源潜力评价成果系列丛书)
ISBN 978-7-5625-4190-5

Ⅰ.①华…

Ⅱ.①陈…

Ⅲ.①矿产勘探-地球化学勘探-研究-华东地区

Ⅳ.①P624

中国版本图书馆 CIP 数据核字(2017)第 302758 号

华东地区化探综合研究			陈国光 湛 龙 等著
责任编辑:舒立霞	选题策划:毕克成 刘桂涛		责任校对:周旭
出版发行:中国地质大学出版社(武汉市洪山区鲁磨路388号)			邮编:430074
电 话:(027)67883511	传 真:(027)67883580		E-mail:cbb@cug.edu.cn
经 销:全国新华书店			Http://cugp.cug.edu.cn
开本:880毫米×1230毫米 1/16		字数:563千字 印张:17.5 插页:1 附图:1	
版次:2017年12月第1版		印次:2017年12月第1次印刷	
印刷:武汉中远印务有限公司		印数:1—800 册	
ISBN 978-7-5625-4190-5			定价:280.00元

如有印装质量问题请与印刷厂联系调换

《华东地区矿产资源潜力评价成果系列丛书》
编辑委员会

主　任：郭坤一　邢光福　班宜忠　骆学全　高天山　赵牧华
　　　　陈国光　张　洁　刘红樱　肖志坚

委　员：（按姓氏笔画排列）

丁少辉　马　明　王存智　兰学毅　朱律运　朱静苹
江俊杰　安　明　许乃政　孙建东　苏一鸣　杨义忠
杨用彪　杨海翔　杨　辉　李　明　李明辉　李学燮
李　翔　肖　凡　吴文渊　吴礼彬　吴涵宇　余明刚
余根锌　邹　霞　张大莲　张开毕　张启燕　张　明
张宝松　张　娟　张　翔　陈　刚　陈志洪　陈　艳
陈润生　林乃雄　罗惠芳　金永念　周存亭　周效华
赵希林　胡海风　段　政　姜　杨　袁　平　袁　强
贾　根　夏春金　晏俊灵　徐振宇　陶　龙　黄国成
黄顺生　黄　燕　黄　震　曹祖华　康占军　鹿献章
梁红波　梁晓红　董长春　惠　军　湛　龙　谢　斌
靳国栋　雷良城　詹雅婷　魏邦顺　魏　峰

《华东地区化探综合研究》

著　者：陈国光　湛　龙　黄顺生　赵华荣　夏春金　康占军
　　　　江俊杰　李明辉　杨用彪　朱律运　梁晓红

序

华东地区位于中国东南部,行政区划上包括皖、浙、赣、苏、沪、闽、台六省一市及所属海域,大地构造上横跨华北陆块区、秦祁昆造山系、扬子陆块区、钦杭结合带、华夏造山系和菲律宾造山系6个一级大地构造分区,经历了复杂的构造演化过程和丰富多彩的成矿作用。从全球角度看,华东地区位于世界巨型成矿域——环太平洋成矿域的西南部,涉及华北(陆块)、秦岭-大别、扬子、华南4个成矿省,14个Ⅲ级成矿(区)带,拥有长江中下游成矿带、钦杭成矿带(东段)、武夷山成矿带、武当-桐柏-大别成矿带(东段)、南岭成矿带(东段)等国家级重点成矿带。《华东地区矿产资源潜力评价成果系列丛书》主要是"全国矿产资源潜力评价"计划项目(2006—2013)下设工作项目——"华东地区矿产资源潜力评价与综合"(2006—2013)的系列研究成果,是在华东六省一市完成省级矿产资源潜力评价工作的基础上,以工作项目下设的华东全区成矿地质背景研究、重磁特征综合研究、化探综合研究、遥感地质综合研究、自然重砂综合研究、重要矿产区域成矿规律研究、重要矿种矿产预测研究、矿产资源潜力评价综合信息集成研究等各专题成果为单元分别编著的。诸多数据、资料都引用和参考了1999年以来实施的"新一轮国土资源大调查专项"、中央地勘基金、华东地区省级地勘基金专项及其他相关地质调查与科研工作的成果资料。

《华东地区矿产资源潜力评价成果系列丛书》包括:

《华东地区成矿地质背景研究》

《华东地区重磁场特征及其应用研究》

《华东地区化探综合研究》

《华东地区遥感地质综合研究》

《华东地区自然重砂综合研究》

《华东地区重要矿产区域成矿规律研究》

《华东地区重要矿产预测研究》

《华东地区矿产资源潜力评价综合信息集成研究》

本丛书系统介绍了华东地区的区域地质背景、区域地球化学特征、自然重砂特征及找矿模型、区域重磁和遥感资料及地质应用、重要矿产资源特征和区域成矿规律、矿产预测研究和区域矿产资源潜力评价综合信息集成研究等成果,以大地构造相和成矿系列研究及矿床勘查资料为基础,较深入地研究了华东地区区域成矿地质特征,并从战略高度进行了华东地区重要矿产资源潜力分析。

《华东地区成矿地质背景研究》以板块构造和大陆动力学理论为指导,运用大地构造相分析方法,从原始基础地质资料着手,利用新中国成立以来1∶5万、1∶20万和1∶25万区域地质调查原始资料和最新科研成果资料,以岩石构造组合为基本单元,系统总结了区域沉积岩、火山岩、侵入岩、变质岩、大型变形构造等的大地构造相特征,总结了华东地区区域成矿地质背景,划分了华东地区大地构造单元,建立了全新的华东地区大地构造格架,为华东地区区域成矿规律、矿产资源预测和勘查评价等工作提供了基础地质资料支撑。本专著是第一部利用区域地质调查原始资料,采用大地构造相分析方法,从沉积岩、火山岩、侵入岩、变质岩、大型变形构造 5 个方面综合研究华东地区大地构造与成矿地质背景的专著。

《华东地区重磁场特征及其应用研究》系统总结了华东地区区域重磁地质调查成果，编制了华东地区区域重磁基础图件，运用数据处理与反演解释技术，对华东地区区域重力、磁场特征进行了分析研究。从地球物理学角度，对华东地区进行了构造分区，推断了华东地区主要断裂构造，圈定了岩体、沉积盆地、火山机构、变质岩地层、磁性蚀变带等地质对象，并对重要地质构造与地质体进行了 2.5D 定量计算，拟合了其空间位置与赋存状态；利用重磁资料，探讨了钦杭结合带空间位置、郯庐断裂带南延、徐淮地块与六安地块边界等一系列重大地质问题；评估了华东地区重磁应用效果和华东地区找矿潜力。

《华东地区化探综合研究》系统总结了华东地区区域地球化学调查成果，编制了华东地区 39 种元素地球化学图、地球化学异常图、地球化学推断地质构造图等，提出了华东地区区域地球化学系列参数，建立了华东地区 30 个典型矿床地质-地球化学找矿模型，集成了华东地区铜、铅、锌、钨、锑、稀土、金、磷、钼、锡、银 11 个矿种地球化学找矿预测图成果和 94 个综合找矿远景区综合成果，并对区内 59 个 A 级预测靶区、76 个 B 级预测区进行了铜资源量地球化学预测，最终预测了华东地区铜资源量。

《华东地区遥感地质综合研究》收集整理了华东地区六省一市（含上海市和台湾省）遥感及相关地质、矿产、典型矿床综合研究等方面的资料，运用遥感解译与蚀变信息提取技术，对安徽省、福建省（含台湾省）、江苏省（含上海市）、江西省及浙江省遥感地质特征进行了分析研究。从遥感地质学角度，对华东地区进行了构造分区，推断了华东地区主要断裂构造，提取了羟基异常、铁染异常、褐铁矿化、绿泥石化等蚀变信息，提出了离子吸附型稀土矿遥感找矿方法；系统阐述了遥感地质构造解译与蚀变异常关系、重要成矿区带遥感预测与评价等成果。

《华东地区自然重砂综合研究》汇总集成了华东地区自然重砂资料应用研究成果，根据华东地区区域成矿地质背景、成矿控制条件、典型矿床、成矿模式和成矿规律，利用自然重砂矿物特征和异常特征，优选了与预测矿种相关的 40 种主要自然重砂矿物进行综合编图与研究，对华东地区的铜、铅、锌、钨、金、锑、稀土、磷、锡、钼、镍、锰、银、硫、硼、萤石、重晶石等矿种进行了主要成矿类型和典型矿床的自然重砂矿物特征研究和特征异常的解释评价，以及典型预测工作区的剖析，划分出 81 个自然重砂矿物异常区（带），建立了 30 个典型矿床成因类型地质-地球化学自然重砂找矿模型，初步总结出 8 种区域矿床类型、6 种区域构造带和 3 种构造区块的自然重砂矿物组合特征、分布规律及其指示意义。选择郯庐断裂带金刚石矿产和钦杭成矿带（东段）多金属矿产进行了自然重砂资料的找矿评价应用，进一步明确了郯庐断裂带、怀玉山地区和武夷地块北部地区的找矿方向。

《华东地区重要矿产区域成矿规律研究》对华东地区成矿地质条件进行了梳理，分别阐述了地层、侵入岩、火山岩、变质岩和大型变形构造与成矿之间的关系，运用矿床成矿系列理论体系，按照前南华世、南华纪—中三叠世和晚三叠世以来等构造演化阶段，对华东地区重要矿种进行了区域成矿规律总结。该书提出了华东地区成矿区带的划分方案，其中Ⅲ级成矿区带 14 个，Ⅳ级成矿亚区带 28 个，除苏北坳陷区，均以单独章节介绍了其他Ⅲ级成矿区带的区域地质特征、矿产资源特征、矿床成矿系列厘定方案、成矿亚区带划分方案、成矿谱系、区域成矿模式和最新找矿进展及找矿方向，较全面地表现了华东地区成矿作用的面貌。

《华东地区重要矿产预测研究》全面总结了华东地区重要矿种（组）矿产预测成果，以矿产预测类型为基本单元，在分析目标矿种的基础上，划分了华东地区铁、铜、锌、铅、金、磷、钨、锑、稀土、锰、镍、锡、铬、钼、银、硼、锂、硫、萤石、重晶石 20 个矿种（组）的矿产预测类型，建立了华东地区矿产预测类型谱系表;汇总和统计分析了不同层次、不同尺度的预测成果与资源量;以 28 个 IV 级成矿亚带为纲,综述了它们的含矿建造构造特征,圈定了综合预测区,提出了找矿工作部署建议。

《华东地区矿产资源潜力评价综合信息集成研究》全面介绍了华东地区矿产地数据库、地质工作程度数据库等 8 个基础地质数据库及其更新维护方法和成果,系统阐述了华东地区基础地质编图及铁、铝、铜、锌、铅、金、磷、钨、锑、稀土、锰、镍、锡、钼、银、硼、锂、硫、萤石、菱镁矿、重晶石 21 个矿种(组)的矿产资源潜力评价专题图件数据库的建设方法、流程,以及华东地区矿产资源潜力评价综合信息集成的思路、方法及流程;建立了华东地区矿产资源潜力评价综合信息集成数据库,为华东地区矿产资源潜力评价提供了基础支撑,为矿产资源潜力评价的全流程信息化和数字化提供了方法依据。

本丛书系统收集和整理了华东地区基础地质、矿产勘查与研究等获得的海量地学资料,对重要成矿带的区域成矿地质背景和成矿作用进行了总结性研究,为区域地质调查和矿产资源勘查评价提供了重要资料,由此必将为深化华东地区成矿地质背景、成矿规律与成矿预测研究、矿产资源勘查和开发与社会经济发展规划,提供重要的科学依据。

本丛书是一套关于华东地区矿产资源潜力的最新、最实用的参考书,可供政府矿产资源管理人员、矿业投资者和从事地质矿产调查、科研和教学人员,以及对华东地区地质矿产资源感兴趣的社会公众参考。

丛书编委会
2016 年 11 月 17 日

前　言

为了贯彻落实《国务院关于加强地质工作的决定》中提出的"积极开展矿产远景调查和综合研究,科学评估区域矿产资源潜力,为科学部署矿产资源勘查提供依据"的要求和精神,国土资源部部署了全国矿产资源潜力评价工作,开展了华东地区区域地球化学综合研究,起止年限为2006—2013年,由南京地质调查中心组织,安徽省地质调查院、江西省地质调查研究院、福建省地质调查院、浙江省地质调查院、江苏省地质调查院等单位共同参加。

在实施过程中,收集华东地区区域化探数据共计128 407条(39种元素、化合物);中大比例尺地球化学数据共计181个图幅或测区。系统编制了地球化学系列图件,如华东地区地球化学工作程度图、华东地区地球化学景观图、华东地区39种元素地球化学图、华东地区39种元素地球化学异常图、华东地区11个重要矿种单矿种地球化学综合异常图、华东地区多矿种地球化学综合异常图、华东地区11个重要矿种单矿种地球化学找矿预测图、华东地区地球化学综合找矿预测图、华东地区地球化学推断地质构造图、华东地区铜矿地球化学定量预测成果图;开展了铜、铅、锌、金、钨、钼、锡、银等8个预测矿种30个典型矿床的区域地球化学研究,进行了区域成矿地球化学分带划分,初步建立了区域地质-地球化学预测要素模型。本书是对上述成果进行提炼而成,主要内容包括:华东地区区域地球化学特征与地球化学分区;华东地区地球化学异常特征与重要矿种地球化学预测区特征;典型矿床地球化学找矿模型与重要远景区地质地球化学特征;铜矿产资源地球化学定量预测方法与结果;基性岩体地球化学推断;依据地球化学资料推断了江南古陆北东缘成矿带、福建光泽-江西赣州稀土稀有成矿带,提出了上粟—万载—上高地区隐伏岩体发育,具深部找矿潜力,并对北淮阳增生杂岩中存在华北陆块与秦岭弧盆系之间的早古生代缝合带进行了分析。

本次工作的如期完成,首先要感谢全国化探方法组向运川及刘荣梅的全力支持,感谢牟绪赞、任天祥、奚小环、马振东、张华、汪明启、龚鹏等各位专家的大力帮助,同时感谢华东各省国土资源厅及地勘局各位领导和专家的支持。

著　者

2016年10月

目 录

| 第一章 绪 论 | (1) |

第一节 区域地球化学勘查现状 ………………………………………………………… (1)

一、区域地球化学调查现状 ………………………………………………………… (1)

二、区域地球化学综合研究现状 …………………………………………………… (2)

三、区域地球化学调查成果找矿意义 ……………………………………………… (2)

四、区域地球化学调查资料可利用程度 …………………………………………… (3)

第二节 区域地球化学调查方法 ………………………………………………………… (4)

一、区域地球化学野外工作方法 …………………………………………………… (4)

二、地球化学图编图方法 …………………………………………………………… (5)

第三节 华东地区地质背景特征 ………………………………………………………… (10)

一、构造 ……………………………………………………………………………… (10)

二、地层 ……………………………………………………………………………… (13)

三、岩浆岩 …………………………………………………………………………… (14)

四、矿产 ……………………………………………………………………………… (15)

第二章 区域地球化学特征 ……………………………………………………………… (18)

第一节 地球化学元素分配特征 ………………………………………………………… (18)

一、华北地层区地球化学特征 ……………………………………………………… (19)

二、苏鲁-大别地层区地球化学特征 ……………………………………………… (22)

三、下扬子地层区地球化学特征 …………………………………………………… (25)

四、华夏地层区地球化学特征 ……………………………………………………… (25)

第二节 地球化学元素分布特征 ………………………………………………………… (30)

一、元素分布特征 …………………………………………………………………… (30)

二、地球化学分区特征 ……………………………………………………………… (36)

第三章 重要矿种典型矿床地球化学特征及找矿模型 ……………………………… (46)

第一节 典型铜矿床 ……………………………………………………………………… (46)

一、安徽省铜陵市铜官山铜矿床 …………………………………………………… (46)

二、江苏省江宁区安基山铜矿床 …………………………………………………… (49)

三、浙江省绍兴市平水铜矿床 ……………………………………………………… (59)

四、江西省德兴铜矿床(田) ……………………………………………………… (62)

五、江西省城门山铜硫矿床 ………………………………………………………… (65)

六、福建省上杭紫金山铜金矿床 …………………………………………………… (70)

第二节 铅锌矿床找矿模型 ……………………………………………………………… (76)

一、江苏省南京市栖霞山铅锌矿床 ………………………………………………… (76)

二、浙江省黄岩五部铅锌矿床 ……………………………………………………………………… (80)
　　三、江西省冷水坑铅锌矿床 ………………………………………………………………………… (84)
　　四、福建省尤溪梅仙铅锌多金属矿床 ……………………………………………………………… (93)
第三节　金矿床 ………………………………………………………………………………………… (98)
　　一、江苏省江宁区汤山金矿床 ……………………………………………………………………… (98)
　　二、浙江省遂昌治岭头金矿床 ……………………………………………………………………… (102)
　　三、江西省金家坞金矿床 …………………………………………………………………………… (106)
　　四、福建省泰宁何宝山金矿床 ……………………………………………………………………… (111)
第四节　银矿床 ………………………………………………………………………………………… (115)
　　一、安徽省池州市许桥银矿床 ……………………………………………………………………… (115)
　　二、浙江省新昌县后岸银矿床 ……………………………………………………………………… (117)
　　三、福建省武平悦洋银矿床 ………………………………………………………………………… (123)
第五节　钨矿床 ………………………………………………………………………………………… (127)
　　一、安徽省祁门县东源钨（钼）矿床 ………………………………………………………………… (127)
　　二、江西省西华山钨矿床 …………………………………………………………………………… (130)
　　三、福建省清流行洛坑钨钼矿床 …………………………………………………………………… (134)
　　四、福建省建瓯上房钨矿床 ………………………………………………………………………… (139)
第六节　钼矿床 ………………………………………………………………………………………… (144)
　　一、安徽省金寨县沙坪沟钼矿床 …………………………………………………………………… (144)
　　二、安徽省池州市黄山岭铅锌钼矿床 ……………………………………………………………… (149)
　　三、浙江省青田石平川钼矿床 ……………………………………………………………………… (153)
　　四、福建省漳平北坑场钼矿床 ……………………………………………………………………… (157)
第七节　锡矿床 ………………………………………………………………………………………… (163)
　　一、江西省会昌岩背锡矿床 ………………………………………………………………………… (163)
　　二、江西省德安曾家垅锡矿床 ……………………………………………………………………… (168)

第四章　地球化学找矿预测 ……………………………………………………………………………… (174)
第一节　地球化学异常特征 …………………………………………………………………………… (174)
　　一、以 Cu 为主的地球化学综合异常分布特征 …………………………………………………… (174)
　　二、以 Au 为主的地球化学综合异常分布特征 …………………………………………………… (176)
　　三、以 PbZnAg 为主的地球化学综合异常分布特征 ……………………………………………… (176)
　　四、以 Mo 为主的地球化学综合异常分布特征 …………………………………………………… (177)
　　五、以 W 为主的地球化学综合异常分布特征 …………………………………………………… (177)
　　六、以 Sn 为主的地球化学综合异常分布特征 …………………………………………………… (178)
　　七、以 Sb 为主的地球化学综合异常分布特征 …………………………………………………… (178)
第二节　地球化学找矿预测区 ………………………………………………………………………… (178)
　　一、地球化学预测区的确定方法 …………………………………………………………………… (178)
　　二、银矿找矿预测区 ………………………………………………………………………………… (179)
　　三、金矿找矿预测区 ………………………………………………………………………………… (183)

四、铜矿找矿预测区 ··· (187)
　　五、钼矿找矿预测区 ··· (191)
　　六、铅矿找矿预测区 ··· (195)
　　七、锌矿找矿预测区 ··· (199)
　　八、锑矿找矿预测区 ··· (203)
　　九、锡矿找矿预测区 ··· (205)
　　十、钨矿找矿预测区 ··· (208)
 第三节 重点地球化学找矿远景区 ··· (212)
　　一、安徽省滁州市金铜钼铅锌锑矿找矿远景区 ··· (212)
　　二、江苏省宁镇铜锌金银钼矿找矿远景区 ·· (213)
　　三、安徽省金寨县沙坪沟钼铅锌银矿找矿远景区 ··· (217)
　　四、安徽省铜陵市铜金铅锌银钼矿找矿远景区 ·· (219)
　　五、太平祁门钼银铅锌铜钨锡锑稀土矿找矿远景区 ·· (221)
　　六、江西省九瑞铜铅锌金钼锑矿找矿远景区 ··· (223)
　　七、诸暨市金银铜铅锌矿找矿远景区 ·· (225)
　　八、开化县钨钼锡铅锌金铜银矿找矿远景区 ··· (228)
　　九、景德镇-德兴铜金银锌锑钨钼镍矿找矿远景区 ·· (229)
　　十、青田县铅锌银铜钨锡钼矿找矿远景区 ·· (233)
　　十一、政和县金银铅锌钼钨锡铜矿找矿远景区 ·· (235)
　　十二、宁化县稀土铅锌锡矿找矿远景区 ··· (236)
　　十三、余崇犹钨锡钼铅锌金银镍矿找矿远景区 ·· (240)
　　十四、云霄县银铅锌钼锡矿找矿远景区 ··· (241)
 第四节 铜矿产资源地球化学定量预测 ·· (245)
　　一、地球化学定量预测方法 ·· (245)
　　二、地球化学预测成果 ·· (249)

第五章 地球化学综合推断 ·· (256)
 第一节 岩体推断 ··· (256)
 第二节 重要地质矿产规律推断 ·· (257)
　　一、江南古陆北东缘成矿带推断 ·· (257)
　　二、北淮阳增生杂岩与北大别基底变质杂岩关系分析 ··· (259)
　　三、福建光泽-江西赣州稀土稀有成矿带推断 ·· (261)
　　四、上栗-万载-上高地区隐伏岩体发育,具深部找矿潜力 ··· (261)

主要参考文献 ·· (265)

附图 华东地区地球化学综合异常图

第一章 绪 论

第一节 区域地球化学勘查现状

一、区域地球化学调查现状

华东地球化学区域调查开始于20世纪60年代,60年代中期在江苏苏州—镇江一带开展了水化学分散流测量,面积达4630 km^2;60年代中后期华东地区的化探工作主要以配合金属矿为主的普查找矿进行了1:20万土壤金属量测量工作。70年代初化探工作进入了一个全新的发展时期,1974年江西省地矿部门率先在江西省东北部水系沉积物测量,比例尺为1:10万;后以1:10万样品副样,按4 km^2 等量组合一件分析样品的原则,完成了区内1:20万区域地球化学测量,成为全国率先完成的1:20万区域地球化学测量工作(区域化探)。80年代区域化探工作全面开展,江西省1974—1984年完成了全省的区域化探工作,江苏省于1984—1988年完成了区域化探工作,福建省于1981—1988年完成了区域化探工作,浙江省于1980—1992年完成了区域化探工作,安徽省于1982—1988年完成了区域化探工作。华东地区完成了除安徽省和江苏省第四系平原区外的区域全覆盖,完成面积48×$10^4 km^2$;获取了Ag、As、Au、B、Ba、Be、Bi、Cd、Co、Cr、Cu、F、Hg、La、Li、Mn、Mo、Nb、Ni、P、Pb、Sb、Sn、Sr、Th、Ti、U、V、W、Y、Zn、Zr及Fe_2O_3、SiO_2、Al_2O_3、K_2O、Na_2O、CaO、MgO共39种元素或氧化物的定量分析数据。在地矿部门开展1:20万区域化探扫面工作的同时,冶金部门开展了1:10万的区域地球化学工作,如安徽的金寨、霍山地区、黄山市白际岭地区、怀宁地区等地。

1:5万地球化学普查工作主要在20世纪80年代前后进行,以找矿为目的,主要布置在成矿远景区带上,调查工作可分为3个阶段。第一阶段为80年代之前,1:5万地球化学普查与1:5万区域地质调查同时进行,主要工作方法为土壤金属量测量和水系沉积物地球化学测量,工作区域包括:江苏的宁镇、徐州、新沂、溧水、苏州西部,江西的九瑞地区、德兴地区、铅山地区等;第二阶段为80年代—2000年,主要是在1:20万区域化探圈定的成矿远景区(带)进行1:5万地球化学普查工作,主要工作方法为水沉积物地球化学测量、土壤地球化学测量及部分岩石地球化学测量;第三阶段为2000年以后,中国地质调查局在地质矿产调查项目中部署开展1:5万地球化学普查工作,主要工作方法为水系沉积物测量,工作区域主要分布在长江中下游成矿带、钦杭成矿带、武夷成矿带和南岭成矿带东段。

地球化学勘查的分析测试工作也大致可以分为3个阶段:第一阶段分析为20世纪60年代中后期与区域地质调查同时进行的土壤金属量测量工作,分析测试多为半定量分析结果,样品采用一米光栅或二米光栅半定量全分析,成图元素一般6~8种,主要有Cu、Pb、Zn、Ag、W、Sn、Mo、As、Co、Ni等;第二阶段为1980年至2000年前后,区域化探分析测试39种元素或氧化物,但元素或氧化物间分析测试系统误差普遍存在,图幅间拼接需进行校准;第三阶段为2000年以后,分析测试质量进一步提高,图幅间的系统误差基本可以消除。

二、区域地球化学综合研究现状

华东地区区域地球化学资料包含了非常丰富的地学信息,各省对化探资料成果进行多次综合研究与集成,以充分挖掘地球化学资料所包含的地质规律。

江苏省20世纪70年代末开展1∶20万区域地质矿产总结,对江苏省当时已有1∶20万(局部地区1∶5万)土壤测量资料重新整理了Cu、Pb、Zn、Mo 4种元素,提高了资料的利用程度。1985年底江苏省编制了1∶50万铜地球化学图、铅地球化学图及其相应的说明书。1989年江苏省编制了区域地球化学系列图件,综合异常登记表;获得了10个地质单元和32个地质子区内水系沉积物中的地球化学特征值,圈出找矿远景区27处。

安徽省2002年完成的《安徽省岩石地化特征研究》,对不同时代、不同岩类的岩石地球化学参数进行了初步统计计算,为安徽省内首次进行的全省岩石地球化学研究。2009—2012年安徽省完成了"安徽省地球化学特征及找矿目标研究"项目,以岩石测量数据库为基础,通过对各地层区中地层组或岩浆岩30余种元素或氧化物富集或贫化层位或岩性段的分析,对不同分布区的地层组、岩浆岩等进行分布与分配特征研究。

浙江省1999—2000年利用中位数衬值法重新编制了浙江省W、Sn、Mo、Bi、Cu、Pb、Zn、Cd、Au、Ag、Mn、As、Sb、Hg 14种元素的综合异常图,圈出了异常210处,建立了浙西北、浙西南地区的1∶20万化探异常卡片。2002—2004年浙江省开展了"利用F、CaO异常筛选和查证萤石矿的方法研究",取得了较好的地质成果。

江西省1996年完成了1∶50万地球化学图编制工作,编制了39种元素或氧化物的地球化学等量线图和江西省第一代1∶50万地球化学综合异常图,圈定了地球化学综合异常1214处,其中甲类124处、乙类226处、丙类864处。

福建省1992年开展了福建省Cu、Au等10种元素地球化学特征及找矿远景研究,利用1∶20万区域化探地球化学资料,结合区域地质成矿背景,在矿产预测以及找矿远景区的确定等方面起到了重要的作用。

1991—1995年地矿部分别开展了华南地区、长江中下游地区、桐柏—大别地区1∶100万物探、化探、遥感成果编图,对华东的主要成矿带地球化学异常分布特征进行了分析,圈定了找矿靶区。

三、区域地球化学调查成果找矿意义

华东地区区域地球化学调查在地质找矿中发挥了重要的作用,尤其是铜矿、钨矿、铅锌矿、钼矿等有色金属矿和金矿找矿成果显著,硕果累累(表1-1)。福建尤溪梅仙20世纪70年代初利用1∶2.5万土壤测量普查发现Pb、Zn等异常,80—90年代异常区内发现丁家山大型硫铅锌矿床,90年代发现峰岩大型铅锌矿床。区域化探促进了福建省紫金山矿田小金山沟-罗卜岭-南山坪斑岩型铜金钼矿带的发现。江西省都昌县阳储岭钨钼矿为1∶10万水系沉积物地球化学测量中发现W、Mo、Bi等元素组成的综合异常,后经1∶5万土壤地球化学测量检查以及1∶1万土壤地球化学详查,确定W、Mo为矿致异常。江苏省江宁县安基山铜矿,安徽省庐江县沙溪铜矿,福建省上杭县紫金山铜金矿,浙江省临海市洪桥铅锌矿,安徽省庐江县岳山铅锌矿等矿床均是由化探方法首先发现的。

表1-1 主要典型矿床发现信息一览表

矿床名称	1∶20万~1∶5万水系沉积物测量		1∶2万~1∶5000土壤测量		地质勘查时间	矿床规模
	时间	面积(km²)	时间	面积(km²)	时间	
都昌县阳储岭钨钼矿	1975—1976年	40	1977年	0.49~2.16	1977—1979年	钨大型,钼中型
分宜下铜岭钨钼铋矿	1958年	11	1961年	0.08~0.24	1964年	大型
武宁县大湖塘钨矿	1957年	80	1958年	12	1958—1962年	大型
修水县香炉山钨矿	1957—1958年		1967年		1978年	中型
会昌县岩背锡矿	1981年	28	1984年	15	1985年	中型
浮梁县青术下钨矿	1977年	8	1978年	1.2	1979年	中型
江宁县安基山铜矿	1958—1966年	3.5	1975年		1979—1983年	大型
上杭县紫金山铜金矿	1960年10月	50	1978年	5.5	1990年	大型
临海市洪桥铅锌矿	1978年		1979年	0.26	1983年	中型
庐江县岳山铅锌矿	1966年	8.4	1969年	0.6	1981年	中型
泰宁县何宝山金矿	1983年	88	1988年	0.7	1987—1989年	中型
东乡县银峰尖金矿	1992年	21.7	1993年	5	1993—1996年	中型
宜春市吴村金矿	1987—1988年	14	1989年	0.2	1990年	中型
万年虎家尖银金矿	1975年	32	1980年	4.4	1982年	大型
德兴市银山铜银矿	1973年	5	1983年	0.6	1984年	大型

四、区域地球化学调查资料可利用程度

2008年中国地质调查局下发了《关于印发〈区域化探资料质量评估要求〉的函》,对各省1∶20万区域化探资料质量进行逐一图幅的评估。评估分类标准:以工作方法技术正确和分析质量符合要求,客观展现区域地球化学和区域异常分布规律,反映测区内区域地球化学特征,有效圈定矿床、矿田或矿带地球化学异常为基本依据。分类标准从高至低分为一类、二类、三类、四类4个类别。

一类为方法技术正确,分析元素齐全,分析质量符合要求,无明显系统偏差。各元素地球化学图清晰反映地球化学分布规律,反映主要地质体、地质构造分布,提供丰富基础地质信息。显示已知矿床、矿田或矿带异常分布特征,有效圈定找矿靶区,为资源潜力评价提供依据。

二类为方法技术基本正确,分析元素齐全,分析质量基本符合要求,部分元素存在系统偏差。3/4以上元素地球化学图清晰反映地球化学分布规律,反映测区主要地质体、地质构造分布。基本显示已知矿床、矿田或矿带异常分布特征,有效圈定找矿靶区,为资源潜力评价提供依据。

三类为方法技术基本正确,但存在风成沙、有机质干扰或采样层位等因素影响,分析元素不够齐全,分析质量存在系统偏差。1/2以上元素地球化学图清晰反映地球化学分布规律,反映测区主要地质体、地质构造分布。1/2已知大中型矿床异常具有一定显示,圈定部分找矿靶区,为资源潜力评价提供一定依据。

四类为方法技术基本不正确,存在风成沙、有机质干扰或采样层位等因素影响,分析元素不够齐全,分析质量存在系统偏差。1/2以上元素地球化学图不能反映地球化学分布规律,难以反映地质体分布

特征。已知大中型矿床异常不明显，所圈定异常经查证找矿效果较差或没有找矿效果，难以作为资源潜力评价依据。

经评估认为华东地区1∶20万区域化探资料质量总体较好，但也存在个别需进一步更新。江西省1∶20万区域化探资料质量评估结果为：一类7幅，二类3幅，三类5幅，四类10幅。10个4类图幅主要为1974—1978年区域化探试验期完成的工作。主要是当时分析质量水平相对较低。福建省23个图幅化探资料质量均为一类。安徽省区域化探资料评估结果为：三类14幅，四类13幅；主要原因是区域化探工作的地勘单位和人员在理解及掌握区域化探方法技术等方面出现了不同程度的偏差，在区域化探工作早期，分析测试由多家单位完成，大量分析测试处在半定量或近似定量数据，可利用程度较低。

华东地区1∶5万化探资料很丰富，按照采样方法主要分为2类：土壤地球化学测量和水系沉积物地球化学测量。土壤测量主要为化探工作初级阶段开展的土壤金属量测量，该段时间化探样品测试为半米—米光栅垂直电极光谱半定量全分析，检出的元素为12~15种不等，主要为Cu、Pb、Zn、Cr、Ni、Co、V等。水系沉积物地球化学测量以20世纪80年代为节点，20世纪80年代之前分析测试的方法处在半定量或近似定量，分析元素一般为12~15种，主要为Cu、Pb、Zn、Ag、W、Sn、Mo、As、Co、Ni等元素；20世纪80年代之后分析测试的方法为定量分析，分析设备先进，分析元素一般为12~15种，主要为W、Sn、Mo、Bi、Cu、Pb、Zn、Au、Ag、As、Sb、Hg等元素。

第二节　区域地球化学调查方法

一、区域地球化学野外工作方法

华东区域化探起始于20世纪70年代，分为2个阶段。第一阶段为方法试验阶段，1974年2月由江西省物化探队开展赣东北地区区域化探方法试验项目。在赣东北地区完成了41 000多平方千米的以采样密度和采样粒级试验为主要内容的区域化探方法试验工作。采样密度1~3点/km², 平均2点/km², 采样点一般布置在一级水系沟口及二级、三级水系上。水系上游最后一个采样点距分水岭不大于1000m。采样点间距在二级水系为300~500m，在三级或三级以下水系放稀至500~700m。采样水系间距为0.8~1.2km，平均为1km。采样位置选择在近代水系有利于沉积淤泥细砂的部位。取过60目筛的细粒级部分作发射光谱分析。这部分样品由于发射光谱分析有较大的系统误差，在20世纪80年代后以1∶10万的比例尺重新组合分析。第二阶段是在1978年以后，主要工作方法执行《区域化探暂行规定》，1985年后执行《区域化探全国扫面工作方法若干规定》。本书主要对第二阶段的区域化探方法进行简介。

水系沉积物测量基本采样密度为1~2点/km²。每4 km²所有样品等质量组合成一个分析测试样品，每个组合样品质量应为120g。采样物质为一级、二级水系中的水系沉积物，采样位置在现代活动性流水线上，采样部位应尽量选择在水流变缓地段各种粒级易于汇集处，使样品中各粒级比例处于自然混合状态；水系沉积物测量采样要求沿活动性流水线在3~5处多点采集组合，形成一个样品。样品加工要求取过80目筛的细粒级部分，作为分析测试样品。在采样过程中要求每50个样品中，第一次采集一个重复样和重复分析样，第二次采集一个重复样和重复分析样，以三层套合方法监控分析误差与采样误差。

华东地区除个别图幅外（江西宜春幅、吉安幅、遂川幅等），大部在1985年后进行分析，执行《区域化探全国扫面工作方法若干规定》要求。分析测试主要采用原子吸收法、原子荧光光谱法、极谱法、离子选择电极法、发射粉末光谱、X射线荧光光谱法、比色法等。区域化探样品元素分析检出限要求见表1-2。

表 1-2　区域化探样品元素分析方法检出限要求

元素或氧化物	检出限（×10⁻⁶）	元素或氧化物	检出限（×10⁻⁶）
Ag	0.02	Pb	2
As	1	Sb	0.2
Au	Δ0.3	Sn	1
B	5	Sr	5
Ba	50	Th	4
Be	0.5	Ti	100
Bi	0.1	U	0.5
Cd	0.1	V	20
Co	1	W	0.5
Cr	15	Y	5
Cu	1	Zn	10
F	100	Zr	10
Hg	0.005	SiO_2	*
La	30	Al_2O_3	*
Li	5	Fe_2O_3	*
Mn	30	K_2O	*
Mo	0.5	Na_2O	*
Nb	5	CaO	*
Ni	2	MgO	*
P	100		

注：* 为未定检出限要求，Δ 单位为 $\times 10^{-9}$。

二、地球化学图编图方法

本次编制的华东地区地球化学系列图件，主要包括地球化学工作程度图、地球化学景观图、39 种元素或氧化物地球化学图、39 种元素或氧化物地球化学异常图、地球化学综合异常图、地球化学找矿预测图、地球化学解释推断图等。

地球化学系列图件编制采用以省为单元单独编制再进行拼接成图、华东地区直接成图 2 种方式进行。

地球化学工作程度图、39 种元素或氧化物地球化学异常图、地球化学综合异常图、地球化学找矿预测图等采用先编制省级地球化学图件的基础上，再按照一定的原则进行大区拼接成图。

地球化学景观图、39 种元素或氧化物地球化学图、地球化学解释推断图采用华东地区相关原始数据成图或统一解释成图。

(一)数据预处理与空间坐标转换

1. 数据预处理

由于各省各图幅间1:20万区域地球化学勘查数据受采样介质、采样时间、当时的分析测试水平限制,存在一定的系统误差。在进行数据处理与系列地球化学图编制之前针对个别元素图幅间较明显的台阶,进行了系统误差的处理与调平,以使全区能进行统一的数据处理和编图。数据预处理方法过程如下:

(1)按原始点位采用符号分级的方式生成元素的符号图,分级方法采用累计频率方式。

(2)通过校正图示窗浏览原始数据全图,确定具有明显的数据台阶区域,采用图形编辑工具,在图上直接圈定要处理的区域。

(3)建立校正单元与处理数据表空间位置索引关系。

(4)确定各单元的校正值或校正系数,主要方法是与单元周边数据进行对比分析,部分规律性较复杂的单元可以通过统计规律确定,同时还需考虑地球化学分布的整体空间分布趋势和地质背景。

计算方法采用:
$$Vai = AV_i + B$$

式中,Vai 为校正点校正后数据;A 为校正系数;V_i 为校正点原始数据;B 为校正常数。A 与 B 值的确定参照校正单元周边数据单元(正常的数据单元),本次通过统计规律确定。

(5)数据校正,采用SQL语言操作模式或应用软件系统提供的专用工具,按确定的校正值对各校正单元逐一进行计算。

(6)利用校正计算结果重新生成符号分级图。

(7)观察全图,对部分校正结果不理想的单元,可通过上述步骤,对单元和校正值进行调整,并重新计算,直到校正数据和成图效果符合全局规律为止。

华东地区除了安徽省与江西省数据部分元素存在不同程度的系统误差外,福建、浙江、江苏3个省的1:20万区域化探数据未见明显的系统误差,因此华东地区只是对安徽省与江西省的部分元素进行了数据校正,两省的校正方式在上述基本校正原则下也略有不同。

安徽省考虑到1:20万区域化探工作,虽以1:20万图幅为单元部署工作,但采样、送样均是以1:5万图幅为单位,校正工作如果需要做得更细致,不仅需要套合1:20万图框进行系统误差检查,而且同一个图幅内,还需要套合相应的1:5万图幅进行检查校正。安徽全省水系沉积物测量数据共校正208幅,1:20万图幅校正5幅;1:5万图幅校正203幅,其中Mo元素校正71幅,Ag元素校正30幅,La元素校正29幅,具体校正图幅情况见表1-3。

表1-3 安徽省1:20万水系沉积物数据校正图幅汇总表　　　　　　　　单位:幅

元素或氧化物	1:20万图幅	1:5万图幅	元素或氧化物	1:20万图幅	1:5万图幅	元素或氧化物	1:20万图幅	1:5万图幅
Ag	1	30	Sr	1	3	W		12
Mo		71	U	1	2	Zn		8
Hg		3	Au		6	Bi		3
F		2	Pb		1	B		10
Sb		2	MgO		3	La		29
Sn		4	CaO		3	Y	2	11

例如：Au元素含量按1：5万图幅校正了6幅，其中施家集幅校正系数0.49；东王集幅校正系数0.49；夏阁镇幅校正系数0.58；河棚幅校正系数2.08；桐城幅校正系数2.08；双塘坝幅校正系数2.00。

对部分校正系数较大的（如$A>5$，即5倍以上），因数据前后变化太大，未作校正处理。

江西省详细校正参数见表1-4。

表1-4 江西省元素或氧化物数据调平一览表

元素或氧化物	调平图幅	图幅比例尺	调平基数	校正系数	备注
Cd	宜春	1：20万	全省平均值	0.82	数据使用正常
	新干	1：20万	全省平均值	0.90	数据使用正常
Hg	瑞昌	1：20万	全省平均值	0.85	数据使用正常
	永修	1：20万	全省平均值	0.70	数据使用正常
	高安	1：20万	全省平均值	0.90	数据使用正常
Co	乐平	1：20万	全省平均值	1.30	数据使用正常
Au	瑞昌	1：20万	全省平均值	1.05	数据使用正常
	湖口	1：20万	全省平均值	1.10	数据使用正常
	修水	1：20万	全省平均值	1.05	数据使用正常
	永修	1：20万	全省平均值	1.10	数据使用正常
	新干	1：20万	全省平均值	1.20	数据使用正常
	南城	1：20万	全省平均值	1.10	数据使用正常
	吉水	1：20万	全省平均值	1.25	数据使用正常
	广昌	1：20万	全省平均值	1.15	数据使用正常
Nb	南城	1：20万	全省平均值	1.40	数据使用正常
	广昌	1：20万	全省平均值	1.20	数据使用正常
Pb	湖口	1：20万	全省平均值	1.20	数据使用正常
Al_2O_3	铜鼓	1：20万	全省平均值	0.90	数据使用正常
	南城	1：20万	全省平均值	0.85	数据使用正常
	广昌	1：20万	全省平均值	0.85	数据使用正常
	宜春	1：20万	全省平均值	0.80	数据使用正常
	永新	1：20万	全省平均值	0.90	数据使用正常
	新干	1：20万	全省平均值	0.95	数据使用正常
	井冈山	1：20万	全省平均值	0.90	数据使用正常
Ti	瑞昌	1：20万	全省平均值	1.40	数据使用正常
	湖口	1：20万	全省平均值	1.30	数据使用正常
	乐平	1：20万	全省平均值	1.35	数据使用正常
Sb	新干	1：20万	全省平均值	0.80	数据使用正常
	吉水	1：20万	全省平均值	0.70	数据使用正常
	永新	1：20万	全省平均值	0.85	数据使用正常
	井冈山	1：20万	全省平均值	0.80	数据使用正常

续表 1-4

元素或氧化物	调平图幅	图幅比例尺	调平基数	校正系数	备注
Cu	铜鼓	1:20万	全省平均值	0.75	数据使用正常
	宜春	1:20万	全省平均值	0.80	数据使用正常
	永新	1:20万	全省平均值	0.80	数据使用正常
	井冈山	1:20万	全省平均值	0.90	数据使用正常
Ag	乐平	1:20万	全省平均值	1.30	数据使用正常
	铜鼓	1:20万	全省平均值	1.15	数据使用正常
	宜春	1:20万	全省平均值	1.20	数据使用正常
	永新	1:20万	全省平均值	1.25	数据使用正常
	新干	1:20万	全省平均值	1.25	数据使用正常
	吉水	1:20万	全省平均值	1.20	数据使用正常
	井冈山	1:20万	全省平均值	1.10	数据使用正常
U	修水	1:20万	全省平均值	1.10	数据使用正常
	铜鼓	1:20万	全省平均值	1.25	数据使用正常
	宜春	1:20万	全省平均值	1.20	数据使用正常
	新干	1:20万	全省平均值	1.10	数据使用正常
	永新	1:20万	全省平均值	1.25	数据使用正常
	吉水	1:20万	全省平均值	1.15	数据使用正常
	广昌	1:20万	全省平均值	0.90	数据使用正常

注：元素 Th 每个 1:20 万幅均存在系统误差，调平困难。

2. 空间坐标转换

为建立区域地球化学数据库以便利用软件对数据进行处理分析及编图，对华东各省数据进行空间坐标转换。华东各省及华东地区数据空间投影参数详见表 1-5。统一利用 GeoExpl 软件"数据处理与分析—数据预处理—地理坐标投影变换"模块，对"数据处理与分析—数据预处理—通用数据导入—表数据导入"导入的工作区数据表进行坐标转换。

表 1-5 华东地区空间投影参数表

省、区	江西	安徽	浙江	福建	江苏	华东
投影类型	高斯-克吕格	高斯-克吕格	兰伯特等角圆锥	高斯-克吕格	高斯-克吕格	兰伯特等角圆锥
椭球参数	北京54	北京54	北京54	北京54	北京54	北京54
投影带类型	6度带	6度带	/	6度带	6度带	/
投影带序号	20	20	/	/	/	/
投影中心点经度	117°00′00″	117°00′00″	/	118°00′00″	119°00′00″	/
第一标准纬度	/	/	28°00′00″	/	/	25°00′00″
第二标准纬度	/	/	30°30′00″	/	/	32°00′00″
中央子午线经度	/	/	120°30′00″	/	/	118°00′00″
投影原点纬度	/	/	26°00′00″	/	/	21°30′00″

GeoExpl 中坐标单位采用软件默认的公里为单位,最终的图件均按成图比例尺要求在 MapGIS 中相应投影转换。

3. 数据网格化

在成图中,除了部分扫描矢量化图件外,所有利用含量数据成图的图件均采用网格化数据在项目推荐软件 GeoExpl 中成图。

借助 GeoExpl 软件中网格化模块,采用距离幂函数指数加权法,进行数据网格化。网格间距确定为 2km×2km。

网格化数据处理方法均采用以距离(原始数据点到计算点的距离)为幂的指数加权法,如下所示:

$$\hat{V} = \sum_{i=1}^{n} \frac{V_i}{e^{a\frac{r_i}{R}}} / \sum_{i=1}^{n} \frac{1}{e^{a\frac{r_i}{R}}}$$

式中,$\hat{V}$ 为计算点数据;V_i 为搜索半径内的数据值;e 为自然数;r_i 为中心点与数据点间的距离;R 为搜索半径;a 为常数,该值可通过试验确定,本次编图该系数取值为 5。

数据处理搜索范围,以计算点为中心,搜索半径为 5km。

(二)地球化学参数统计

数据统计分析主要是地球化学参数统计计算,包括样品数、算术平均值、标准差、变异系数、背景值、最大值、最小值、偏度、峰度、累频点统计等。

背景值采用剔除算术平均值加减 2.5 倍标准差后统计求取。各统计公式如下:

算术平均值计算公式:

$$\overline{X} = \frac{1}{n}\sum_{i=1}^{n} X_i$$

标准差(均方差)计算公式:

$$S = \sqrt{\frac{\sum_{i=1}^{n}(X_i - \overline{X})^2}{n-1}}$$

变异系数计算公式:

$$Cv = \frac{S}{\overline{X}} \times 100\%$$

式中,n 为样品数;X_i 为第 i 件样品含量。

(三)地球化学编图

1. 单元素地球化学图

华东地区单元素地球化学图是先将华东五省校正后 1∶20 万水系沉积物数据合并,再重新网格化后编制各元素单元素地球化学图。编图比例尺为 1∶150 万。主要编图技术参数依据如下:

(1)网格化方法采用指数加权网格化,原则上网格间距 2km×2km,搜索半径为 5km。

(2)以三级成矿带为地质单元,编制子区直方图,并求取平均值、离差、变异系数。

(3)采用 1954 年北京坐标系,兰伯特等角圆锥投影坐标,中央子午线经度为 118°。

(4)以累频方式分 19 级,分级频率间隔为:0.5%、1.2%、2%、3%、4.5%、8%、15%、25%、40%、60%、75%、85%、92%、95.5%、97%、98%、98.8%、99.5%、100%。

2. 单元素地球化学异常图

华东地区单元素异常图,是在省级异常图的基础上,对其统一投影参数后进行拼接,并对异常进行综合分析研究,在总结规律的基础上进行合理必要的取舍,尤其对接边区域的异常进行分析整理。编图原则如下:

(1)以单元素累频85%、95.5%、98%作为异常外带、中带、内带界限值,编制地球化学异常图。对部分元素地球化学异常界限值,根据数据分布特征进行适当调整。

(2)对全区各单元素地球化学异常综合分析研究,在总结规律的基础上进行合理必要的取舍。原则上删除异常外带面积小于$2km^2$的异常,对个别接近$2km^2$,但与已知矿矿床(点)有关或对找矿有明确指示意义的异常,可以扩大表示。处于各省边界的单元素异常,经综合研究分析后,根据实际情况,对其进行拼接或剔除。

(3)地球化学异常进行统一编号,编号原则:省代码(两位)+元素符号+顺序号方式编写,如36Ag23。

(4)采用大区统一坐标系统,采用兰伯特等角圆锥投影坐标,中央子午线经度为118°。

3. 综合异常图

华东地区地球化学综合异常图是在金、银、铜、铅、锌、钨、锡、钼、镍、锑、稀土11个单矿种地球化学综合异常图的基础上,将各矿种综合异常套合,并按单矿种预测区范围大小、强弱程度结合区域成矿特征,确定主要矿种组合,同时按单矿种综合异常范围大小和叠加程度等圈定综合异常范围。地球化学综合异常图编制原则如下:

(1)在单元素地球化学异常图编制的基础上,选择与单矿种主要预测矿产类型有关的元素,采用多元素地球化学异常空间逻辑叠加方法初步形成单矿种综合异常图;根据地质背景与分布、异常叠合程度等综合分析,确定单矿种综合异常分布范围与异常组合,形成单矿种综合异常图。

(2)选择金、银、铜、铅、锌、钨、锡、钼、镍、锑、稀土11个单矿种地球化学综合异常图进行套合分析,根据已知矿分布、异常分布范围、异常强度、地质背景等综合分布,确定主成矿元素;以主矿种综合异常为主体,考虑其他矿种综合异常范围大小和叠加程度等圈定综合异常范围。

(3)在对各省地球化学综合异常分析的基础上,原则上删除丁类异常。

(4)综合异常编号:按省代码(两位)+Z+顺序号+异常级次进行编号,如36Z12甲。

(5)综合异常图上组合元素标注个数不超过6个,以短线连接。

(6)采用大区统一坐标系统。

第三节 华东地区地质背景特征

一、构造

华东大地构造分区包括一级分区6个,二级分区11个,三级分区24个(图1-1,表1-6)。一级区为造山系、陆块区和拼合带。华东共划分为3个造山系:秦祁昆造山系、华夏造山系、菲律宾造山系;2个陆块区:华北陆块区、扬子陆块区;1个对接带:郴州-萍乡-绍兴对接带。造山系的二级分区包括结合带、弧盆系、地块;陆块区的二级分区分为不同时代、不同构造环境的古陆块。

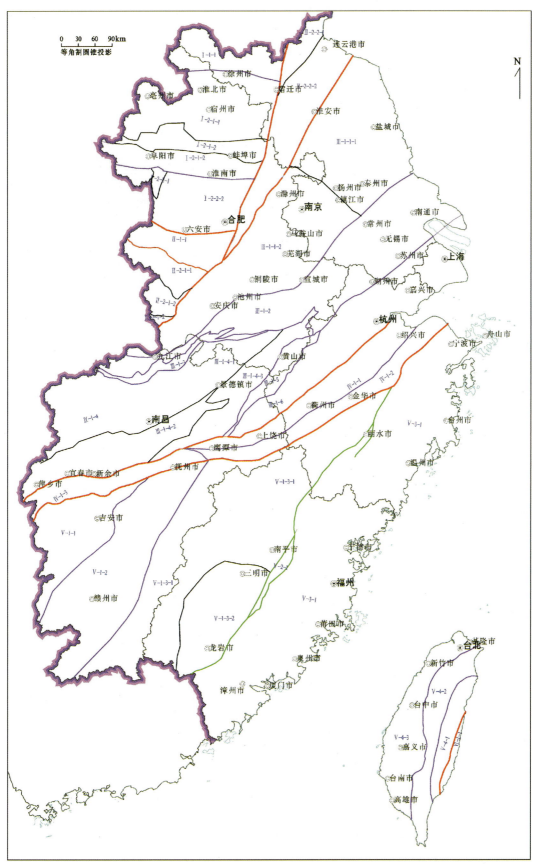

图 1-1　华东地区大地构造分区图

表 1-6 华东地区大地构造分区表

一级	二级	三级	四级
Ⅰ 华北陆块区	Ⅰ-1 鲁西陆块	Ⅰ-1-1 鲁西碳酸盐岩台地	
	Ⅰ-2 豫皖陆块	Ⅰ-2-1 中条-登封古岩浆弧(Ar_3)、古元古代裂谷(Pt_1)	Ⅰ-2-1-1 徐淮陆表海盆地
			Ⅰ-2-1-2 蚌埠新太古代基底杂岩(Ar_3—Pt_1)
			Ⅰ-2-1-3 淮南陆表海盆地
		Ⅰ-2-2 灵宝-鲁山古岩浆弧(Ar_3)、古元古代陆缘增生带(Pt_1)	Ⅰ-2-2-1 霍邱变质基底杂岩(Ar_3—Pt_1)
			Ⅰ-2-2-2 六安后陆盆地(J_3—K)
Ⅱ 秦祁昆造山系	Ⅱ-1 宽坪-佛子岭结合带	Ⅱ-1-1 北淮阳增生杂岩带	Ⅱ-1-1-1 晓天-磨子潭后岩浆杂岩(J_3—K_2)
			Ⅱ-1-1-2 庐镇关-佛子岭(Pt_3—C_1)
	Ⅱ-2 大别-苏鲁地块	Ⅱ-2-1 大别高压—超高压变质折返带	Ⅱ-2-1-1 北大别基底变质杂岩(Ar_3—Pt_2)
			Ⅱ-2-1-2 太湖-潜山超高压变质亚带(T_3)
			Ⅱ-2-1-3 宿松高压变质亚带(Qb—Z_1)
		Ⅱ-2-2 苏鲁高压—超高压变质折返带	Ⅱ-2-2-1 东海超高压变质亚带(T_3)
			Ⅱ-2-2-2 连云港-张八岭高压变质亚带
Ⅲ 扬子陆块区	Ⅲ-1 下扬子陆块	Ⅲ-1-1 长江中下游弧后裂陷盆地	Ⅲ-1-1-1 苏北断陷盆地(Q)
			Ⅲ-1-1-2 长江中下游岩浆弧(K)
		Ⅲ-1-2 下扬子被动陆缘	
		Ⅲ-1-3 南华陆缘裂谷盆地(Nh)	
		Ⅲ-1-4 江南岛弧(Pt_{2-3})	Ⅲ-1-4-1 江南古基底杂岩(Pt_{2-3})
			Ⅲ-1-4-2 宜春陆缘碎屑盆地(D_2—T_2)
			Ⅲ-1-4-3 万年弧间盆地(Pt_3)
		Ⅲ-1-5 伏川-樟树墩蛇绿混杂岩(Pt_3)	
		Ⅲ-1-6 怀玉山-天目山被动陆缘盆地(Z—Pz_1)	
Ⅳ 郴州-萍乡-绍兴对接带	Ⅳ-1 萍乡-绍兴结合带	Ⅳ-1-1 陈蔡增生杂岩带	
		Ⅳ-1-2 绍兴-金华古侵入岩浆弧	
		Ⅳ-1-3 新余-东乡增生杂岩带	
Ⅴ 华夏造山系	Ⅴ-1 武夷-云开弧盆系	Ⅴ-1-1 罗霄岩浆弧(Pz_1)	
		Ⅴ-1-2 赣西南弧间盆地(∈—O)	
		Ⅴ-1-3 武夷地块(Pt_1)(岛弧 O—S)	Ⅴ-1-3-1 武夷变质基底杂岩
			Ⅴ-1-3-2 永梅古生代陆表海盆地
	Ⅴ-2 丽水-政和-大埔结合带	Ⅴ-2-1 龙泉-政和增生杂岩带(Nh—∈?)	
	Ⅴ-3 东南沿海岩浆弧	Ⅴ-3-1 东南沿海岩浆弧(内带)(K_1)	
		Ⅴ-3-2 东南沿海岩浆弧(外带)(K_2)	
	Ⅴ-4 台湾弧盆系	Ⅴ-4-1 大南澳蛇绿混杂岩带(J—K)	
		Ⅴ-4-2 台湾陆缘盆地(E—N_1)	
		Ⅴ-4-3 台西前陆盆地(N_2—Q_p)	
Ⅵ 菲律宾造山系	Ⅵ-1 台东弧盆系	Ⅵ-1-1 奇美火山弧	

华北陆块基底由太古宙—中元古代浅变质岩组成,太古宙超基性—基性岩、中酸性火山岩和硅铁质建造发育,为基底杂岩相;中元古代为陆缘台地相碎屑岩-碳酸盐岩建造。自新元古代青白口纪开始,才全面接受较稳定型的盖层沉积。华北陆块区中仅有鲁西陆块、豫皖陆块的一部分在华东皖北地区出露。

秦祁昆造山系秦岭-大别造山带是夹持于华北陆块、扬子陆块之间,经历了多期离合形成的复杂的复合型大陆造山带,总体属结合带-弧盆系大相。印支期扬子陆块向北深俯冲,是造山带形成的主幕。华东地区包含了2个二级构造单元,分别为宽坪-佛子岭结合带、大别-苏鲁地块。

扬子陆块区形成于扬子构造旋回(1000~800Ma),内部具有双重基底、双重盖层的地壳组成特征。基底的主要特点是:普遍有岩体侵入,结晶基底形成的陆核小,褶皱基底分布广,厚度大,具明显的非均质性。早期"川中式"结晶基底在湖北宜昌地区的黄陵变质杂岩中有孔兹岩系,同位素年龄为2900~2000Ma。晚期为"昆阳式"结晶基底,由轻微变质(绢云-绿泥石级)的神农架群、打鼓石群及其相应地层组成。结晶基底之上覆盖了厚度较大、分布较广、经强烈褶皱的新元古代低绿片岩相冷家溪群及相当层位的复理石相砂板岩系,经晋宁运动形成统一的扬子基底。其上不整合青白口系板溪群及相当层位的浅变质岩;震旦纪至中三叠世形成海相稳定地台型沉积,并被加里东造山运动分为震旦纪—志留纪、泥盆纪—中三叠世2个沉积构造旋回,沉积受基底构造格局控制,地块主体形成台地沉积或隆起,地块四周形成大陆边缘沉积;受印支运动影响,晚三叠世之后转化为陆相沉积。华东地区主要包含下扬子陆块1个二级构造单元。

江绍-萍乡-郴州对接带为华夏古陆(造山系)与江南古陆对接带。推定两古陆碰撞在晋宁早期,但大洋没有完全消亡,向西南仍存在晋宁晚期—加里东期的赣湘粤桂残洋盆地。华东地区包含萍乡-绍兴结合带1个二级构造单元,包含陈蔡增生杂岩带、绍兴-金华古侵入岩浆弧、新余-东乡增生杂岩带3个三级构造单元。

华夏造山系基底由古—中元古代角闪岩相变质岩组成,新元古代—南华纪沉积保留不全。华东地区包括武夷-云开弧盆系、丽水-政和-大埔结合带、东南沿海岩浆弧、台湾弧盆系和海南弧盆系5个二级构造单元。

台湾弧盆系的东界为花莲-台东断裂带,以东为菲律宾海板块,中间以屈尺-潮州断裂带为界。根据大地构造环境和岩相沉积环境,可划分为台湾凹陷盆地和台中-台西前陆盆地。地层基本呈近北北东向之狭长带状分布,以广布新生代地层为特征。

华东地区震旦纪以后形成统一沉积盖层,加里东运动褶皱强烈;晚古生代海盆地沉积发育,中生代以晚侏罗世—白垩纪陆相火山岩为主,早白垩世晚期形成一系列陆相断陷红色盆地。古近纪以来,新构造运动较强,大致以大别-舟山断裂为界,南部抬升剥蚀,北部下降并接受沉积,第四纪底界呈阶梯状逐渐降低,并对现代环境产生了深刻影响。

二、地层

(一)前寒武纪地层

华北地层大区:元古宙地层有五河杂岩和霍丘杂岩;南华纪地层包括古元古界凤阳群白云山组、青石山组和宋集组,青白口系八公山群曹店组、伍山组、刘老碑组和震旦系四十里长山组。其上为宿县群贾园组、赵圩组、倪园组、九顶山组、张渠组、魏集组、史家山组、望山组和金山寨组。

大别-苏鲁造山带:为华北地层大区华北南缘地层分区,进一步划分为大别山、合肥东南、北淮阳和苏北4个地层小区。古元古代地层包括大别岩群、阚集杂岩、蒲河杂岩、东海岩群。中—新元古代地层包括宿松岩群、红安群、肥东岩群、佛子岭岩群、海州岩群。

扬子地层区:主体部分包括下扬子地层分区和江南地层分区,总体属华南中元古代造山带的组成部分。

华夏地层区:包括桂湘赣地层分区和武夷-沿海地层分区,北以绍兴-萍乡断裂带为界,东以东乡-宜黄-定南断裂带为界。武夷-沿海地层分区包括6个小区,分别为赣西南地层小区、北武夷地层小区、南武夷小区、浙东南小区、闽西地层小区、闽东地层小区。北武夷与南武夷小区大致以石城-宁化断裂为界,东部则以光泽-建宁-长汀-武平断裂带为其共同边界。浙东南地层小区西北边界以绍兴-江山断裂带为界,南部大致与闽西小区相当。而闽西与闽东小区的分界则以松溪—南平—漳平一线为界。

(二) 古生代地层 (Pz)

寒武系(∈):主要出露于徐州、浦口、汤山及浙西一带,以钙质砂岩、页岩、石灰岩和白云岩等为主,层位稳定,相变不强烈,厚度亦较小。

奥陶系(O):分布情况与寒武系相似,岩石成分以钙质岩石为主,其中含大量的古生物化石。尤以浙西奥陶系沉积厚度巨大,常山县黄泥塘成为中国第一个"金钉子"剖面。

志留系(S):主要出露于浙西和苏南一带,以砂岩和页岩为主,化石丰富。

泥盆系(D):岩性以砂岩为主,为加里东运动以后的第一个沉积盖层。

石炭系(C):出露于宁镇山脉、浙西一带,以石灰岩和砂页岩为主,其中高骊山组中夹火山岩和火山碎屑岩,成为层控硫化物矿床的矿源层。

二叠系(P):分布范围较小,主要在宁镇山脉栖霞山和浙西一带,以灰岩为主,夹有砂页岩及煤层。长兴一带的二叠纪和三叠纪地层为连续沉积,研究详细,已成为二叠纪—三叠纪全球界线层型剖面,即中国第二个"金钉子"。

(三) 中生代 (Mz)

三叠系(T):为海相和潟湖相沉积的白云岩、石膏和盐类沉积,主要分布在下扬子地区和钱塘地区;另一类为砂页岩系夹煤层,常常成为某些含煤盆地的初始类磨拉石沉积。

侏罗系(J):中下侏罗统分布不广,在宁镇山脉西段、浙西、闽东南、闽西南、赣南等地见及。上侏罗统以酸性火山系为主,主要分布于闽东、粤东沿海。

白垩系(K):下白垩统是本区火山活动高潮期形成的大面积以酸性、中酸性为主的高钾钙碱性火山岩系,主要分布于东南沿海地区,在下扬子地区则以中性偏碱性火山岩为主,兼有钙碱性岩系和ShoShonite岩系;上白垩统下部以湖相深色沉积夹双峰式火山岩组合为主,局部有巨厚酸性火山岩系,上部以红色山麓堆积、磨拉石堆积为主。

(四) 新生代 (Kz)

古近系—新近系(E—N):沿海平原分布广泛,多被第四系所掩覆,在苏中地区厚达3000m以上,一般地区厚约500~1500m。按岩性可分为2个组合:陆相沉积岩组合,以冲积物、洪积物和湖积物为主,有些地区含石膏和盐岩;陆相裂隙喷发岩-玄武岩组合,在六合等地含蓝刚玉—蓝宝石。

第四系(Q):4种类型,即沿海平原区的冲积-海积物;平原区的冲积-湖积物;低岗丘陵区的冲积-洪积物;山间盆地区的冲积-洪积-湖积物。

三、岩浆岩

(一) 前寒武纪侵入岩

零星出露于江山绍兴断裂带以北,以基性、超基性岩为主,次为中酸性岩。在皖南有两条近东西向分布的碰撞型花岗岩,一条以许村、休宁等岩体为主,另一条为莲花山岩体和石耳山岩体侵入井潭组,其同位素年龄分别为963~928Ma和766~753Ma。

(二)加里东期侵入岩

加里东期侵入岩主要分布在武夷和云开加里东隆起区的闽赣桂粤边境地区,有石英闪长岩、花岗闪长岩、二长花岗岩等,大多呈岩基产出,少数为岩株、岩脉。

(三)海西期—印支期侵入岩

海西期—印支期侵入岩主要分布于加里东隆起区周边的闽、粤、赣的边境地区,以花岗岩为主,次为石英闪长岩,岩体长轴方向多呈北东-南西向。

(四)燕山期火山-侵入杂岩

燕山早期岩浆活动:具有由北向南迁移的特点。第一阶段花岗岩(195~165Ma)主要分布于南岭北部,有大东山-贵东-寨背-武平岩带等,呈东西向展布,以黑云母钾长花岗岩为主。第二阶段花岗岩(165~140Ma)主要分布在南部(连阳-佛冈-白云岗-河田-大埔岩带),东西向展布,侵入活动较弱,以花岗岩为主。

燕山晚期火山-侵入杂岩(140~80Ma):岩浆活动强烈,火山-侵入杂岩主要分布在长江中下游与东南沿海,前者总体呈近东西向展布,后者与海岸线平行,总体呈北东向展布。

(五)喜马拉雅期火山岩

喜马拉雅期岩浆作用与更强的陆内拉张和南海扩张等有关。古近纪以过渡类型的隐伏玄武岩为主,分布于苏北盆地、合肥盆地和上海地区等;新近纪为拉斑玄武岩系列和碱性玄武岩系列共存,主要出露在福建明溪、龙海,浙江新昌、嵊县,安徽女山、釜山、江苏江宁、六合等地。第四纪以碱性玄武岩系列的碱性橄榄玄武岩-碧玄岩-橄榄霞石岩组合为主。

四、矿产

华东地区矿产资源丰富,在《中国矿床成矿系列图》列出的934个大中型代表性矿床中,该区有137个,占14.6%,而中新生代矿床则占全国该时期形成矿床的1/4以上。区内已发现大型、特大型矿床78个,涉及的矿种主要有22种:铁、铜、铅、锌、金、银、硫、钨、锡、锂、铍、铌、钽、磷、滑石、石墨、明矾石、萤石、叶蜡石、膨润土、高岭土、硅灰石等。可分为9个矿床类型、13个矿床成矿系列。

华东地区地处滨西太平洋成矿域的南段——东南沿海成矿区,横跨数个一级大地构造单元,其地质历史经历了陆核、陆块、陆缘和陆内发展的演化阶段。在不同的演化阶段都有相应的成矿作用,由此产生了一系列各具特色的成矿区(带),包括长江中下游铁铜硫金成矿带、钦杭东段铜铀多金属成矿带、武夷山铜铅锌多金属成矿带、南岭东段钨多金属成矿区等。本次华东地区矿产资源潜力评价成矿规律组在全国Ⅲ级成矿单元统一划分的基础上,提出了华东地区24个重要矿产Ⅳ级成矿区(表1-7,图1-2)。

表1-7 华东地区成矿(区)带划分一览表

Ⅰ级	Ⅱ级	Ⅲ级	Ⅳ级
Ⅰ-4 滨西太平洋成矿域(叠加在古亚洲成矿域之上)	Ⅱ-14 华北(陆块)成矿省	Ⅲ-63 华北陆块南缘铁、铜、金、钼、钨、铅、锌、铝土矿、硫铁矿、萤石、煤成矿带(Ar_3^1)	Ⅲ-63-④ 许昌-霍丘铁成矿亚带(Ar_3^1)
		Ⅲ-64 鲁西(断隆,含淮北)铁、铜、金、铝土矿、煤、金刚石成矿区(Ar_3;Pz_1;Pz_2;Ye)	Ⅲ-64-① 鲁西(断隆,含淮北)金、铝土矿、煤、金刚石成矿亚区(Ar_3;Pz_1;Pz_2;Ye)
			Ⅲ-64-② 蚌埠铁、金、银、铅、锌、重晶石、煤、石膏、石英砂、磷、金刚石成矿亚带
	Ⅱ-7 秦岭-大别成矿省(东段)	Ⅲ-66 北秦岭金、铜、钼、锡、石墨、蓝晶石、红柱石、金红石成矿带	Ⅲ-66-① 北淮阳金、银、铅、锌、钼、铌成矿(亚)带
		Ⅲ-67 桐柏-大别-苏鲁(造山带)金、银、铁、铜、锌、钼、金红石、萤石、珍珠岩成矿带(Pt_1;Pt_3;Pz_1;Ym;Yl)	Ⅲ-67-① 桐柏-大别银、铜、锌、钼、铁、金红石、萤石、珍珠岩成矿亚带(Pt_3;Pz_1;Ym;Yl)
			Ⅲ-67-② 宿松金、磷成矿亚带
			Ⅲ-67-③ 苏鲁金、铁、石墨成矿亚带(Pt_1;Y)
	Ⅱ-15A 下扬子成矿亚省	Ⅲ-68 苏北(断陷)石油、天然气、盐类成矿区(Kz)	
		Ⅲ-69 长江中下游铜、金、铁、铅、锌(锶、钨、钼、锑)、硫铁矿、石膏成矿带	Ⅲ-69-① 庐江-滁州铜、金、铁、钼、铅、锌、银、硫成矿亚带
			Ⅲ-69-② 沿江铜、铁、硫、金、多金属成矿亚带
			Ⅲ-69-③ 宣州-苏州铜、钼、金、铅、锌成矿亚带
		Ⅲ-70 江南隆起东段金、银、铅、锌、钨、锰、钒、萤石成矿带(Nh_1^2;Yl;Ym;Q)	Ⅲ-70-① 彭山-九华山钨、钼、铅、锌、银、铜、萤石、重晶石、磷成矿亚带
			Ⅲ-70-② 九岭-鄣公山隆起铜、铅、锌、钨、锡、金成矿亚带
		Ⅲ-71 钦杭东段北部铀、铅、锌、银、金、锡、铌、钽、锰、海泡石、萤石、硅灰石成矿带(Pt_{2-3};Z;∈;P_1;Ye;Yl)	Ⅲ-71-① 萍乡-乐平铜、铅、锌、金、银、钴、铍成矿亚带
			Ⅲ-71-② 万年-德兴隆起铜、铅、锌、金、银成矿亚带(Y)
			Ⅲ-71-③ 怀玉山铜、铁、铌、钽、滑石、硅灰石、萤石成矿亚带(Pt_3;Z;∈;Ye;Yl)
			Ⅲ-71-④ 广丰-诸暨铁、钼、金、锑、铋、铅、锌成矿亚带
			Ⅲ-71-⑤ 天目山金、银、钨、铜、铅、锌、铁、硼、膨润土成矿亚带
	Ⅱ-16 华南成矿省	Ⅲ-X 钦杭东段南部铁、钨、锡、铜、铅、锌、银、金、锰、叶蜡石、高岭石、石膏成矿带(Pt_3^1;Pz_2;Ye;Yl;E;Q)	
		Ⅲ-79 台湾金、银、铜、铁、硫、明矾石、滑石、石油、天然气成矿带(Y;H)	
		Ⅲ-80 浙闽粤沿海铅、锌、金、银、铜、锡、钼、铌、钽、叶蜡石、明矾石、萤石成矿带(Ym;Yl^1)	Ⅲ-80-① 华安-浙东金、铅、锌、银、叶蜡石、明矾石成矿亚带
			Ⅲ-80-② 福鼎-云霄银、钼、锡、铜、铅锌、钨、明矾石、叶蜡石成矿亚带
		Ⅲ-81 浙中-武夷隆起钨、锡、钼、金、银、铅、锌、铌、钽(叶蜡石)、萤石成矿带(Ym;Yl)	Ⅲ-81-① 遂昌-建阳铜、铅、锌、银、萤石、叶蜡石、地开石成矿亚带
			Ⅲ-81-② 武夷隆起铌、钽、钨、锡、钼、铜、铅、金、银、锂辉石成矿亚带
			Ⅲ-81-③ 南武夷锰、锡、铜、金、铅锌成矿亚带
		Ⅲ-82 永安-梅州-惠阳(坳陷)铁、铅、锌、铜、金、银、锑成矿带(Ym)	
		Ⅲ-83 南岭钨、锡、钼、铍、稀土(铅、锌、金)成矿带(Ym^1;Yl^1;Q)	Ⅲ-83-① 永新拗褶带铅、锌、金、银成矿亚带(Y)
			Ⅲ-83-② 雩山隆褶带钨、银、铅、锌、金、锡成矿亚带(Y)

注:括号中代号的含义为成矿时代,Ar_3.新太古代;Pt.元古宙(Pt_1.古元古代;Pt_2.中元古代;Pt_3.新元古代);Pz_1.早古生代;Pz_2.晚古生代;Y.燕山期(Ye.燕山早期;Ym.燕山中期;Yl.燕山晚期);H.喜马拉雅期(Kz.第三纪;Q.第四纪;Nh.南华纪;Z.震旦纪;∈.寒武纪;E.新近纪。

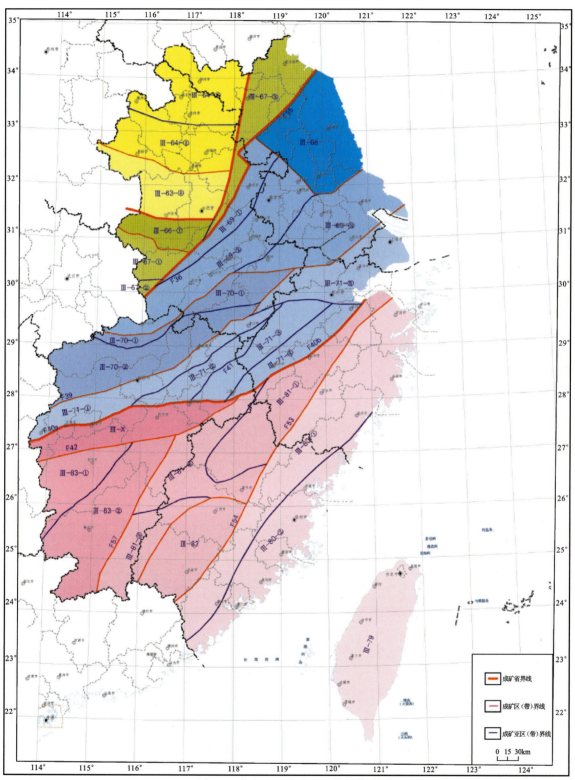

图 1-2 华东地区成矿(区)带划分图

第二章 区域地球化学特征

第一节 地球化学元素分配特征

华东地区地球化学元素含量显示与华东地区地质背景、区域成矿规律相匹配的特征,表现为与酸性岩、碱性岩有关的 W、Sn、Mo、Bi、Be、La、Nb、U、Th 等元素相对富集,而与基性岩有关的 Ni、Cr、Co 等元素相对贫化(表 2-1);同样华东地区特色的成矿元素 W、Sn、Mo、U 及 Ag、Be、Bi、Pb 等元素表现为富集系数高、变异系数大的特征;而 Au、Cd、Cu、F、Sb、Zn 表现为富集系数不高,但变异系数大的特征,显示其局部有强烈的矿化作用存在。

表 2-1 华东地区地球化学元素参数表

元素或氧化物	平均值	变异系数	剔除2.5倍标准差			中国水系沉积物丰度	富集系数
			背景值	标准离差	变异系数		
Ag	128.53	3.59	92.98	31.82	0.34	93.82	1.37
As	9.54	1.44	6.97	4.23	0.61	13.29	0.72
Au	2.22	11.92	1.23	0.64	0.52	2.03	1.09
B	48.91	0.88	43.81	31.08	0.71	51.25	0.95
Ba	556.55	0.77	467.80	172.01	0.37	521.69	1.07
Be	3.42	7.48	2.11	0.64	0.30	2.28	1.50
Bi	0.79	8.38	0.35	0.15	0.42	0.5	1.58
Cd	243.41	4.10	125.94	59.07	0.47	258.39	0.94
Co	10.14	0.57	9.46	4.07	0.43	13.1	0.77
Cr	44.48	0.78	41.68	23.85	0.57	67.86	0.66
Cu	19.04	1.88	15.89	8.30	0.52	25.56	0.74
F	468.77	2.53	386.62	117.48	0.30	528.49	0.89
Hg	84.53	5.33	60.79	27.73	0.46	69.06	1.22
La	48.98	0.47	44.12	13.02	0.30	41.1	1.19
Li	35.28	0.64	31.54	11.56	0.37	33.94	1.04
Mn	652.89	0.58	595.44	218.81	0.37	728.47	0.90
Mo	1.39	6.23	0.81	0.41	0.50	1.13	1.23
Nb	22.76	0.55	19.44	5.66	0.29	17.38	1.31

续表 2-1

元素或氧化物	平均值	变异系数	剔除2.5倍标准差			中国水系沉积物丰度	富集系数
			背景值	标准离差	变异系数		
Ni	18.83	0.81	17.12	10.10	0.59	28.66	0.66
P	461.59	0.55	418.65	153.87	0.37	654.02	0.71
Pb	38.55	1.50	30.30	10.51	0.35	29.19	1.32
Sb	0.83	3.40	0.58	0.38	0.65	1.42	0.58
Sn	6.70	4.87	4.13	1.49	0.36	4.13	1.62
Sr	74.15	0.98	55.35	25.97	0.47	163.81	0.45
Th	18.56	0.94	14.02	4.47	0.32	13.54	1.37
Ti	4496.91	0.37	4297.71	1215.87	0.28	4459.41	1.01
U	3.95	2.49	3.04	1.22	0.40	3.08	1.28
V	70.29	0.53	65.97	25.90	0.39	87.3	0.81
W	4.88	6.48	2.68	1.03	0.38	2.73	1.79
Y	28.06	0.48	25.08	6.39	0.25	26.31	1.07
Zn	80.14	1.28	70.17	23.32	0.33	77.17	1.04
Zr	406.29	2.03	346.52	98.56	0.28	292.64	1.39
Al_2O_3	13.44	0.24	13.26	3.03	0.23	12.73	1.06
CaO	0.56	1.66	0.26	0.14	0.53	2.87	0.19
Fe_2O_3	4.08	0.38	3.89	1.14	0.29	4.73	0.86
K_2O	2.60	0.43	2.42	0.86	0.36	2.4	1.08
MgO	0.76	0.77	0.63	0.28	0.45	1.56	0.49
Na_2O	0.63	1.09	0.44	0.32	0.72	1.37	0.46
SiO_2	66.24	0.23	66.24	14.93	0.23	64.74	1.02

注：1. 氧化物含量单位为%，Au、Ag、Hg、Cd含量的单位为$\times 10^{-9}$，其他的为$\times 10^{-6}$。
2. 中国水系沉积物丰度为中国水系沉积物算术均值（迟清华，鄢明才，2007）。

华东地区共包含华北、苏鲁-大别、下扬子和华夏4个地层区范围，按照第四纪松散沉积物、陆相碎屑岩、海相碎屑岩、碳酸盐岩、火山岩、变质岩、基性—超基性岩和酸性—中酸性岩八大类建造构造统计了水系沉积物在不同分区各建造中的元素地球化学参数，显示有以下特点。

一、华北地层区地球化学特征

华北地层区位于安徽省六安市—江苏省徐州市范围。区内主要为第四纪松散沉积物，约占华北地层区总面积的52.27%，其次为变质岩、陆相碎屑岩、碳酸盐岩及火山岩建造，海相碎屑岩、基性—超基性岩及酸性—中酸性岩建造只有少量分布。按建造构造单元统计的各元素特征见表2-2。

表 2-2 华北地层区水系沉积物地球化学参数一览表

元素或氧化物	第四纪松散沉积物 (n=2304)		陆相碎屑岩 (n=474)		海相碎屑岩 (n=14)		碳酸盐岩 (n=349)		火山岩 (n=229)		变质岩 (n=596)		基性-超基性岩 (n=15)		酸性-中酸性岩 (n=226)		华北地层区背景值	华东地层区背景值	华北地层区富集系数
	样品数(个)	背景值	样品数(个)	背景值	样品数(个)	背景值	样品数(个)	背景值	样品数(个)	背景值	样品数(个)	背景值	样品数(个)	背景值	样品数(个)	背景值			
Ag	1865	91.32	410	82.01	13	88.06	233	98.41	185	93.82	539	74.97	14	91.32	171	96.47	92.27	92.98	0.99
As	1811	8.75	397	6.41	12	9.06	255	11.77	199	13.29	520	4.95	12	8.35	148	2.38	8.98	6.97	1.29
Au	1589	1.33	390	0.91	14	0.86	301	1.77	193	2.03	485	0.85	15	2.09	176	0.63	1.34	1.23	1.09
B	1940	64.19	467	39.99	14	34.15	280	63.24	111	51.25	565	35.01	12	48.27	154	8.12	63.88	43.81	1.46
Ba	1726	518.64	305	549.43	14	715.87	298	472.39	213	521.69	364	488.78	12	526.42	192	868.2	518.67	467.8	1.11
Be	1932	1.82	424	1.65	13	1.93	270	2.04	210	2.28	488	1.78	15	1.78	189	2.01	1.83	2.11	0.87
Bi	1983	0.25	383	0.22	13	0.35	295	0.31	203	0.5	535	0.22	15	0.25	153	0.26	0.25	0.35	0.71
Cd	1813	65.93	414	69.57	13	99.25	283	92.79	195	258.39	476	79.83	13	81.35	162	94.37	68.42	125.94	0.54
Co	2028	11.83	421	9.97	12	14.56	275	14.86	183	13.1	542	10.27	15	22.08	201	13.51	12.02	9.46	1.27
Cr	1847	67.85	418	55.68	14	63.36	292	74.29	201	67.86	523	58.95	14	82.37	194	46.36	68.65	41.68	1.65
Cu	1815	20.24	395	21.14	9	24.61	304	23.21	200	25.56	538	18.35	15	29.89	201	21.08	20.47	15.89	1.29
F	1930	351.73	396	311.17	14	389	318	443.33	194	528.49	492	355.81	15	449.58	190	398.92	355.36	386.62	0.92
Hg	1659	26.69	368	23.29	12	25.7	254	23.19	167	69.06	471	18.41	14	20.28	191	22.65	25.26	60.79	0.42
La	2128	38.4	300	28.84	13	37.53	269	36.82	219	41.1	441	30.13	15	34.92	198	48.86	38.27	44.12	0.87
Li	1842	32.16	397	27.39	14	30.03	283	37.7	220	33.94	574	23.29	15	32.69	183	19.32	32.4	31.54	1.03
Mn	1860	564.9	402	576.83	12	742.28	227	680.49	205	728.47	523	546.33	15	1073.19	197	674.03	584	595.44	0.98
Mo	1709	0.48	401	0.48	13	0.9	143	0.5	167	1.13	349	0.52	11	0.52	160	0.57	0.47	0.81	0.58
Nb	1982	17.38	434	16.54	11	14.43	282	16.36	173	17.38	480	15.42	14	18.06	147	17.74	17.05	19.44	0.88
Ni	1679	23.65	430	17.57	14	18.63	264	35.6	198	28.66	573	20.87	15	39.01	172	16.77	26.25	17.12	1.53
P	1471	323.74	340	338.13	12	467.53	274	424.94	205	654.02	432	365.28	14	469.87	190	662.15	329.85	418.65	0.79
Pb	1773	23.47	425	25.54	13	33.54	263	24.53	180	29.19	461	22.9	15	27.72	135	29.72	23.57	30.3	0.78

续表 2-2

元素或氧化物	第四纪松散沉积物 ($n=2304$)		陆相碎屑岩 ($n=474$)		海相碎屑岩 ($n=14$)		碳酸盐岩 ($n=349$)		火山岩 ($n=229$)		变质岩 ($n=596$)		基性-超基性岩 ($n=15$)		酸性-中酸性岩 ($n=226$)		华北地层区背景值	华东地层区背景值	华北地层区富集系数
	样品数(个)	背景值	样品数(个)	背景值	样品数(个)	背景值	样品数(个)	背景值	样品数(个)	背景值	样品数(个)	背景值	样品数(个)	背景值	样品数(个)	背景值			
Sb	1824	0.59	417	0.46	14	0.79	195	0.68	185	1.42	484	0.37	11	0.58	139	0.2	0.6	0.58	1.03
Sn	1841	3.46	445	3.1	13	3.26	334	3.88	196	4.13	526	3.01	13	3.91	194	3.74	3.63	4.13	0.88
Sr	1503	97.57	262	95.55	13	144.55	220	104.11	203	163.81	427	88.34	15	138.69	224	276.01	98.73	55.35	1.78
Th	2030	11.52	444	11.01	14	13.3	324	12.74	187	13.54	521	10.1	15	10.61	147	15.76	11.41	14.02	0.81
Ti	1489	4907.4	363	4584.17	13	4651.79	323	4265.97	198	4459.41	516	4108.72	11	5509.99	186	4436.19	4866	4297	1.13
U	1922	2.07	442	1.78	13	2.06	310	2.03	193	3.08	489	1.62	11	1.78	184	1.8	2.02	3.04	0.66
V	1701	81.24	453	62.89	11	91.23	274	86.55	164	87.3	499	64.29	12	107.92	188	78.03	81.37	65.97	1.23
W	1970	2.01	444	1.44	13	1.82	217	1.69	209	2.73	566	1.42	13	1.9	182	1.4	1.96	2.68	0.73
Y	2019	24.18	437	22.34	13	22.23	281	24.25	219	26.31	531	21.29	11	23.41	191	23.12	24.16	25.08	0.96
Zn	1695	47.94	399	53.66	13	60.67	272	54.94	200	77.17	490	52.77	15	75.47	196	70.55	49.3	70.17	0.70
Zr	1670	299.84	359	324.85	12	315.49	307	276.4	166	292.64	410	286.88	15	293.94	191	389.62	297.95	346.52	0.86
Al_2O_3	2087	12.52	403	12.37	13	13.06	295	13.02	170	12.73	437	12.74	13	12.52	193	14.29	12.73	13.26	0.96
CaO	1257	0.75	342	0.66	13	1.47	265	2.2	126	0.57	372	0.66	15	2.3	212	1.34	0.77	0.26	2.96
Fe_2O_3	1954	4.17	355	4.1	12	5.1	269	4.86	187	4.85	489	3.86	12	5.52	205	5.27	4.23	3.89	1.09
K_2O	1522	1.87	258	1.98	14	2.38	286	2.32	218	2.77	412	2.02	15	1.8	188	3.05	1.89	2.42	0.78
MgO	1465	1.03	385	0.99	12	1.31	322	1.63	210	1.01	485	1.11	14	1.56	193	1.2	1.08	0.63	1.71
Na_2O	1653	1.16	271	1.1	13	0.94	288	0.86	158	1.21	412	0.91	14	1.18	223	2.19	1.14	0.44	2.59
SiO_2	1638	72	370	71.8	14	66.47	295	64.47	220	67.21	526	69.95	13	63.59	188	63.64	71.61	66.24	1.08

注：n 为样本数；元素质量分数 Ag、Au、Cd、Hg 的单位为 $\times 10^{-9}$，氧化物的单位为 %，其他元素的单位为 $\times 10^{-6}$。

(1) 与华东地区背景值相比,华北地层区 Cr、Co、Ni、V 等铁族元素或氧化物含量,CaO、Na$_2$O、MgO、Sr 等造岩碱性元素或氧化物等含量相对较高;而 Pb、Zn、Cd、Mo、Hg、Bi 等新硫元素相对含量较低。

(2) 各地质单元华东地区背景值相比,第四纪松散沉积物富集元素或氧化物为 CaO、Na$_2$O、MgO、Cr、Ni、B;变质岩建造中富集元素或氧化物为 Na$_2$O、MgO、Cr;陆相碎屑岩建造中富集元素或氧化物为 Na$_2$O、MgO、Sr、Cr;碳酸盐岩建造中富集元素或氧化物为 CaO、Na$_2$O、MgO、Sr、Cr、Ni、Co、Cu、V、As、B;火山岩建造中富集元素或氧化物为 Na$_2$O、MgO、Sr、Co、Ba;海相碎屑岩建造中富集元素或氧化物为 CaO、Na$_2$O、MgO、Sr、Cr、Co、Cu、V、Fe$_2$O$_3$、Ba;基性—超基性岩中富集元素或氧化物为 CaO、Na$_2$O、MgO、Sr、Cr、Ni、Co、Cu、V、Fe$_2$O$_3$、Mn、Ti;酸性—中酸性岩中富集元素或氧化物为 CaO、Na$_2$O、MgO、Sr、P、Co、Fe$_2$O$_3$、Ba。

(3) 华北地层区不同地质单元之间比较显示,第四纪沉积物、陆相碎屑岩建造、海相碎屑岩建造、碳酸盐岩建造、变质岩建造主要成矿元素含量都不高;火山岩建造中 As、Au、Cd、Hg、La、P、Sb、U、W、Zn 等元素含量较高;基性—超基性岩中 Ni、Cr、Co、V、Ti、Au、Cu 等元素含量较高;酸性—中酸性岩中 P、Sr、Zn、Zr 等元素含量相对较高。

总体上华北地层区 CaO、Na$_2$O、MgO、Sr、Cr、Ni、Co 等元素或氧化物含量相对较高,显示了区内古老变质岩基底的基本特征;成矿作用主要与基性—超基性岩、酸性侵入岩及火山岩有关。

二、苏鲁-大别地层区地球化学特征

苏鲁-大别地层区包含安徽省西南部大别山区以及巢湖-江苏省连云港市的狭长地带,主要分布为中元古代—新元古代变质岩建造,约占全区面积的 47.62%,其次为第四纪松散沉积物,约占 19.57%,安徽省大别山地区酸性—中酸性岩,约占 17.70%,其他类建造零星分布,按构造单元统计的各元素特征见表 2-3。

(1) 苏鲁-大别地层区背景值与华东地区背景值相比,与华北地层区有一定的相似性,表现为相对华东地区 Cr、Co、Ni、V 等铁族元素或氧化物含量,CaO、Na$_2$O、MgO、Sr 等造岩碱性元素或氧化物等含量相对较高;但其地球化学含量与华东其他地区相比差异更大,如 Na$_2$O 富集系数高达 4.89;而 As、B、Hg、Sb、W 等元素富集系数小于 0.4。

(2) 与华东地区背景值相比,第四纪松散沉积物富集元素或氧化物为 CaO、Na$_2$O、MgO、Sr、Cr、Ni、V、B;变质岩建造中富集元素或氧化物为 CaO、Na$_2$O、MgO、Sr、Co、Ba;陆相碎屑岩中富集元素或氧化物为 CaO、Na$_2$O、MgO、Sr、Cr、Ni;碳酸盐岩建造中富集元素或氧化物为 CaO、MgO、Cr、Ni、Co、Cu、V、Fe$_2$O$_3$、As、F、Ba;火山岩建造中富集元素或氧化物为 CaO、Na$_2$O、MgO、Sr、Cr、P、Ni、Co、V、Fe$_2$O$_3$、Ba;海相碎屑岩建造中富集元素或氧化物为 CaO、Na$_2$O、MgO、Cr、Ni、Co、Cu、V、Fe$_2$O$_3$、Ti;基性—超基性岩中富集元素或氧化物为 CaO、Na$_2$O、MgO、Sr、Cr、P、Ni、Co、Cu、V、Fe$_2$O$_3$、Mn、Ti;酸性—中酸性岩中富集元素或氧化物为 CaO、Na$_2$O、MgO、Sr、P、Co、Fe$_2$O$_3$、Ba。

(3) 苏鲁-大别地层区不同地质单元比较显示,Pb、Ni、Sn、Ag 含量变化幅度不大;酸性—中酸性岩中 Zn、Mo、La、Ba、Sr、P 高于其他建造中含量值;基性—超基性岩中 Cr、Co、Ni、V、Cu、Mn 中略高,基性—超基性岩 Cu 含量高,表明区内存在铜镍硫化物矿床的可能;海相碎屑岩建造中 F、Hg、Sb、Au 等元素含量相对较高,推测该建造中局部存在较强的矿化作用影响;碳酸盐岩建造中 Au、Sb、Li 含量相对较高;陆相碎屑岩建造中无明显高的成矿元素分布。

总体上苏鲁-大别地层区 CaO、Na$_2$O、MgO、Sr、P、Cr、Ni、Co 等元素或氧化物含量相对较高,显示了区内古老变质岩的基本特征;同时基性—超基性岩、酸性侵入岩的侵入对区内地层和岩体成矿作用具有重要的影响。

表2-3 苏鲁-大别地层区水系沉积物地球化学参数一览表

元素或氧化物	第四纪沉积物 (n=961)		陆相碎屑岩 (n=178)		海相碎屑岩 (n=63)		碳酸盐岩 (n=78)		火山岩 (n=79)		变质岩 (n=2338)		基性-超基性岩 (n=23)		酸性-中酸性岩 (n=869)		大别-苏鲁地层区	华东层地区	富集系数
	样品数(个)	背景值	样品数(个)	背景值	样品数(个)	背景值	样品数(个)	背景值	样品数(个)	背景值	样品数(个)	背景值	样品数(个)	背景值	样品数(个)	背景值	背景值	背景值	
Ag	735	89.85	151	85.38	54	100.14	64	106.36	67	92.47	1817	82.31	22	104.68	635	85.06	82.65	92.98	0.89
As	642	8.71	137	8.52	56	9.72	69	12.16	77	5.42	1311	1.34	23	4.49	589	1.62	1.55	6.97	0.22
Au	776	1.39	140	1.27	47	1.63	62	1.56	59	1.11	1972	0.71	19	1.18	656	0.59	0.75	1.23	0.61
B	641	68.23	150	55.6	56	57.48	63	60.05	77	15.09	1320	4.23	23	23.85	545	4.81	4.62	43.81	0.11
Ba	532	526.08	120	555.42	52	587.58	70	599.69	74	967.81	2108	931.95	17	630.03	662	1057.29	810.2	467.8	1.73
Be	775	1.79	142	1.68	54	1.8	62	1.88	71	1.89	1865	1.73	21	1.96	599	2.03	1.76	2.11	0.83
Bi	804	0.24	166	0.26	57	0.25	56	0.3	69	0.19	1886	0.11	21	0.18	656	0.13	0.15	0.35	0.43
Cd	791	66.12	152	70.17	46	77.38	59	105.88	71	89.1	1877	95.17	18	88.03	702	91.53	82.74	125.94	0.66
Co	718	11.52	123	11.29	57	15.41	77	14.91	66	14.86	2066	12.72	22	20.13	766	14.09	12.15	9.46	1.28
Cr	636	66.93	131	63.99	52	77.74	70	79.85	78	67.57	1894	49.54	22	112.11	698	41	51.48	41.68	1.24
Cu	761	18.48	144	17.52	47	23.08	64	25.5	74	21.09	2060	16.64	23	32.95	766	18.53	17.67	15.89	1.11
F	762	339.23	98	357.75	61	493.49	70	585.29	54	395.79	1727	343.24	21	346.34	490	395.64	342.33	386.62	0.89
Hg	739	25.42	143	20.63	43	34.76	54	28.02	64	24.54	1848	20.83	18	22.16	681	22.46	21.31	60.79	0.35
La	603	35.33	99	34.06	39	35.11	71	39	66	42.09	1335	33.87	21	28.95	621	44.96	33.98	44.12	0.77
Li	709	31.04	134	30.6	37	34.18	66	38.92	69	23.15	1637	12.07	23	19.3	682	16	17.01	31.54	0.54
Mn	652	555.96	143	574.81	53	616.54	69	663.54	63	665.58	1906	659.97	21	811.26	708	664.83	631	595.44	1.06
Mo	611	0.49	109	0.45	49	0.54	43	0.52	55	0.64	1349	0.49	18	0.54	696	0.62	0.49	0.81	0.60
Nb	692	17.91	119	17.39	51	18.22	69	16.51	43	16.43	1856	14.84	20	21.86	617	17.69	16.15	19.44	0.83
Ni	677	23.82	124	22.71	59	33.83	63	38.25	77	22.62	1706	19.41	21	52.32	637	18.29	18.79	17.12	1.10
P	678	342.35	116	345.03	56	517.72	68	496.4	57	628.58	1433	462.06	20	773.44	738	749.88	349.28	418.65	0.83
Pb	786	22.52	140	22.15	53	23.11	63	23.46	68	25.16	1860	20.89	23	19.76	731	27.64	23.06	30.3	0.76

续表 2-3

元素或氧化物	第四纪沉积物 (n=961) 样品数(个)	第四纪沉积物 背景值	陆相碎屑岩 (n=178) 样品数(个)	陆相碎屑岩 背景值	海相碎屑岩 (n=63) 样品数(个)	海相碎屑岩 背景值	碳酸盐岩 (n=78) 样品数(个)	碳酸盐岩 背景值	火山岩 (n=79) 样品数(个)	火山岩 背景值	变质岩 (n=2338) 样品数(个)	变质岩 背景值	基性-超基性岩 (n=23) 样品数(个)	基性-超基性岩 背景值	酸性-中酸性岩 (n=869) 样品数(个)	酸性-中酸性岩 背景值	大别-苏鲁地层区 背景值	华东地区 背景值	富集系数
Sb	780	0.56	148	0.59	52	0.71	59	0.8	67	0.44	1466	0.14	21	0.28	627	0.14	0.2	0.58	0.34
Sn	773	3.26	70	3.04	61	3.55	69	3.57	64	3.34	1967	2.93	22	4.02	750	3.29	3.04	4.13	0.74
Sr	527	99.64	105	96.46	48	87.96	61	87.38	60	202.91	1661	174.14	20	188.41	799	303.71	96.97	55.35	1.75
Th	841	11.39	149	10.69	57	10.37	71	9.69	68	11.65	1948	8.01	22	7.44	588	12.78	9.61	14.02	0.69
Ti	495	5104.14	112	4791.82	58	5729.38	59	4780.41	54	5216.1	1891	4692.11	22	7344.66	746	4617.18	4777	4297	1.11
U	831	1.81	160	1.59	54	1.75	73	1.71	65	1.82	1860	1.27	21	1.41	585	1.41	1.44	3.04	0.47
V	621	84.34	126	79.91	51	103.61	71	94.45	43	98.49	2004	71.39	22	137.84	729	81.73	70.72	65.97	1.07
W	679	2.07	145	1.74	48	1.91	58	1.91	65	1.46	1477	0.63	23	1.18	627	0.73	0.79	2.68	0.29
Y	718	24.59	132	23.87	54	24.46	71	25.01	66	22.02	1894	23.22	21	23.97	685	23.07	22.95	25.08	0.92
Zn	702	47.8	131	48.74	62	69.24	67	65.59	68	69.82	2128	70.16	20	76.56	709	82.32	63.27	70.17	0.90
Zr	656	312.22	128	306.15	46	276.19	73	232.85	60	336.21	1234	297.03	19	285.58	481	361.86	323.32	346.52	0.93
Al₂O₃	757	12.62	164	12.58	54	13.78	74	14.02	74	14.41	2100	14.5	18	13.96	712	15.71	13.88	13.26	1.05
CaO	599	0.76	135	0.77	34	0.77	49	1.34	51	0.91	2246	1.62	20	1.64	817	1.68	0.69	0.26	2.65
Fe₂O₃	703	4.09	132	4.17	59	5.36	75	5.13	68	5.59	2083	4.6	22	6.72	781	5.15	4.24	3.89	1.09
K₂O	582	1.9	114	1.95	58	2.11	71	2.19	72	2.55	1936	2.37	17	1.84	672	2.86	2.35	2.42	0.97
MgO	718	1.05	134	1.1	56	1.51	57	1.52	68	1.36	2001	1.24	22	1.67	809	1.24	0.97	0.63	1.54
Na₂O	553	1.14	122	1.21	57	0.97	67	0.65	73	1.62	1672	3.22	13	1.28	709	3.08	2.15	0.44	4.89
SiO₂	755	72.26	135	71.31	48	64.06	71	64.5	71	65.19	2276	63.79	21	62.49	642	60.44	65.94	66.24	1.00

注：n 为样本数；元素质量分数 Ag、Au、Cd、Hg 的单位为 $\times 10^{-9}$，氧化物的单位为 %，其他元素的单位为 $\times 10^{-6}$（全区 $n=4910$）。

三、下扬子地层区地球化学特征

下扬子地层区主要包括华东地区的中间部位，北以苏鲁大别造山带为界，南以江山-绍兴断裂带为界。区内以变质岩建造主要集中在皖南、赣西北九岭、罗霄山地区，约占22.08%；东北部地区为第四纪松散沉积物，中部及西南部为海相碎屑岩建造，二者所占比例相当，均约占21%；其次为陆相碎屑岩、酸性—中酸性岩、碳酸盐岩及火山岩建造，按构造单元统计的各元素特征见表2-4。

(1) 与华东地区背景值相比，下扬子地层区地球化学背景与华北地层区也有一定的相似性，表现为Cr、Co、Ni、V等铁族元素含量相对较高，同时下扬子地层区地球化学背景反映了区内矿化有关B、As、Sb、Cu等元素相对较高。

(2) 与华东地区背景值相比，下扬子地层区第四纪松散沉积物富集元素为Cr、Ni、Ba；变质岩建造中富集元素为Cr、Ni、Ba、Cu；陆相碎屑岩与火山岩建造中各元素均不富集；碳酸盐岩建造中富集元素或氧化物为MgO、Cr、Ni、Co、Cu、V、As、Ba、Sb；海相碎屑岩建造中富集元素为Cr、Ni、Co、Ba；基性—超基性岩建造中富集元素或氧化物为MgO、Cr、Ni、Co、Cu、V、Fe_2O_3；酸性—中酸性岩建造中只富集K_2O。

(3) 下扬子地层区不同地质单元比较显示，Pb、Ni、Li、Mo、Au含量变化幅度不大。碳酸盐岩建造中Cu、Au、Ag、As、Sb、Zn、Mo、Cr、Ni、V、P、Li、Hg等元素含量高于其他类型建造，V平均含量为95.49$\times 10^{-6}$，集中分布在江西弋阳县—浙江湖州的北东向条带内，与本区新元古代—早古生代地层分布范围相吻合；区内的碳酸盐岩建造显示了亲铜元素、亲铁元素双高的特征，是区内最为主要的含矿建造之一。变质岩建造是另一多元素含量相对高含量集中区，Cu、Zn、Mn、B、Sb、Li等平均含量较其他建造高。基性—超基性岩中Cr、Co、Cu、Mn、Sr含量较其他建造高。酸性—中酸性岩中Sn、U、Zn高于其他建造中含量值。火山岩建造中Mo、Nb、U等元素相对富集。

下扬子地层区总体上部分保留了变质基底的地球化学特性，显示部分铁族元素含量仍较高；下扬子地层区不同建造间地球化学背景含量差异大，尤其是碳酸盐岩地层区地球化学元素显示亲铜元素、亲铁元素双高的特征，为主要的含矿地层之一；基性—超基性岩、中酸性岩侵入岩中成矿元素含量也相对较高，与成矿关系密切。

四、华夏地层区地球化学特征

华夏地层区主要为以萍乡-江山-绍兴深大断裂为界东南地区，区内主要为火山岩建造，集中分布在浙江东南部及福建沿海地区，约占全区面积的27.84%；其次为酸性—中酸性岩，分布在华夏隆起带，约占26.59%；变质岩分布在武功-玉华山裂谷盆地边缘，约占15.11%；陆相碎屑岩约占11.83%；其他类建造零星分布。按构造单元统计各元素特征见表2-5。

(1) 华夏地层区地球化学元素背景值与华东地区各元素背景值相比，几乎所有元素地球化学元素背景值都偏低，富集系数小于1；尤其是Na_2O、Ni、Cr、B、As、Sb等富集系数均小于0.5。

(2) 与华东地区各元素背景值相比，区内第四纪松散沉积物、变质岩、陆相碎屑岩、海相碎屑岩、火山岩建造各元素或氧化物均不富集；碳酸盐岩建造中富集元素或氧化物仅为Cr；基性—超基性岩建造中富集元素或氧化物为V、Fe_2O_3、Ti；酸性—中酸性岩建造中富集元素或氧化物为Al_2O_3、K_2O、U、Th。

(3) 华夏地层区不同地质单元比较显示，Au、F等元素含量变化幅度不大。陆相碎屑岩几乎所有元素背景含量偏低。海相碎屑岩大部分元素背景含量偏低，仅Sb、B两元素含量相对较高。碳酸盐岩建造与下扬子地层区具有相似的特征，Cu、Ag、As、B、Sb、Cr、Co、Ni、Li、Hg等元素含量高于其他类型建造。变质岩建造中Ba、Co、Ni等元素背景含量较其他建造高。火山岩建造中Ag、As、Be、Cd、Hg、Mn、

表 2-4 下扬子地层区水系沉积物地球化学参数一览表

元素或氧化物	第四纪沉积物 (n=9756)		陆相碎屑岩 (n=5042)		海相碎屑岩 (n=9721)		碳酸盐岩 (n=3248)		火山岩 (n=2844)		变质岩 (n=10 269)		基性—超基性岩 (n=131)		酸性—中酸性岩 (n=4924)		下扬子地层区背景值	华东地区背景值	富集系数
	样品数（个）	背景值	样品数（个）	背景值	样品数（个）	背景值	样品数（个）	背景值	样品数（个）	背景值	样品数（个）	背景值	样品数（个）	背景值	样品数（个）	背景值			
Ag	7277	88.05	3957	82.5	6873	85.98	2017	102.21	2247	79.1	7438	88.74	99	75.16	3560	86.08	86.74	92.98	0.93
As	7050	8.68	3954	8.12	6912	8.43	2101	12.92	2029	5.89	8189	10.52	100	9.01	3316	4.44	8.53	6.97	1.22
Au	7580	1.46	3937	1.06	6890	1.16	2341	1.39	1960	0.92	7617	1.27	86	1.16	3710	0.98	1.19	1.23	0.97
B	7451	78.44	4535	54.48	7892	68.24	2633	70.47	2508	39.55	8224	61.15	112	46.48	2701	15.54	66.03	43.81	1.51
Ba	7076	441.75	4297	320.45	6911	382.95	1459	300.3	2379	450.03	8193	386.63	105	455.58	3871	408.97	402.81	467.8	0.86
Be	7535	1.77	4160	1.51	8211	1.9	2707	1.99	2321	1.95	8375	1.81	117	1.7	3153	2.05	1.81	2.11	0.86
Bi	8015	0.31	4574	0.27	7349	0.35	2588	0.39	2298	0.35	8500	0.31	110	0.27	3120	0.38	0.32	0.35	0.91
Cd	6744	78.26	3679	83.77	5944	140.37	1660	166.25	2269	140.2	7295	99.09	107	95.45	3317	95.25	96.44	125.94	0.77
Co	7394	11.25	4091	7.94	7857	12.22	2821	12.68	2050	7.63	8600	11.11	99	15	4561	8.81	11.45	9.46	1.21
Cr	6825	61.42	4221	44.36	7874	63.44	2544	70.82	2423	30.28	7184	61.34	74	60.4	4507	32.07	61.35	41.68	1.47
Cu	7395	19.95	4012	15.27	7730	20.47	2429	24.55	2125	11.13	7556	22.93	105	27.44	4274	15.29	20.46	15.89	1.29
F	6628	356.33	4042	331.43	6308	372.49	2517	550.19	2299	442.72	8008	375.79	105	355.62	3555	391.08	368.52	386.62	0.95
Hg	7422	57.17	3885	44.28	7546	63.84	2441	77.9	2255	60.45	7520	52.52	88	30.25	3836	48.75	56.36	60.79	0.93
La	7806	39.77	3981	34.3	7661	39.25	2691	39.81	2277	44.43	7552	35.53	104	36.49	3438	38.28	38.2	44.12	0.87
Li	7140	33.57	4116	30.41	7848	34.77	2597	39.01	2213	33.83	8399	38.28	106	28.42	3538	33.09	34.68	31.54	1.10
Mn	7535	539.33	3938	396.49	7546	635.11	2468	575.59	2400	582.99	8767	626.9	90	725.06	3876	581.62	587	595.44	0.99
Mo	7274	0.57	3854	0.6	6923	0.65	1746	0.83	2335	1.03	8487	0.49	89	0.66	3325	0.53	0.57	0.81	0.70
Nb	7399	18.72	3985	16.09	8288	17.64	2531	17.37	1905	24.39	7922	15.89	100	16.14	3068	15.91	17.32	19.44	0.89
Ni	7650	23.42	4082	15.91	8283	26.36	2534	31.96	1995	11.95	8278	24.55	74	25.28	4459	14.38	22.94	17.12	1.34
P	8010	417.43	3602	317.47	7854	506.34	2585	544.07	2312	398.73	8525	468.15	103	460.37	3846	453.83	454.36	418.65	1.09
Pb	6954	22.82	3842	21.06	7502	24.22	2438	26.62	1932	25.21	8351	25.08	104	21.88	3450	30.09	24.22	30.3	0.80

续表 2-4

元素或氧化物	第四纪沉积物 (n=9756)		陆相碎屑岩 (n=5042)		海相碎屑岩 (n=9721)		碳酸盐岩 (n=3248)		火山岩 (n=2844)		变质岩 (n=10 269)		基性—超基性岩 (n=131)		酸性—中酸性岩 (n=4924)		下扬子地层区 背景值	华东地区 背景值	富集系数
	样品数（个）	背景值	样品数（个）	背景值	样品数（个）	背景值	样品数（个）	背景值	样品数（个）	背景值	样品数（个）	背景值	样品数（个）	背景值	样品数（个）	背景值			
Sb	7886	0.72	3732	0.72	7208	0.78	2191	1.34	1978	0.6	8630	0.96	104	0.75	4021	0.44	0.71	0.58	1.22
Sn	6585	3.62	3624	3.09	6533	3.59	2103	3.95	2148	4.41	7118	3.65	95	2.95	3375	5.19	3.67	4.13	0.89
Sr	8412	57.78	3426	40.89	7048	45.35	2220	51.42	1855	53.57	8763	43.72	105	78.81	2798	36.86	47	55.35	0.85
Th	7762	12.77	3587	11.98	7083	12.5	2221	12.5	2112	14.23	6172	11.78	110	10.76	2487	12.8	12.41	14.02	0.89
Ti	6918	5166.2	3852	4367.13	7157	4834.83	2518	4729.51	2031	4240.76	7183	5304.1	70	5223.67	3781	4088.77	4901	4297.71	1.14
U	7165	2.45	4154	2.19	6908	2.47	2264	2.67	2253	3.15	8035	2.11	112	2.06	3005	3.01	2.37	3.04	0.78
V	6927	82.38	4157	63.46	7726	83.19	2397	95.49	2033	55.57	7875	83.69	73	94	4426	59.32	81.93	65.97	1.24
W	7063	2.39	3973	2.04	7095	2.25	2378	2.32	2305	2.81	7157	2.34	103	2.07	3394	2.81	2.33	2.68	0.87
Y	5690	25.13	3787	22.68	6547	25.52	2079	26.16	2479	27.67	8078	27.12	104	23.65	3642	27.22	25.41	25.08	1.01
Zn	7130	53.51	3775	48.42	7401	65.34	2277	74.34	2161	63.95	9098	72.03	122	70.8	4244	77	64.03	70.17	0.91
Zr	7573	337.82	3848	314.03	7705	286.48	2795	239.85	1860	347.68	7139	264.51	112	299.48	3539	305.97	292.42	346.52	0.84
Al_2O_3	7148	11.92	4251	11.24	7915	11.79	2698	11.87	2437	13	7961	13.31	95	13.13	4338	15.35	12.34	13.26	0.93
CaO	5380	0.22	3414	0.17	6430	0.29	1637	0.32	2330	0.32	7685	0.17	85	0.47	3146	0.23	0.24	0.26	0.92
Fe_2O_3	7248	4.07	3964	3.48	7736	4.29	2664	4.76	2250	3.68	8238	4.69	92	5.19	4330	4.04	4.3	3.89	1.11
K_2O	7412	1.75	4057	1.5	8447	1.89	2983	1.92	2317	2.73	8555	2.02	104	1.74	3614	3.32	1.91	2.42	0.79
MgO	6209	0.63	3678	0.5	7960	0.8	2502	0.95	2297	0.61	9217	0.69	105	0.93	4368	0.66	0.73	0.63	1.16
Na_2O	9313	0.49	3380	0.2	6974	0.22	2555	0.19	2608	0.54	8094	0.25	123	0.73	3507	0.48	0.25	0.44	0.57
SiO_2	7320	72.44	3793	74.61	8030	71.12	2683	69.54	2300	70.1	8284	68.95	121	66.41	4165	64.36	70.46	66.24	1.06

注：n 为统计样本数；元素质量分数 Ag、Au、Cd、Hg 的单位为 $\times 10^{-9}$，氧化物的单位为 %，其他元素的单位为 $\times 10^{-6}$（全区 $n=46\,512$）。

表 2-5 华夏地层区水系沉积物地球化学参数一览表

元素或氧化物	第四纪沉积物 ($n=9756$)		陆相碎屑岩 ($n=5042$)		海相碎屑岩 ($n=9721$)		碳酸盐岩 ($n=3248$)		火山岩 ($n=2844$)		变质岩 ($n=10269$)		基性—超基性岩 ($n=131$)		酸性—中酸性岩 ($n=4924$)		华夏地层区背景值	华东地区背景值	富集系数
	样品数(个)	背景值	样品数(个)	背景值	样品数(个)	背景值	样品数(个)	背景值	样品数(个)	背景值	样品数(个)	背景值	样品数(个)	背景值	样品数(个)	背景值			
Ag	2690	91.1	6185	79.76	3996	80.56	921	96.92	13979	88.68	7602	81.55	224	60.8	14024	83.89	84.7	92.98	0.91
As	2361	5.11	4818	3.8	4397	7.57	863	8.34	13624	3.96	5982	2.82	238	4.8	12016	2.22	3.33	6.97	0.48
Au	2505	1.27	5982	0.85	4289	1.16	933	1.14	12870	0.66	7692	0.96	237	0.99	13221	0.76	0.86	1.23	0.70
B	3336	35.88	4852	19.96	4471	37.98	829	35.8	12219	11.78	6787	20.57	221	13.4	9993	6.28	11.84	43.81	0.27
Ba	2772	486.45	5783	352.99	4275	327.26	936	283.04	14984	552.86	7492	465.18	247	441.2	14993	431.2	429.2	467.8	0.92
Be	2938	1.94	6089	1.93	3992	2.08	944	1.91	14152	2.24	7406	2.18	237	1.97	12103	2.61	2.15	2.11	1.02
Bi	2542	0.39	5828	0.31	3706	0.32	768	0.35	13322	0.32	6992	0.27	236	0.4	11834	0.39	0.32	0.35	0.91
Cd	2916	105.7	5425	99.85	3666	116.63	737	137	12763	125.78	7169	107.37	248	106.4	12681	98.94	109.18	125.94	0.87
Co	2880	7.29	6000	5.88	4391	8.2	970	8.62	12863	5.12	8033	8.91	143	8.62	13761	5.64	6.49	9.46	0.69
Cr	2698	28.1	6663	25.28	4491	39.9	974	55.02	12895	12.41	8743	37.49	248	51.08	12742	14.11	15.64	41.68	0.38
Cu	2951	13.76	6058	10.17	4606	15.86	932	16.48	13882	6.1	8152	14.46	193	17.6	12917	6.67	8.31	15.89	0.52
F	2765	376.49	6208	345.97	4291	318.8	850	367.96	15422	358.76	8279	364.19	238	353.1	13478	324.87	356.56	386.62	0.92
Hg	2344	68.17	5967	45.94	4329	54.58	898	66.65	14589	59.77	7894	46.24	240	53.2	13732	51.4	52.17	60.79	0.86
La	2829	43.52	6248	37.57	4420	38.3	984	38.04	14785	47.94	7641	45.95	200	45.28	13225	51.6	43.57	44.12	0.99
Li	3164	31.31	6168	28.57	4324	26.67	957	35.03	15279	22.5	7898	30.86	199	26.25	11267	20.32	26.27	31.54	0.83
Mn	3104	520.34	5754	342.16	4061	354.01	875	394.46	15133	629.06	7995	469.69	276	662.7	13857	517.01	484	595.44	0.81
Mo	2543	0.71	5807	0.58	3895	0.55	807	0.7	14322	1.15	7505	0.55	255	0.95	13218	0.95	0.7	0.81	0.86
Nb	2566	20.98	6508	17.14	4304	15.04	904	16.43	14253	23.74	7779	17.57	178	21.33	13429	26.68	19.32	19.44	0.99
Ni	2717	11.3	6269	8.91	4975	17.35	946	18.02	14729	5.33	8721	16.03	156	13.18	13252	6.46	7.01	17.12	0.41
P	3059	381.47	5985	278.3	4616	363.98	973	388.82	14890	311.24	8356	389.12	243	477.2	14672	337.79	341.89	418.65	0.82
Pb	2355	28.98	5978	24.88	3614	22.88	691	23.79	12554	35.12	7567	28.93	244	25.6	14115	44.3	31.08	30.3	1.03

续表 2-5

元素或氧化物	第四纪沉积物(n=9756) 样品数(个)	背景值	陆相碎屑岩(n=5042) 样品数(个)	背景值	海相碎屑岩(n=9721) 样品数(个)	背景值	碳酸盐岩(n=3248) 样品数(个)	背景值	火山岩(n=2844) 样品数(个)	背景值	变质岩(n=10269) 样品数(个)	背景值	基性-超基性岩(n=131) 样品数(个)	背景值	酸性-中酸性岩(n=4924) 样品数(个)	背景值	华夏地层区 背景值	华东地区 背景值	富集系数
Sb	2529	0.39	4935	0.3	5145	0.67	989	0.62	16281	0.32	5345	0.17	235	0.35	11687	0.17	0.27	0.58	0.47
Sn	2257	4.24	5635	3.16	3717	3.09	788	3.64	12333	3.58	7008	3.48	210	3.56	11763	4.75	3.55	4.13	0.86
Sr	3212	64.77	5015	34.18	3986	23.19	918	36.09	14357	47.93	6030	29.01	178	38.96	13077	45.7	37.34	55.35	0.67
Th	2332	13.43	5284	11.81	1806	10.8	379	11.04	14261	16.33	6252	12.77	217	12.42	13024	23.41	13.55	14.02	0.97
Ti	3000	4264.6	6295	3649.48	4619	3830.68	997	4232.83	15600	3645.7	8105	3926.8	235	5665.6	14319	3414.87	3744	4297.71	0.87
U	2585	2.78	6179	2.65	4194	2.32	947	2.94	15427	3.98	7543	2.5	241	2.25	13229	4.98	3.12	3.04	1.03
V	2847	61.45	5869	51.61	4272	59.59	1024	77.19	15366	41.01	8261	60.63	254	94.52	14279	40.68	49.02	65.97	0.74
W	2487	2.62	5747	2.54	3652	2.54	855	2.68	14583	2.91	7045	2.46	206	2.37	12839	2.94	2.67	2.68	1.00
Y	2156	26.42	6461	20.85	4695	22.94	990	22.52	15047	22.56	7918	23.62	156	19.94	12349	28.29	23.18	25.08	0.92
Zn	3006	67.1	6110	52.45	4042	52.47	809	57.78	13089	69.66	7220	66.71	261	85.86	13850	70.73	63.72	70.17	0.91
Zr	2957	319.05	5930	348.5	4523	335.75	957	295.93	14170	401.53	7179	322.05	227	320.2	12396	395.94	350.69	346.52	1.01
Al_2O_3	2653	13.17	6455	11.8	4786	10.68	1002	12.27	15155	13.54	8394	13.05	261	14.11	15239	16.51	13.42	13.26	1.01
CaO	2268	0.23	5451	0.16	4472	0.12	892	0.17	14044	0.23	7000	0.15	147	0.22	12664	0.19	0.17	0.26	0.65
Fe_2O_3	2622	3.58	6230	3.05	4359	3.1	969	3.78	14709	3.07	7809	3.62	245	5.63	13970	3.07	3.22	3.89	0.83
K_2O	2284	2.71	7279	2.02	4296	1.53	941	1.45	16280	2.79	7933	2.17	256	1.59	15969	3.64	2.38	2.42	0.98
MgO	2373	0.5	6314	0.46	4651	0.45	929	0.4	14466	0.41	7625	0.55	224	0.66	14050	0.38	0.44	0.63	0.70
Na_2O	3320	0.49	4961	0.13	3873	0.08	977	0.1	11271	0.24	6833	0.14	282	0.33	12691	0.33	0.17	0.44	0.39
SiO_2	3008	68.33	6057	72.71	3862	72.85	965	70.4	15144	69.79	7445	68.8	253	62.62	13908	64.27	69.06	66.24	1.04

注：n 为样本数；元素质量分数 Ag、Au、Cd、Hg 的单位为 $\times 10^{-9}$，氧化物的单位为 %，其他元素的单位为 $\times 10^{-6}$（全区 $n=66\,818$）。

Mo、Nb、P、Sr、Th、W、Zn、Zr 等元素含量相对较高。酸性—中酸性岩中 Pb、Zn、Mo、W、Sn、La、Y、Nb、Th、U、Ba、Be、Bi、Sr、Zr 背景含量高于其他类型,是区内与矿化有关的主要岩石类型;La、Y 高含量区集中在赣闽交界地区,为区域内稀土矿提供丰富的物质源。基性—超基性岩中 Cr、Co、Ti、V、Cu、Zn、Mn、P 等元素背景含量较其他建造高。

华夏地层区地球化学元素背景含量总体不高,但不同建造间地球化学元素背景含量变化大,同时显示碳酸盐岩建造、火山岩、酸性—中酸性岩中成矿元素背景值高,是区内重要的成矿地质建造。

第二节 地球化学元素分布特征

一、元素分布特征

1. 铜元素

铜元素总体分布显现:高背景主要分布于下扬子陆块区,低背景主要分于华夏造山系,华北陆块区以及秦祁昆造山系一般具有中背景,局部出现高背景区。

铜元素局部高背景区主要呈条带状分布于长江中下游岩浆弧、下扬子北东陆缘(两端)、伏川-樟树墩蛇绿混杂岩、怀玉山-天目山被动陆缘盆地;在绍兴-金华古侵入岩浆弧、武夷变质基底杂岩、赣西南弧间盆地局部有铜元素高背景分布;铜元素高背景区与铜矿产地密集分布区一致(如庐枞、铜陵),特别是高值区与大中型铜矿床吻合程度较好。此外,铜元素中高背景区呈团块状,条带状分布于苏鲁高压—超高压变质折返带西南端、武夷山质基底杂岩的南平、屏南,伏川-樟树墩蛇绿混杂岩的休宁—婺源—德兴一带,绍兴-金华古侵入岩浆弧的黄潭口水库周边,陈蔡增生杂岩带的诸暨等地,与基性岩、超基性岩分布关系密切。

铜元素局部低背景区主要呈北东向分布于东南沿海岩浆弧内外带,由外带向内带铜元素含量具先低后高的分布态势。其低含量区(小于 3.0×10^{-6})主要分布于九龙山、庆元、屏南、龙溪、永泰、同发山等地,与东南沿海晚侏罗世—早白垩世火山沉积岩系广泛分布有关。

2. 铅元素

铅元素地球化学高背景主要分布于华夏造山系;低背景主要分布于北陆块区以及秦祁昆造山系;而下扬子陆块具有中背景,局部出现了高背景区;总之,显示由东南向西北铅元素含量有逐步降低的分布态势。

铅元素局部高背景区主要呈条带状北北东向分布于东南沿海沿江弧(内带)、武夷变质基底杂岩带、萍乡-绍兴结合带,其局部高背景分布区,与铅锌矿产地密集分布地段一致(如大田、连城、青田、龙泉等),特别是高值区与大中型铅锌矿床吻合程度较好。其次局部高背景分布于长江中下游沿江弧的铜陵矿集区和下扬子被动陆缘的池州矿集区;在赣西南弧间盆地、江南岛弧内,成因上与区内混杂岩分布有关的地区也存在局部铅高背景区。

铅元素局部低背景主要分布于大别-苏鲁地块、豫皖陆块以及鲁西碳酸盐岩台地内,局部叠加了因铅锌矿化产生的高背景,前者主要与太古宙—元古宙变质岩分布有关,后者与碳酸盐岩地层分布有关。

3. 锌元素

与铅元素空间分布特征非常相似,高背景主要分布于华夏造山系,低背景主要分布于华北陆块区以及秦祁昆造山系,而下扬子陆块区具有中背景,局部出现了高背景区,总之,显示由东南向西北锌元素含量有逐步降低的分布态势。

锌元素局部高背景区主要呈条带状北东向分布于东南沿海沿江弧（内带），成因与区内广泛分布的铅锌矿关系密切，如临海、仙居、青田、大田、连城、龙泉等铅锌矿集区，其次分布于武夷变质基底杂岩带北东端，形成了长 270km、宽 150km 的锌高背景区，局部呈高值区集中分布，且高值区与大中型铅锌矿床吻合度较好。此外，它还以块状、条带状高值区分布于萍乡-绍兴结合带、下扬子陆块的局部区域，成因多与铅锌矿成矿作用有关。锌元素中高背景区还分布于赣西南弧间盆地、江南岛弧内，成因上与区内混杂岩广泛分布有关。

锌元素局部低背景区主要分布于大别-苏鲁地块、豫皖陆块以及鲁西碳酸盐岩台地内，局部叠加了因铅锌矿化产生的高背景区，前者主要与太古宙—元古宙变质岩分布有关，后者与碳酸盐岩地层分布有关。

4. 金元素

金元素高背景区主要分布于下扬子陆块、萍乡-绍兴结合带，低背景区主要分布于东南沿海沿江弧（内带）、大别-苏鲁陆块，而鲁西陆块表现为中背景。

金元素局部高背景区主要分布于华夏造山系的东海沿海沿江弧（内带）、武夷地块，前者与沿海火山岩的广泛发育的金矿化关系密切，后者与高绿片岩相中金矿化发育有关。其次，分布于萍乡-绍兴结合带、怀玉山-天目山北东陆缘盆地，也多与区内广泛分布的绿片岩相及金矿（点）有关。此外，金元素高背景还以块状或带状广泛分布于长江中下游弧后裂陷盆地、下扬子被动陆缘，空间分布多与中酸性侵入岩的分布有关。

金元素局部低背景区主要分布于太湖-潜山超高压变质亚带、北大别基底变质杂岩、北淮阳增生杂岩带，成因上与区内太古宙—元古宙变质岩分布有关，另外，它还分布于东南沿海岩浆弧（内带）的局部地区，可能与火山岩中金元素含量不均匀分布有关。

5. 银元素

银元素含量由高至低的大地构造分区排序依次为华夏造山系、下扬子陆块、萍乡-绍兴结合带、大别-苏鲁陆块、豫皖陆块、鲁西陆块，总体表现为东南部相对高、西北部相对低的特征。

银元素局部高背景区主要分布于华夏造山系的东南沿海岩浆弧（内带）、武夷地块，前者与沿海火山岩的广泛发育的低温矿化关系密切，后者与变质岩型（高绿片岩相中）金银矿化发育有关。其次，银元素高背景区还分布于赣西南弧间盆地、伏川-樟树墩蛇绿混杂岩和怀玉山-天目山被动陆缘盆地的西南端，成因上多与区内金矿化或变质岩分布有关。另外，金元素高背景还以块状或带状广泛分布于长江中下游弧后裂陷盆地、下扬子被动陆缘，空间分布多与中酸性侵入岩的分布有关。

银元素局部低背景区主要分布于太湖-潜山超高压变质亚带、北大别基底变质杂岩、北淮阳增生杂岩带，成因上与区内太古宙—元古宙变质岩分布有关。

6. 钨元素

钨元素高背景区主要集中分布于赣西南弧间盆地、萍乡-绍兴结合带、武夷变质基底杂岩、江南岛弧，其次为东南沿海沿江弧、长江中下游岩浆弧；钨元素低背景区主要分布于太湖-潜山超高压变质亚带、北大别基底变质杂岩、北淮阳增生杂岩带等，总体表现为南高北低的特征。

钨元素局部高背景以团块状广泛分布于赣西南弧间盆地、罗霄岩浆弧西南段、新乡-东乡增生杂带、下扬子被动陆缘与江南岛弧接触带附近，与区内钨矿产地密集分布地段一致（如赣县、兴国、崇义、万安、旌德等地），特别是高值区域与大中型钨矿床吻合度较好。其次，钨元素中高背景还广泛分布于武夷变质基地杂岩、永梅古生代陆表海盆、东南沿海沿江弧（内带），主要与区内混杂岩、火山岩分布有关。

钨元素低背景区主要呈面状分布于太湖-潜山超高压变质亚带、北大别基底变质杂岩、北淮阳增生杂岩带，主要与太古宙—元古宙变质岩分布有关；其次分布于苏鲁高压—超高压变质折返带、鲁西碳酸盐岩台地、徐淮陆表海盆地等。

7. 锡元素

锡元素高背景区主要分布于赣西南弧间盆地、下扬子陆块、萍乡-绍兴结合带等，低背景区主要分布于大别-苏鲁地块、鲁西地块等，总体分布特征表现为南高北低。

锡元素高背景以团块状广泛分布于赣西南弧间盆地、罗霄岩浆弧西南段、新乡-东乡增生杂带、下扬子被动陆缘与江南岛弧接触带附近，与区内钨锡矿产地密集分布地段一致（如赣县、兴国、崇义、万安、旌德等地），特别是高值区域与大中型钨锡矿床吻合度较好。其次，锡元素中高背景区还广泛分布于武夷变质基地杂岩、永梅古生代陆表海盆、东南沿海沿江弧（内带），主要与区内混杂岩、火山岩分布有关。此外，局部锡元素高背景区还以团块状分布于下扬子被动陆缘的局部地区，空间上与花岗岩体分布范围较吻合，如苏州、青阳、九岭、大湖塘等岩体。

锡元素低背景区主要分布于太湖-潜山超高压变质亚带、连云港-张八岭高压变质亚带，空间分布与区内广泛分布的太古宙—元古宙变质岩有关；其次，局部锡元素低背景区还广泛分布于长江中下游岩浆弧、北淮阳增生杂岩带及鲁西碳酸盐岩台地。

8. 钼元素

钼元素高背景区主要分布于华夏造山系、下扬子陆块，低背景区主要分布于秦祁昆造山系和华北陆块区，总体分布特征表现为南高北低。

钼元素高背景区主要广泛分布于东南沿海岩浆弧（内带）和赣西南弧间盆地、武夷变质基底杂岩、江南岛弧、伏川-樟树墩蛇绿混杂岩和怀玉山-天目山被动陆缘盆地；钼元素高背景主要与火山岩中广泛发育的钼矿（化）有关，与花岗岩、混杂岩分布密切。其次，局部钼元素中高背景区还分布于下扬子被动陆缘的宁镇、铜陵、武穴、修水等地。

钼元素低背景区主要呈面状分布于太湖-潜山超高压变质亚带、北大别基底变质杂岩区、北淮阳增生杂岩带，主要与太古宙—元古宙变质岩分布有关；其次分布于苏鲁高压-超高压变质折返带、鲁西碳酸盐岩台地、徐淮陆表海盆地等，但因局部钼矿化，出现低背景上叠加局部高背景区，这种局部高背景区分布范围普遍较小。

9. 铋元素

铋元素高背景区主要分布于华夏造山系、萍乡-绍兴结合带、下扬子被动陆缘与江南岛弧接触带附近，低背景区主要分布于太湖-潜山超高压变质亚带、北大别基底变质杂岩、苏鲁高压—超高压变质折返带，总体分布特征表现为南高北低。

铋元素局部高背景区主要以团块状广泛分布于赣西南弧间盆地、罗霄岩浆弧西南段、新乡-东乡增生杂带、下扬子被动陆缘与江南岛弧接触带附近，与区内钨锡矿产地密集分布地段一致（如赣县、兴国、崇义、万安、旌德等地），特别是高值区域与大中型钨锡矿床吻合度较好。其次，铋元素中高背景还广泛分布于武夷变质基地杂岩、永梅古生代陆表海盆、东南沿海沿江弧（内带），主要与区内混杂岩、火山岩分布有关。此外，铋元素还以团状分布于下扬子被动陆缘的局部地区，空间上与花岗岩体分布范围较吻合，如青阳、九岭山、大湖塘等岩体。

铋元素低背景区主要呈面状分布于太湖-潜山超高压变质亚带、北大别基底变质杂岩、北淮阳增生杂岩带，主要与太古宙—元古宙变质岩分布有关；其次铋元素低背景区分布于苏鲁高压—超高压变质折返带、鲁西碳酸盐岩台地、徐淮陆表海盆地。

10. 锰元素

锰元素地球化学高背景区主要分布于东南沿海岩浆弧（内带）、下扬子陆块以及苏鲁高压—超高压变质折返带，低背景区主要分布于萍乡-绍兴结合带中部、罗霄岩浆弧、赣西南弧间盆地等。

锰元素局部高背景区主要分布于永梅古生代陆表海盆、东南沿海岩浆弧（内带）、江南岛弧、下扬子被动陆缘带内，与区内锰矿产分布区一致（如铜陵、池州、宁国、上杭、武平）。在太湖-潜山超高压变质亚带、北大别基底变质杂岩、苏鲁高压—超高压变质折返带，也有局部锰元素高背景区分布，主要是与区内广泛分布的太古宙—元古宙变质岩有关。

锰元素局部低背景区主要分布于罗霄岩浆弧、陈蔡增生杂岩带与赣西南弧间盆地相邻区，空间上与侏罗纪地层分布有关。

11. 钡元素

钡元素高背景区广泛分布于大别-苏鲁地块、武夷变质基底杂岩带、怀玉山-天目山被动陆缘盆地，低背景区主要分布于江南岛弧的中部。

钡元素局部高背景区主要分布于北淮阳增生杂岩带、大别高压—超高压变质折返带内，成因上与区内分布的太古宙—元古宙变质岩有关；在北东向分布于伏川-樟树墩蛇绿混杂岩、怀玉山-天目山被动陆缘盆地、武夷变质基底杂岩带中，钡元素高值区与花岗岩、花岗闪长岩范围非常吻合。钡元素中高背景区以面状广泛分布于东南沿海岩浆弧（内带）和长江中下游岩浆弧，其多与火山岩分布有关。

钡元素局部低背景主要江南岛弧的西南端，空间分布上与区内古生代沉积岩分布有关，此外赣西南弧间盆地和武夷变质基底杂岩带内也有钡元素局部低背景区分布。

12. 镉元素

镉元素高背景区主要分布于伏川-樟树墩蛇绿混杂岩、怀玉山-天目山被动陆缘盆地，其次分布于华夏造山系、下扬子被动陆缘，低背景主要分布于太湖-潜山超高压变质亚带、苏鲁高压—超高压变质折返带。总体分布特征表现为南高北低。

镉元素局部高背景区以条带状北东向分布于伏川-樟树墩蛇绿混杂岩、怀玉山-天目山被动陆缘盆地，武夷变质基底杂岩和下扬子被动陆缘，空间上与花岗岩分布关系密切，反映岩浆期后低温热液活动的结果。镉元素的局部中高背景区还广泛分布于东南沿海岩浆弧（内带），与区内金银低温热液型矿床（点）关系密切。

镉元素局部低背景区主要分布于苏鲁高压—超高压变质折返带、大别高压—超高压变质折返带的结合部位，可能与区内岩性有关。

13. 砷元素

砷元素高背景区主要分布于伏川-樟树墩蛇绿混杂岩、怀玉山-天目山被动陆缘盆地、长江中下游弧后裂陷盆地、下扬子被动陆缘区。砷元素低背景区主要分布于苏鲁高压—超高压变质折返带、大别高压—超高压变质折返带。砷元素总体空间分布特征表现为中高，南次之，北低。

砷元素局部高背景区以条带状北东向分布于伏川-樟树墩蛇绿混杂岩、怀玉山-天目山被动陆缘盆地、夷变质基底杂岩和下扬子被动陆缘，空间上与花岗岩分布关系密切，反映其为岩浆期作用的结果，如九华山、铜陵、旌德、青阳、九岭山等地。砷元素局部中高背景区还广泛分布于东南沿海岩浆弧（内带）和武夷-云开弧盆系，前者与区内金银低温热液型矿床（点）关系密切，后者更多与钨矿化关系密切。

砷元素局部低背景区主要分布于苏鲁高压—超高压变质折返带、大别高压—超高压变质折返带的结合部位，与区内的岩性有关。砷元素局部低背景区还分布于武夷变质基底杂岩带中部，可能与区内混杂岩分布关系密切，区内局部叠加了因金属矿化作用产生的星点状高背景。

14. 锑元素

锑元素高背景区主要分布于伏川-樟树墩蛇绿混杂岩、怀玉山-天目山被动陆缘盆地以及下扬子被动陆缘、长江中下游岩浆弧；低背景主要分布于苏鲁高压—超高压变质折返带、大别高压—超高压变质折返带以及武夷地块。总体分布特征表现为中部高、南北两侧低。

锑元素局部高背景区主要以条带状北东向分布于伏川-樟树墩蛇绿混杂岩、怀玉山-天目山被动陆缘盆地以及下扬子北东陆缘,空间上与花岗岩分布关系密切,反映其为岩浆期后低温热液扩散、运移的结果,如九华山、铜陵、旌德、青阳、九岭山、宁镇、苏州等地。此外锑元素局部中高背景区主要分布于东南沿海岩浆弧(内带),可能与火山区中低温热液矿化有关。

锑元素局部低背景区主要分布于苏鲁高压—超高压变质折返带、大别高压—超高压变质折返带的结合部位。锑元素局部低背景区还分布于武夷变质基底杂岩带中部,可能与区内混杂岩分布关系密切,局部叠加了因金属矿化作用产生的星点状高背景。

15. 汞元素

汞元素高背景区主要分布于杭州湾、环太湖地区,其次分布于江南岛弧西南段、东南沿海岩浆弧(内带)。汞元素低背景区主要分布于苏鲁高压—超高压变质折返带、大别高压—超高压变质折返带。汞元素总体空间分布特征为南高北低。

汞元素局部高背景区主要以面状分布于经济发达的杭州湾、环太湖地区的城市及周边,可能受人类污染影响;汞元素局部高背景区分布于江南岛弧的西南段和东南沿海岩浆弧(内带),前者主要与岩浆期后热液活动有关,后者主要与火山岩低温热液活动有关。

汞元素局部低背景区主要以面状广泛分布于苏鲁高压—超高压变质折返带、大别高压—超高压变质折返带,可能与区内岩性有关;汞元素局部低背景区分布于鲁西碳酸盐岩台地、徐淮陆表海盆,主要与区内碳酸盐岩广泛分布有关。

16. 磷元素

磷元素高背景区主要分布于苏鲁高压—超高压变质折返带、大别高压—超高压变质折返带;磷元素低背景区主要分布于东南沿海岩浆弧(内带);磷元素总体分布特征表现为北高南低。

磷元素局部高背景区主要以块状分布于苏鲁高压—超高压变质折返带、大别高压—超高压变质折返带局部地区和东南沿海岩浆弧(内带)北段,其原因主要有两点:其一,与磷矿产地密切相关,如新浦、锦屏、宿松等;其二,与基性岩分布有关,如盱眙、来安、温州、宁波等地。磷元素局部高背景区还分布于伏川-樟树墩蛇绿混杂岩、怀玉山-天目山被动陆缘盆地以及下扬子北东陆缘,空间上与花岗岩分布关系密切。

磷元素低背景区主要呈北东向分布于东南沿海岩浆弧的中部及萍乡-绍兴结合带的局部,前者可能与火山岩作用局部贫化有关,后者可能与侏罗纪地层有关。

17. 镧元素

镧元素高背景区主要分布于大别高压—超高压变质折返带、武夷变质基底杂岩带、永梅古生代陆表海盆地;低背景区主要分布于江南岛弧、北淮阳增生杂岩带的局部。

镧元素局部高背景区主要以面状、条带状分布于大别高压—超高压变质折返带、武夷变质基底杂岩带、永梅古生代陆表海盆地,前者区内广泛分布片麻岩,后者多分布有花岗岩,而富集镧元素的独居石通常聚集于片麻岩、花岗岩中。镧元素中高背景区还广泛分布于东南沿海岩浆弧(内带)中,可能与区内侏罗纪火山岩分布有关。

镧元素局部低背景区主要分布于江南岛弧的万年弧间盆地、宜春陆缘碎屑盆地,可能与区内古生代沉积岩分布有关。

18. 钇元素

钇元素高背景区主要分布于武夷地块,其次分布于伏川-樟树墩蛇绿混杂岩、怀玉山-天目山被动陆缘盆地；钇元素低背景区主要分布于东南沿海岩浆弧（内带）的北东段、长江中下游岩浆弧的东段以及下扬子被动陆缘的北东段。

钇元素局部高背景区以团块状分布于武夷地块和条带状分布于伏川-樟树墩蛇绿混杂岩、怀玉山-天目山被动陆缘盆地以及东南沿海岩浆弧（内带）的西南段，多与区内广泛分布的花岗岩有关；钇元素局部高背景区还分布于江南岛弧、下扬子被动陆缘、长江中下游弧后裂陷盆地，成因也多与中酸性侵入岩有关，如苏州花岗岩体、九岭山花岗闪长岩体。

钇元素局部低背景区主要分布于东南沿海岩浆弧（内带）的北东段和长江中下游岩浆弧的东段以及下扬子被动陆缘的北东段，前者主要与侏罗纪火山岩广泛分布有关，后者主要与古生代至中生代碎屑岩分布有关，此外，钇元素局部低背景还分布于鲁西碳酸盐岩台地、北淮阳增生杂岩带。

19. 氟元素

氟元素高背景区主要分布于东南沿海岩浆弧、萍乡-绍兴结合带的北东端；低背景主要分布于东南沿海岩浆弧南西端；氟元素总体分布特征表现为中部高、南北两侧低。

氟元素局部高背景区主要分布于东南沿海岩浆弧、萍乡-绍兴结合带的浙江境内，其与萤石矿产分布地区一致（如临安、武义、东阳、江山等地），特别是氟元素高值区域与中型以上规模萤石矿床吻合程度较好。氟元素局部高背景区还分布于江南岛弧和江南古基地杂岩带西南端，空间分布上多与中酸性侵入岩体有关。此外，氟元素在大别高压—超高压变质折返带也出现局部中高背景区，可能与区内变质岩有关。

氟元素局部低背景主要呈面状分布于东南沿海岩浆弧西南端及东海超高压变质亚带，前者与侏罗纪火山岩有关，后者与太古宙—元古宙变质岩分布有关。

20. 硼元素

硼元素高背景区主要分布于下扬子陆块、萍乡-绍兴结合带以及东南沿海岩浆弧西段；低背景区主要分布于苏鲁高压—超高压变质折返带、大别高压—超高压变质折返带以及南沿海岩浆弧东段；硼元素总体分布特征表现为中部高、南北两侧低。

硼元素局部高背景主要以条带状分布于长江中下游弧后裂陷盆地、下扬子被动陆缘、江南岛弧，空间上多与中酸性侵入岩有关，如九岭山、铜陵、苏州等，其次硼元素局部高背景区以团块状分布于武夷变质基底杂岩带上宁化、广昌、建阳、建瓯等地，空间上与混杂岩分布范围非常吻合，缘于混杂岩中普遍富集电气石的结果。此外，硼元素局部高背景区还以团块状或带状分布于罗霄岩浆弧、赣西南弧间盆地，空间与花岗岩或钨锡矿床吻合。

硼元素局部低背景区主要以面状分布于苏鲁高压—超高压变质折返带、大别高压—超高压变质折返带，可能与区内变质岩有关。此外，东南沿海侏罗纪火山岩普遍为硼元素局部低背景区。

各元素地球化学分布既显示了各自的特点，又与性质相近元素分布具有一定的共性。华东地区各元素具有如下总体分布特征：

（1）挥发分F、Hg等元素高背景区分布与新构造活动基本一致，主要呈北东向带状，主要集中在古陆周边地区、江绍断裂带及其他断裂构造发育部位。

（2）铁族元素或氧化物Co、Mn、Ni、Fe_2O_3以及V等高背景区主要分布在苏鲁大别地层区和下扬子地层区，低背景区主要分布在华夏地层区。铁族元素地球化学元素分布可作为下扬子地层区与华夏地层区界线划分的重要依据之一。

（3）稀土元素La、Y高背景区主要集中在华夏地层区中，与燕山期侵入岩体有关，总体呈北东向带状分布，但在华夏地层区内同一分布带中，重稀土在南部含量较高而轻稀土北部含量较高。

（4）放射性元素和稀有元素等高背景区与铁族元素分布相反，其高背景区主要分布在华夏地层区，而低背景区主要分布在华北地层区、苏鲁大别地层区、下扬子地层区。放射性元素高背景集中分布区主

(5)钨钼族及 Bi 高背景区主要分布在江南古陆周缘及华夏地层区中,高背景集中分布区主要与燕山期侵入岩体有关,W 高背景区分布与中生代构造岩浆岩带有关,且与许多大型 W、Mo 多金属矿田分布有着密切的关系。

(6)成矿及其指示元素 Ag、Cu、Pb、Zn、Cd、Au、As、Sb 等高背景区在不同的地层区都有分布。在下扬子地层分区主要包含 3 个成矿元素高背景带:一是长江中下游成矿带分布区;二是江南古陆周缘地区;三是萍乡绍兴结合带。在华夏地层区中 Pb、Zn、Ag、Sn 呈高背景,主要与火山机构及岩体关系密切;Pb 高背区主要是在华夏地层区分布,区内含量大于 40×10^{-6} 样品数量占区域样品总数的 45.58%。成矿元素高背景区带与许多大型铅、锌、银矿田和锡多金属矿田分布有着密切的关系,如五部铅锌矿、三明铅锌矿、紫金山铜金矿等。

二、地球化学分区特征

地球化学分区是对地球化学分布元素总体规律的总结,为地球化学研究单元划定、地球化学对比分析、地球化学与地质背景关系分析提供依据。

地球化学分区指标应对地质、地球化学作用反应灵敏,性质稳定,有较强的示踪性,整体活动强,在地壳中广泛分布等。本次地球化学分区主要选择如下指标:

(1)Nb、Zr、Th、U 等高场强元素,它们化学性质稳定,在地壳各种作用过程中,不易活动迁移,基本反映"原始物质组成"。

(2)Cr、Co、Ni、V 等铁族元素,这些元素能较好地示踪基底地层分布信息。

(3)Sr、Ba、Li、B 等亲石元素性,这些元素在各种作用中易活动、易迁移,它们是地壳演化及地质作用发生的良好示踪剂。

(4)稀土元素,它们含量分布一致性强,示踪灵敏,抗干扰,分布广,在厘定地质体性质、追踪地质作用演化上有独到的功能。

(5)Au、Ag、Cu、Pb、Zn、W、Mo 等成矿元素,是局部构造环境、特殊成岩、成矿作用的指示剂。

(6)Al_2O_3、CaO、Fe_2O_3、K_2O、MgO、Na_2O、SiO_2 等常量元素或氧化物,是地球化学分区过程中,确定岩类、厘定地质体性质的最基本成分。

通过对华东地区上述元素或氧化物进行地球化学的编图,对地球化学分布特征进行分析,华东地区可划分为 4 个地球化学省、20 个地球化学区(带)(图 2-1)。

(一)华北地球化学省

华北地球化学省与华北地层区相对应,位于六安断裂以北及郯庐断裂带以西地区。自新元古代青白口纪开始,才全面接受较稳定型的盖层沉积。青白口纪—震旦纪,地壳周期性振荡频繁,为次稳定型—稳定型构造环境;寒武纪—中奥陶世,地壳已处于稳定状态;总体为陆内碎屑、碳酸盐岩台地相。此后处于隆起剥蚀状态,直至晚石炭世—早三叠世,才沉积了一套海陆交互相-陆相陆屑式建造组合,它们是大陆准平原化过程中的产物,总体为台地相碳酸盐岩建造-海陆交互相-陆相陆屑式建造组合。侏罗纪以来主要为陆相沉积,发育杂色河湖相复陆屑建造、大陆中性火山岩-湖相杂色凝灰质复陆屑建造和

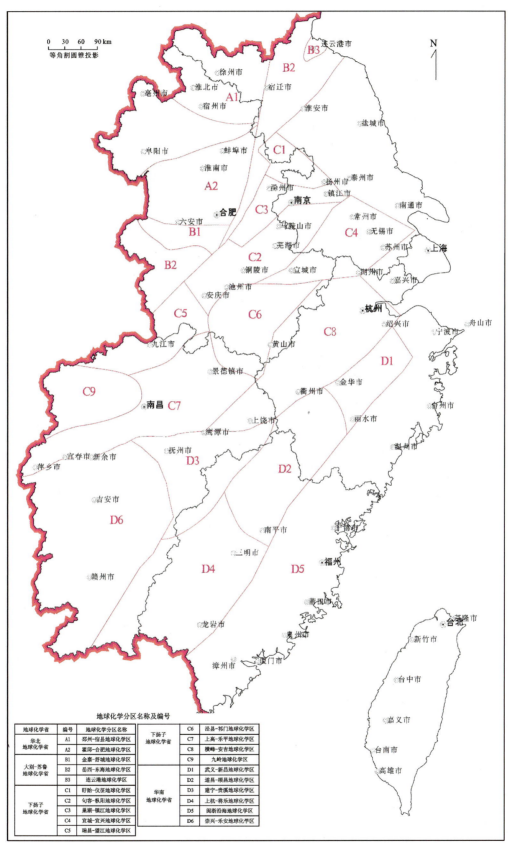

图 2-1 华东地区水系沉积物地球化学分区图

湖泊相杂色复陆屑建造组合。

本区地表以 Au、Ag、As、Co、Cr、Cu、Li、Ni、V 地球化学高背景为主,次为 B、Ba、Sr、MgO、SiO_2 等,均高于全区地球化学背景;而 Cd、Hg、Mo、P、W、Zn、Zr、K_2O 背景低于全区地球化学背景,尤以 Cd、P、Zn 明显低于全区背景。根据各元素分布态势差异较大,可划分为两个地球化学区。

1. 邳州-宿县地球化学区(A1)

地层出露主要从新元古界至古生界,以下古生界为主体。侵入岩有花岗斑岩、灰绿玢岩等。区内主要金属矿产为铁、铜、金等矿床。

该区地表以 Co、Cr、Ni、V、CaO、MgO、Sr、Ag、Au、Sb 等高背景为特征(表 2-6),尤以 Ag、Au 等成矿元素地球化学背景较高,显示了富集特点;以 U、Nb、Zr、La、Hg、Mo、SiO_2 低背景为特征。

2. 霍邱-合肥地球化学区(A2)

该区以第四系覆盖为主体,地层零星出露。出露地层主要从新太古界至中生界,以新元古界为主体。蛇纹岩、角闪石橄榄岩、煌斑岩等零星分布。区内产出安徽重要的铁、金、铅锌等矿产。

该区地表为 CaO、MgO、B、Hg 等元素或氧化物的地球化学高背景(表 2-6),以 Bi、Cd、F、Hg、Mo、P、U、Zn 低背景为特征。

(二)大别-苏鲁地球化学省

该区与大别-苏鲁地层区一致,区内地层由新太古界大别群杂岩,古—中元古界宿松岩群、东海岩群、锦屏岩群以及云台岩群组成。大别群杂岩由变质表壳岩、花岗片麻岩和变质岩 3 套岩石组成,强烈变形不仅使得表壳岩层序不清,而且强烈改变侵入体面貌,往往掩盖了与其围岩的接触关系,不整合于大别杂岩之上的为古—中元古界宿松岩群,它是一套遭受中压绿帘角闪岩相的区域变质的沉积-火山碎屑岩系。苏鲁造山带内变质基底主要由新太古界—古元古界东海岩群、中元古界锦屏岩群、张八岭岩群和中新元古界云台岩群、震旦系石桥岩群组成。

该地表以多种元素或氧化物地球化学低背景为显著特征。以 As、Au、B、Be、Bi、F、Hg、La、Li、Nb、Sb、Sn、Th、U、W、Y 等为全区各地球化学省中最低背景,呈极贫化类元素分布特征。另外,Mo、P、SiO_2 也低于全区总背景;仅 Ba、Mn、Sr、Al_2O_3、Na_2O 高于全区总背景,其中 Ba、Sr 居各地球化学省高含量特征明显。根据局部元素地球化学分布特征,可进一步划分金寨-舒城地球化学区、岳西-东海地球化学带、连云港地球化学区 3 个地球化学区(带)。

1. 金寨-舒城地球化学区(B1)

区内出露地层主要为新元古界港河岩组、佛子岭岩群等变质构造岩片,前者为变质火山-沉积岩建造,后者为类复理石建。燕山晚期大规模岩浆活动与造山带强烈隆升密切相关。区内发现的主要矿产为沙坪沟钼矿,同时也分布有金矿、铅锌矿等。

本区 Ag、As、Au、Co、Cr、Ni、P、CaO、MgO 等元素或氧化物显示高背景,Al、F、Al_2O_3 地球化学显示低背景(表 2-7)为主要特征。

表 2-6 华北地球化学省各地球化学分区元素或氧化物背景值

区域	Ag	As	Au	B	Ba	Be	Bi	Cd	Co	Cr	Cu	F	Hg	La	Li	Mn	Mo	Nb	Ni	P
华东全区	92.98	6.97	1.23	43.81	467.8	2.11	0.35	125.94	9.46	41.68	15.89	386.62	60.79	44.12	31.54	595.44	0.81	19.44	17.12	418.65
华北地球化学省(A)	92.27	8.98	1.34	63.88	518.67	1.83	0.25	68.42	12.02	68.65	20.47	355.36	25.26	38.27	32.40	584	0.47	17.05	26.25	329.85
邳州-宿县地球化学区(A1)	101.09	10.32	1.94	55.75	494.74	1.87	0.28	93.14	13.78	73.49	21.83	425.88	23.88	34.41	35.53	621.36	0.50	15.48	33.52	481.36
霍邱-合肥地球化学区(A2)	90.41	8.60	1.30	66.85	524.06	1.84	0.25	64.81	11.78	67.73	20.33	344.42	26.06	41.78	31.89	565.22	0.46	17.37	23.83	322.97

区域	Pb	Sb	Sn	Sr	Th	Ti	U	V	W	Y	Zn	Zr	Al$_2$O$_3$	CaO	Fe$_2$O$_3$	K$_2$O	MgO	Na$_2$O	SiO$_2$	
华东全区	30.3	0.58	4.13	55.35	14.02	4297	3.04	65.97	2.68	25.08	70.17	346.52	13.26	0.26	3.89	2.42	0.63	0.44	66.24	
华北地球化学省(A)	23.57	0.60	3.63	98.73	11.41	4866	2.02	81.37	1.96	24.16	49.30	297.95	12.73	0.77	4.23	1.89	1.08	1.14	71.61	
邳州-宿县地球化学区(A1)	22.73	0.65	3.85	136.01	10.12	4041	1.89	81.10	1.73	23.24	56.37	270.86	12.82	3.05	4.56	2.27	1.86	1.01	64.89	
霍邱-合肥地球化学区(A2)	24.13	0.59	3.42	97.28	11.88	4887	2.11	81.38	2.10	24.47	47.64	298.59	12.61	0.77	4.17	1.87	1.08	1.16	71.84	

注：Ag、Cd、Hg 含量单位为 $\times 10^{-9}$，氧化物单位为 %，其余元素单位为 $\times 10^{-6}$。

表 2-7 大别-苏鲁地球化学省各地球化学分区元素或氧化物背景值

区域	Ag	As	Au	B	Ba	Be	Bi	Cd	Co	Cr	Cu	F	Hg	La	Li	Mn	Mo	Nb	Ni	P
华东全区	92.98	6.97	1.23	43.81	467.8	2.11	0.35	125.94	9.46	41.68	15.89	386.62	60.79	44.12	31.54	595.44	0.81	19.44	17.12	418.65
大别-苏鲁地球化学省(B)	92.27	8.98	1.34	63.88	518.67	1.83	0.25	68.42	12.02	68.65	20.47	355.36	25.26	38.27	32.40	584	0.47	17.05	26.25	329.85
金寨-舒城地球化学区(B1)	101.09	10.32	1.94	55.75	494.74	1.87	0.28	93.14	13.78	73.49	21.83	425.88	23.88	34.41	35.53	621.36	0.50	15.48	33.52	481.36
岳西-东海地球化学带(B2)	90.41	8.60	1.30	66.85	524.06	1.84	0.25	64.81	11.78	67.73	20.33	344.42	26.06	41.78	31.89	565.22	0.46	17.37	23.83	322.97

区域	Pb	Sb	Sn	Sr	Th	Ti	U	V	W	Y	Zn	Zr	Al$_2$O$_3$	CaO	Fe$_2$O$_3$	K$_2$O	MgO	Na$_2$O	SiO$_2$	
华东全区	30.3	0.58	4.13	55.35	14.02	4297	3.04	65.97	2.68	25.08	70.17	346.52	13.26	0.26	3.89	2.42	0.63	0.44	66.24	
大别-苏鲁地球化学省(B)	23.57	0.60	3.63	98.73	11.41	4866	2.02	81.37	1.96	24.16	49.30	297.95	12.73	0.77	4.23	1.89	1.08	1.14	71.61	
金寨-舒城地球化学区(B1)	22.73	0.65	3.85	136.01	10.12	4041	1.89	81.10	1.73	23.24	56.37	270.86	12.82	3.05	4.56	2.27	1.86	1.01	64.89	
岳西-东海地球化学带(B2)	24.13	0.59	3.42	97.28	11.88	4887	2.11	81.38	2.10	24.47	47.64	298.59	12.61	0.77	4.17	1.87	1.08	1.16	71.84	

注：Ag、Cd、Hg 含量单位为 $\times 10^{-9}$，氧化物单位为 %，其余元素单位为 $\times 10^{-6}$。

2. 岳西-东海地球化学带（B2）

本区出露最老地层为新太古界大别岩群、东海杂岩、阚集岩群，其次有新元古界宿松岩群以及郯庐断裂东侧的海州岩群等。区内燕山期二长花岗岩非常发育，大面积分布。本区也为安徽重要的铁、铜矿产地分布区。

该区以多种元素或氧化物地球化学高背景为显著特征。如 Ba、Co、Mn、La、Ni、P、Sr、V、Zr、Al_2O_3、CaO、Fe_2O_3、K_2O、MgO、K_2O、Na_2O，尤以 Sr 为典型，其平均含量高达 167×10^{-6}，为全区各地球化学分区(带)之首。As、Au、Bi、B、Hg、Li、Ag、Sb、Sn、U、W、SiO_2 等元素或氧化物为地球化学低背景，尤以 B 为特征元素，其平均含量仅为 4.39×10^{-6}，约为全区的 1/8。

3. 连云港地球化学区（B3）

本区主要出露新太古界东海岩群及新元古界锦屏岩群、云台岩群，东海岩群以各种片麻岩为主，夹片岩、角闪岩、榴辉岩、变粒岩、浅粒岩、大理岩、石英岩等，锦屏岩群由各种片岩、变粒岩、大理岩、石英岩及磷灰岩组成，云台岩群以浅粒岩、变粒岩为主。区内有江苏重要的沉积变质岩型磷矿床。

该区以多种元素或氧化物地球化学低背景为显著特征。如 As、B、Ba、Co、Cr、Cu、Li、La、Ti、V、Al_2O_3，以 Ba、Co 等元素为典型，而 Ag、P、Na_2O 等少数元素或氧化物为地球化学高背景。

（三）下扬子地球化学省

下扬子地球化学省与下扬子地层区范围一致。区内基底为前震旦纪中、浅变质岩系，其上的盖层为较厚的稳定型震旦纪—古生代（包括部分三叠纪）以浅海为主夹海陆交互相沉积，顶部为中新生代大陆边缘型陆相火山-碎屑岩系。其总体特征是一个自震旦纪至中三叠世长期接受沉积的较稳定地区，构造运动不甚剧烈，一般表现为升降运动，岩浆活动通常亦较微弱。

该区多种元素或氧化物呈现地球化学高背景，包括 As、Au、B、Co、Cu、Hg、Li、Mo、Mn、Ni、P、Sb、Ti、V、Y、Fe_2O_3、MgO、SiO_2、SiO_2 等显示高背景；而 Be、Cd、La、Mo、Nb、Pb、W、Zr、CaO、Na_2O 等背景低于全区地球化学背景。根据元素空间分布态势，并结合地质-地球化学特征，可分为 9 个地球化学区（带）。

1. 盱眙-仪征地球化学区（C1）

区内主要出露地层为新元古界震旦系至新生界第四系，以第三纪（古近纪＋新近纪）玄武岩最为发育，广泛分布于盱眙南部、六合以及仪征等地。区内主要矿产为铁、凹凸棒石等矿产。

区内 Fe_2O_3、MgO、Ni、Ti、V、Co、Cr、Cu、B、Na_2O 等元素或氧化物地球化学背景明显高于其他地球化学区（带）和华东地球化学背景。Th、U 背景含量相对较低。

2. 句容-枞阳地球化学带（C2）

区内除繁昌至池州一带出露志留纪—三叠纪以浅海为主夹海陆交互相沉积外，燕山晚期在北东—北北东向和东西向岩石圈断裂控制下，形成以北东—北北东向和东西向断裂为界的北东向断陷盆地，同时诱发强烈岩浆活动，构成具有地区特色的庐枞怀、宁芜繁两个系列断陷火山盆地。该地球化学带位于长江中下游铁铜多金属成矿带的核心区，是苏皖最为主要的铁、铜、金、硫、锰等矿产地。

本区地表富集铁族元素 Co、Cr、Ni、Ti、V，亲石元素 Sr、Ba、Li、B，成矿元素 Au、Cu、As、Sb，常量元素或氧化物 CaO、Na_2O、SiO_2 等背景明显高于华东地球化学背景（表 2-8），这些元素高异常区分布于铁铜多金属矿周围及附近地区。

表 2-8 下扬子地球化学省各地球化学分区元素或氧化物背景值

区域	Ag	As	Au	B	Ba	Be	Bi	Cd	Co	Cr	Cu	F	Hg	La	Li	Mn	Mo	Nb	Ni	P
全区	92.98	6.97	1.23	43.81	467.8	2.11	0.35	125.94	9.46	41.68	15.89	386.62	60.79	44.12	31.54	595.44	0.81	19.44	17.12	418.65
下扬子地球化学省（C）	86.74	8.53	1.19	66.03	402.81	1.81	0.32	96.44	11.45	61.35	20.46	368.52	56.36	38.2	34.68	587	0.57	17.32	22.94	454.36
盱眙-仪征地球化学区（C1）	84.78	8.40	1.60	75.18	460.17	1.86	0.29	72.01	13.34	61.47	21.31	371.27	56.22	43.21	30.63	541.63	0.70	17.73	22.67	387.47
句容-枞阳地球化学带（C2）	92.45	8.90	1.63	70.86	501.03	1.85	0.26	76.26	12.78	66.47	21.40	360.53	33.95	39.18	32.76	591.17	0.50	17.63	28.86	396.36
巢湖-镇江地球化学带（C3）	76.12	8.15	1.46	68.78	389.68	1.68	0.28	88.71	11.22	55.09	15.15	293.24	55.21	39.46	30.08	550.34	0.64	17.45	18.42	323.82
宣城-宜兴地球化学带（C4）	85.89	9.60	0.95	72.94	411.69	1.73	0.28	89.88	11.57	60.18	22.35	330.72	53.66	41.90	32.80	586.41	0.41	17.03	26.76	431.71
瑞昌-望江地球化学区（C5）	100.93	8.03	1.40	55.98	458.22	2.07	0.32	130.11	12.24	62.65	26.02	368.98	56.23	35.32	36.55	686.49	0.69	16.42	21.40	572.74
泾县-祁门地球化学区（C6）	90.21	11.96	1.28	72.60	288.92	1.63	0.32	87.50	10.08	61.30	21.40	364.06	59.24	34.62	37.90	515.66	0.54	17.09	25.48	451.44
上高-乐平地球化学区（C7）	80.56	5.80	1.04	47.02	447.40	1.94	0.39	165.73	10.91	45.88	14.38	435.03	64.58	42.75	35.61	606.52	0.85	20.88	15.51	515.27
横峰-安吉地球化学带（C8）	84.11	11.07	0.96	76.15	348.21	1.90	0.38	93.53	11.77	58.66	22.06	423.37	59.91	35.26	43.78	619.58	0.43	14.38	26.86	462.98
九岭地球化学区（C9）	84.11	11.07	0.96	76.15	348.21	1.90	0.38	93.53	11.77	58.66	22.06	423.37	59.91	35.26	43.78	619.58	0.43	14.38	26.86	462.98

区域	Pb	Sb	Sn	Sr	Th	Ti	U	V	W	Y	Zn	Zr	Al_2O_3	CaO	Fe_2O_3	K_2O	MgO	Na_2O	SiO_2
全区	30.3	0.58	4.13	55.35	14.02	4297	3.04	65.97	2.68	25.08	70.17	346.52	13.26	0.26	3.89	2.42	0.63	0.44	66.24
下扬子地球化学省（C）	24.22	0.71	3.67	47	12.41	4901	2.37	81.93	2.33	25.41	64.03	292.42	12.34	0.24	4.3	1.91	0.73	0.25	70.46
盱眙-仪征地球化学区（C1）	24.13	0.59	3.42	97.28	11.88	4887	2.11	81.38	2.10	24.47	47.64	298.59	12.61	0.77	4.17	1.87	1.08	1.16	71.84
句容-枞阳地球化学带（C2）	24.50	0.39	3.06	89.87	10.83	4526	1.61	63.91	1.46	22.25	51.62	326.39	11.91	0.59	3.85	1.91	0.87	1.03	72.98
巢湖-镇江地球化学带（C3）	22.75	0.15	3.06	167.69	9.33	4832	1.39	76.68	0.73	23.24	67.55	322.04	14.29	1.40	4.60	2.45	1.06	2.47	64.34
宣城-宜兴地球化学带（C4）	15.68	0.35	1.91	33.13	6.52	2052	1.49	31.95	0.27	21.40	48.18	364.96	11.23	0.38	2.48	2.69	0.39	3.29	74.39
瑞昌-望江地球化学区（C5）	20.77	0.54	3.19	104.36	10.91	5078	1.88	85.41	1.88	24.52	51.29	304.55	12.79	0.80	4.21	1.85	1.18	1.24	71.60
泾县-祁门地球化学区（C6）	22.75	0.62	3.64	71.04	13.51	5230	2.28	88.25	2.28	23.85	54.11	331.44	11.71	0.43	4.10	1.73	0.63	0.79	72.23
上高-乐平地球化学区（C7）	23.27	0.63	3.30	96.07	11.57	5110	2.12	85.36	2.12	25.01	52.03	305.78	12.28	0.76	4.22	1.95	1.09	1.08	71.76
横峰-安吉地球化学带（C8）	20.95	0.66	3.16	45.65	12.81	4529	2.42	65.60	2.20	22.40	44.66	331.66	9.81	0.32	3.53	1.51	0.56	0.46	76.85
九岭地球化学区（C9）	22.70	0.88	3.37	52.28	13.21	5581	2.26	82.43	2.06	27.17	61.03	343.87	11.49	0.28	4.29	1.83	0.74	0.32	73.31

注：Ag、Cd、Hg含量单位为$\times 10^{-9}$，氧化物单位为%，其余元素单位为$\times 10^{-6}$。

3. 巢湖-镇江地球化学带（C3）

区内出露地层主要为震旦系—三叠系，为一套稳定型海陆交互相沉积，地层在安徽范围内主要呈北东向，在江苏境内主要呈近东西向。区内侵入岩比较发育，主要集中于宁镇地区，岩性从基性至酸性均有分布，该区为铁、铜、金、铅锌等矿产重要分布区。

全区地表以 Ni、Co、Cr、V、Ti、Sr、Ba、Li、B、Au、Ag、Cu、As、Sb、Mn、CaO、Fe_2O_3、MgO、Na_2O、SiO_2 等元素或氧化物高背景为特征，而以 Be、Bi、Cd、Hg、La、Mo、Sn、W、Zn、Zr、K_2O 等元素或氧化物低背景为主要特征。

4. 宣城-宜兴地球化学带（C4）

区内出露地层主要为古生界—新生界，以中古生代志留纪—泥盆纪海相碎屑岩分布最为广泛，局部有燕山期侵入岩零星分布广德、宜兴等地。该区为铁、铅、锌等矿产地分布区。

本区地表以 Ni、Co、Cr、V、B、Au、Cu、As、Sb 等元素高背景为特征，它们的含量均高于华东区背景，而 Be、Cd、F、Mo、P、Pb、Sn、W 为地球化学低背景，尤以 Be 为典型，其含量仅为 1.73×10^{-6}，相比华东地球化学背景，显示出极贫乏特征。

5. 瑞昌-望江地球化学区（C5）

本区北部多为第四系覆盖，南侧地层主要为新元古界—中生界，以古生代地层最为发育，侵入岩主要有花岗闪长斑岩，该区涵盖了长江中下游九瑞铁、铜多金属矿田，也是赣西北主要铁铜矿产地分布区。

本区以 Co、Cr、Ni、V、Li、B、P、Cu、As、Sb、Mn、Fe_2O_3、MgO、SiO_2 等元素或氧化物高背景为特征，以 Au、Cd、Pb、Sn、K_2O 等元素或氧化物低背景为特征。

6. 泾县-祁门地球化学区（C6）

本区出露地层主要为新元古界—古生界，主要为古生代寒武纪—泥盆纪海相碳酸盐岩、碎屑岩沉积，地层走向多为北东向、北北东向，断裂构造多为北东向、北西向，侵入岩非常发育，岩性多为石英二长岩、二长花岗岩、花岗岩等，区内主要岩体有黄山、青阳、九华山、太平等。该区为重要的铜、金、钨、锡、钼矿产地。

区内地表为 Ni、Co、Cr、V、Ag、P、B、Au、Cu、Zn、As、Mn、Sn、CaO、Fe_2O_3、MgO 等元素或氧化物的地球化学高背景，尤以 Mo、Cu、Fe_2O_3、Sn 为典型，它们的异常区主要分布于上述岩体及其与接触带附近，为区内已知矿产地球化学成矿作用的反映。

7. 上高-乐平地球化学区（C7）

本区出露地层主要为新元古界—古生界，由南西至北东依次为萍乡-丰城坳陷带和万年隆起带；侵入岩分布广泛，岩性为 I 型中酸性花岗闪长质斑岩和 S 型深成花岗岩。区内铁、金矿主要分布于萍乡-丰城坳陷带内，而铜、金矿主要分布于万年隆起带内，如德兴斑岩型铜矿，金山、银山热液型金矿等。

区内地表以铁族元素与成矿元素高背景为显著特征，Co、Cr、Cu、Ni、V、Fe_2O_3 等亲铁元素或氧化物，Au、Ag、As、Sb、Hg 等中低温成矿元素及指示元素高背景特征明显；而 Ba、Be、Cd、Pb、Sr、U、Zn、Zr、CaO、K_2O、Na_2O 等元素或氧化物为地球化学低背景。

8. 横峰-安吉地球化学区（C8）

区内新元古界（张岩群）—古生界（周冲村组）均有分布，主要出露地层为寒武纪—奥陶纪碳酸盐岩沉积，地层走向为北东向或北北东向；北东向断裂构造非常发育。侵入岩分布广泛，岩性主要有花岗闪长斑岩、石英二长岩、花岗闪长岩、花岗岩等。该区为浙西重要的铅、锌、钨、锡、锑、铜矿分布区。

区内以 Cd、Sb、Zn 地球化学高背景分布最为典型,其次有 Co、Cr、Li、B、P、Cu、Zn、Sb、F、Hg、Mn、Mo、Sn 等地球化学高背景。这些元素的异常区与区内已发现的铅锌等矿产地分布相吻合。

9. 九岭地球化学区(C9)

区内震旦系及下古生界为复理石和类复理石沉积,经区域变质作用形成片岩、千枚岩、板岩以及变质砂岩等。上古生界分布颇为广泛,以海相和陆相交互相碎屑岩及碳酸盐岩为主,岩相变化较大,不整合超覆于下古生界及更老地层之上,地层穿时现象亦比较明显。中新生代地层由海相碳酸盐岩转为陆相碎屑岩。近东西向、北东向两组断裂非常发育。本区为赣西北重要的钨、金矿分布区。

区内地表以 Bi、W 地球化学高背景分布为典型,其次有 Cr、Co、Ni、Li、B、P、Mn、Cu、Zn、As、Sb、F、Hg、Fe_2O_3 等元素或氧化物高背景分布。这些元素异常主要分布于武功山花岗岩与围岩接触带附近,形成地球化学带。Ba、La、Na_2O 等少数元素或氧化物显示低背景分布。

(四)华夏地球化学省

华夏地球化学省与华夏地层区范围相一致。区内部分地区出露前震旦纪基底地层,震旦系及下古生界为活动型沉积,主要发育巨厚的砂泥质夹硅质复理石、类复理石沉积,经加里东运动普遍遭受变质(一般变质较浅);晚古生代至中生代早期地层超覆不整合于加里东构造面之上,由海相为主夹海陆交互相地层组成;中生代晚期至新生代多数地区为陆相碎屑沉积。区内火山活动广泛发育,沿着断裂形成一系列北东或近东西走向的火山岩断陷盆地,岩石组合为安山岩-英安岩-流纹岩组合与钾质、钾玄质火山岩组合。区内古生代—中生代深成侵入岩发育,加里东期韧性-流变变形变质花岗岩发育普遍,燕山期花岗岩分布较广。

华夏地球化学省为 Zr、U、Be、Pb、W、Al_2O_3、SiO_2 等元素或氧化物的地球化学高背景区,尤以 Pb、U、W、K_2O 等元素或氧化物地球化学高背景特征显著。其余元素或氧化物均低于全区地球化学背景,尤以 Co、Cr、Ni、V、Cu、MgO 等地球化学背景极低的特征。根据地质-地球化学特征,本地球化学省可划分为 6 个地球化学区(带)。

1. 武义-新昌地球化学区(D1)

本区出露新元古代—中生代地层,尤以中生代火山碎屑岩广泛分布为主要特征;区内断裂构造主要有北东向、北西向两组;区内分布铜、铅、锌、金、银、萤石等金属和非金属矿。

本区以铁族元素 Co、Cr、Ni、P、V 低背景为主要特征,同时高强场元素 Nb、Zr、U,亲石元素 Sr、Ba、B、Be,成矿元素 Cu、Pb、Ag、Au、Mo、Sn、Cd、F 等,常量 K_2O、Na_2O、SiO_2 等氧化物也表现出地球化学低背景特征(表2-9)。

2. 遂昌-顺昌地球化学区(D2)

本区处于浙西南-闽北隆起带上,出露地层主要为古元古界—中生界。侵入岩主要有海西期、加里东期、燕山期,受区域构造控制显著,主体多呈北东向、北北东向带状分布;岩性有石英二长岩、二长花岗闪长岩、正长花岗岩等。区内形成与之相关的矿产包括铜、铅、锌、银以及萤石、重晶石等。

本区以 Pb、Zn、Ag、Mo 地球化学高背景分布最为明显,其次有 Ba、Cd、Sn、Th、U、W、K_2O 等元素或氧化物显示地球化学高背景,这些元素异常主要分布于岩体及其附近。区内 Co、Cr、Ni、V、Sr、B、Cu、Au、As、Sb、Fe_2O_3、Na_2O 等元素或氧化物为地球化学低背景。

表 2-9　华夏地球化学省各地球化学分区元素或氧化物背景值

区域	Ag	As	Au	B	Ba	Be	Bi	Cd	Co	Cr	Cu	F	Hg	La	Li	Mn	Mo	Nb	Ni	P
华东全区	92.98	6.97	1.23	43.81	467.8	2.11	0.35	125.94	9.46	41.68	15.89	386.62	60.79	44.12	31.54	595.44	0.81	19.44	17.12	418.65
华夏地球化学省	84.7	3.33	0.86	11.84	429.2	2.15	0.32	109.18	6.49	15.64	8.31	356.56	52.17	43.57	26.27	484	0.7	19.32	7.01	341.89
武义-新昌地球化学区(D1)	69.19	5.66	0.70	21.39	659.42	1.94	0.32	122.04	6.48	13.75	8.84	452.75	46.76	42.02	32.08	599.29	0.90	23.08	4.92	325.32
遂昌-顺昌地球化学区(D2)	90.00	3.01	0.73	12.74	498.89	2.47	0.31	132.99	5.78	13.69	7.45	366.40	52.09	44.83	28.81	548.35	0.91	20.03	6.69	385.85
建宁-贵溪地球化学区(D3)	86.89	2.68	0.87	6.92	373.81	1.92	0.21	95.65	6.52	22.48	9.83	374.00	41.24	43.10	29.27	463.30	0.52	18.16	9.89	375.63
上杭-将乐地球化学区(D4)	85.65	1.94	0.85	14.85	371.52	2.21	0.32	108.06	6.67	16.89	8.10	342.12	52.24	44.74	27.71	428.68	0.69	16.53	7.88	347.17

区域	Pb	Sb	Sn	Sr	Th	Ti	U	V	W	Y	Zn	Zr	Al_2O_3	CaO	Fe_2O_3	K_2O	MgO	Na_2O	SiO_2
华东全区	30.3	0.58	4.13	55.35	14.02	4297	3.04	65.97	2.68	25.08	70.17	346.52	13.26	0.26	3.89	2.42	0.63	0.44	66.24
华夏地球化学省	31.08	0.27	3.55	37.34	13.55	3744	3.12	49.02	2.67	23.18	63.72	350.69	13.42	0.17	3.22	2.38	0.44	0.17	69.06
武义-新昌地球化学区(D1)	30.71	0.43	3.25	76.74	13.61	4037	3.20	45.33	2.55	20.33	65.55	412.40	12.96	0.33	3.43	3.13	0.59	0.87	70.93
遂昌-顺昌地球化学区(D2)	35.90	0.20	4.15	40.71	17.43	3718	3.92	43.37	2.81	24.16	73.14	356.05	13.65	0.22	3.28	2.99	0.45	0.26	67.53
建宁-贵溪地球化学区(D3)	32.11	0.38	3.81	50.08	12.77	3684	3.00	45.31	1.89	25.16	64.63	351.24	13.76	0.16	3.31	2.95	0.44	0.27	69.36
上杭-将乐地球化学区(D4)	31.93	0.16	3.72	29.58	11.88	3722	2.81	52.20	2.74	23.14	61.52	326.00	13.52	0.16	3.20	2.15	0.44	0.14	68.02

注：Ag、Cd、Hg 含量单位为 $\times 10^{-9}$，氧化物单位为%，其余元素单位为 $\times 10^{-6}$。

3. 建宁-贵溪地球化学区（D3）

本区出露地层主要为新元古界周潭岩组、青白口系万源岩组、南华系周岗组,零星分布古生界—新生界。区内分布有大面积侵入岩,岩性主要有花岗闪长岩、二长花岗岩、花岗斑岩等。

本区地表以多种元素或氧化物地球化学低背景为显著特征,包括 Cr、Co、Ni、Ti、V、Li、Ba、B、Be、Cu、Au、As、Sb、Bi、Hg、W、Sn、Mo、CaO、MgO 等均为地球化学低背景区。区内仅 Pb、Y 处于地球化学高背景区。

4. 上杭-将乐地球化学区（D4）

本区主要包括永梅凹陷,是武夷山岛弧系的南延地带;上古生界和三叠系广泛分布;部分地区出露前泥盆纪褶皱基底。印支期、燕山期侵入岩非常发育,岩性主要有花岗斑岩、花岗闪长岩、二长花岗岩、正长花岗岩等。本区也是铜、铅、锌、银和钨重要成矿区。

本区以多种元素或氧化物地球化学低背景为显著特征,包括 B、Ba、Cu、Zn、Au、Ag、As、Sb、Bi、Cd、F、Hg、Mo、Sn、CaO、Fe_2O_3、MgO、Na_2O 等均为地球化学低背景区。区内仅 Pb、W 等处于地球化学高背景区。

5. 闽浙沿海地球化学带（D5）

中新生代陆相地层则颇为发育,分布甚广,尤以中生代火山岩和火山碎屑岩为我国中生代陆相火山岩地层最发育的地区;区内古生代及基底地层出露极其零星,且多经不同程度变质。该区为浙闽铅、锌、银等矿产地主要分布区。

本区 Pb、Zn、W、Mo、Hg、K_2O 等元素或氧化物处于地球化学高背景区,Ag 元素在局部区域显示高背景地球化学特征。区内 Cr、Co、V、P、Cu、Sn、Cd、Mn、As、Sb、Bi、MgO、Na_2O 等元素或氧化物均处于地球化学低背景区。

6. 崇兴-乐安地球化学区（D6）

区内震旦系及下古生界为复理石和类复理石沉积,经区域变质作用形成片岩、千枚岩、板岩以及变质砂岩等。上古生界分布颇为广泛,以海相和陆相交互相碎屑岩及碳酸盐岩为主,岩相变化较大,不整合超覆于下古生界及更老地层之上,地层穿时现象亦比较明显。中新生代地层由海相碳酸盐岩转为陆相碎屑岩。区内加里东、海西、印支、燕山和喜马拉雅 5 个旋回岩浆岩都有出露,其中燕山旋回岩浆岩是岩浆侵入最活跃、最昌盛的时期,出露面积最大;主要为酸性—超酸性花岗岩类。本区是江西最为重要的钨、稀土矿集中区。

本区以 Ni、B、W、Y、Cu、Au、As、Sb 等元素高背景为特征,尤以 W 元素高背景特征最为明显。区内 Th、Ba、Sr、P、Pb、Zn、Ag、Cd、Mo、Sn、CaO、Fe_2O_3、K_2O、MgO、Na_2O、SiO_2 等元素或氧化物处于地球化学低背景区。

第三章 重要矿种典型矿床地球化学特征及找矿模型

华东地区矿产资源丰富,种类配套较齐全,本次选择华东地区主要的矿种铜、铅锌、金、银、钨、钼、锡等建立典型矿床地球化学找矿模型。建模工作主要是在矿床成矿地质背景、成因类型、控矿因素、找矿标志、地球化学异常特征研究的基础上,进行提取和组合,提出地质-地球化学找矿模型。

第一节 典型铜矿床

一、安徽省铜陵市铜官山铜矿床

(一)矿床基本信息

安徽省铜陵市铜官山铜矿床基本信息见表3-1。

表3-1 安徽省铜陵市铜官山铜矿矿床基本信息表

序号	项目名称	项目描述
1	经济矿种	铜、铁
2	矿床名称	安徽省铜陵市铜官山铜矿
3	行政隶属地	安徽省铜陵县
4	矿床规模	大型
5	中心坐标经度	117°81′667″
6	中心坐标纬度	30°90′722″
7	经济矿种资源量	铜矿石量 $71\,015 \times 10^3$ t,金属量 620 256 t;铁矿石量 $40\,411 \times 10^3$ t

(二)矿床地质特征

铜官山矿田处于铜陵-戴家汇东西向构造岩浆岩带南侧,北东向与东西向构造交会处。矿田内地表出露志留系—三叠系,与矿化关系密切的有铜官山岩体、天鹅抱蛋山岩体和金口岭岩体。

铜官山铜矿床位于铜官山倒转背斜之北西翼。石炭系黄龙组、船山组及二叠系栖霞组、孤峰组与石英闪长岩体的接触带,为该矿床的重要成矿部位(图3-1)。含矿地层主要为石炭系—二叠系,矿床严格受岩体与黄龙组白云岩控制,并形成接触带和似层状矿体。

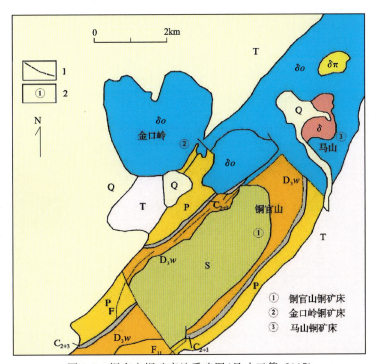

图 3-1 铜官山铜矿床地质略图(吕才玉等,2007)

Q.第四系;T.三叠系;P.二叠系;C_{2+3}.中上石炭统;D_3w.泥盆系五通组;S.志留系;
δ.闪长岩;δo.石英闪长岩;$\delta \pi$.闪长斑岩。1.断层;2.矿床(点)编号

(三)地球化学特征

1. 岩石地球化学特征

据《安徽省地球化学特征及找矿目标研究》(2012年12月)统计结果,赋矿层位石炭纪—二叠纪碳酸盐岩中除了 CaO、Cd 较高外,大部分地层中 Cu、Pb、Zn、Ag、Fe 等元素含量较低。铜官山花岗闪长岩($\gamma\delta_5^2$)中 Ag、Cu、Zn、Mn、W、Sn、Mo、F、P、Ba、Na_2O、Al_2O_3、CaO 等平均含量较全省同类岩石明显偏高,推测它为主要矿物质来源。

与矿有关的岩体一般属于 SiO_2 弱过饱和,Na_2O+K_2O 为 6.63%~8.96%,Na/K>2,CA=58,属较富碱的正钙碱性系列。铜、铅、锌、银、镍、钴、砷、铌在岩体中有较高的含量。其中铜丰度可达 119×10^{-6},且自中心向边缘由 0.003% 增到 0.03%,而且 SiO_2 含量递减,CaO 及深色矿物增加。容矿围岩,石炭纪—二叠纪碳酸盐岩及黄龙组下部的诸段,含铜量很低,一般小于 20×10^{-6},低于区域铜异常下限 20×10^{-4},下伏志留纪及泥盆纪砂页岩平均含铜分别可达 246×10^{-6} 和 70×10^{-6},高于安徽省相应地层地球化学背景含量。

2. 区域地球化学异常特征

铜陵地区 1∶20 万水系沉积物地球化学平均含量与中国水系沉积物元素平均含量值相比,Au、Cd、Ag、Pb、Bi、Cu、Zn、Hg、Sb、As、W、Mn、Mo、B、Co、V、Sn 等富集系数大于 1.30,富集明显。高、中、低温指示元素异常都较发育,呈现多期矿化元素组合叠加的特征。而 K_2O、Sr、CaO、MgO、Na_2O 富集系数小(≤0.75),呈贫化特征。在矿区范围内存在 Cu(≥800×10^{-6})、Ag(≥0.8×10^{-6})、Mo(≥0.8×10^{-6})、Zn(≥200×10^{-6})的浓集中心显著,异常主要分布在铜官山岩体及其周边地区。

3. 矿区地球化学异常特征

1∶5万地球化学异常(图3-2)显示,铜官山铜矿区Cu、Ag、Pb、Zn、Mo、Au、As均发育三级浓度分带,且浓集中心明显,各元素异常吻合较好,尤其Cu、Pb、Zn、Ag、Mo异常内带或中带相互套合。异常中心与铜官山岩体、岩体接触带、断裂构造等密切相关,不同元素受控因素略有差异。

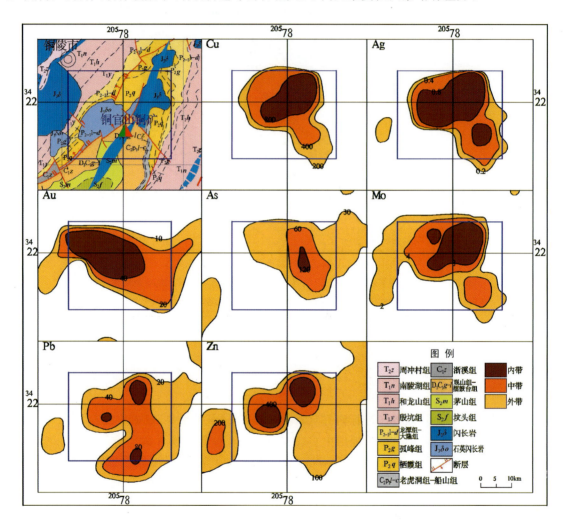

图3-2 铜陵市铜官山铜矿1∶5万土壤地球化学测量异常剖析图

(四)地质-地球化学找矿模型

综合上述矿床地质特征和地球化学特征,安徽铜官山铜矿地质-地球化学找矿模式可简化如表3-2所示。

表 3-2 安徽省铜陵市铜官山铜矿床地质-地球化学找矿模型表

分类	项目名称	项目描述
地质特征	矿床类型	矽卡岩型
	矿区地层与赋矿建造	该区地层出露为志留系—第三系。志留系—泥盆系主要为碎屑岩；石炭系—三叠系以海相碳酸盐岩为主，夹海陆交互相的煤及页岩；侏罗系主要为火山岩；白垩系、第三系多为陆相堆积。与成矿有关的层位主要是在石炭系底部与泥盆系顶部接触界面上
	矿区岩浆岩	区内与成矿有关的岩浆活动主要为燕山期，该期一般分为早、晚两期。燕山早期，岩性为闪长岩、石英闪长岩等偏中性岩类；燕山晚期岩性为偏酸性的石英闪长岩-花岗闪长岩、花岗斑岩等。这两期岩浆活动在该区是相互重叠并具有一定的相关性，对成矿都有着明显的控制作用
	矿区构造与控矿要素	地质构造属铜陵-繁昌断皱带南段的铜陵-戴家汇岩浆断裂活动断块区。盖层构造为一系列走向北东而相间排列的短轴背斜及复式向斜。区内近东西、南北向基底构造及其交会点控制着该区岩浆活动及成岩成矿作用。侵入接触带构造、接触带断裂构造、层间构造和裂隙构造是主要的控矿构造，控制着矽卡岩型、沉积改造型和斑岩型矿体的产出
	矿体空间形态	矿床内多数矿体产于岩体与中上石炭统黄龙组和船山组灰岩的接触带上，围绕岩体依次为罗家山、笔山、松树山、老庙基山、小铜官山、老山、宝山、白家山等矿段，呈近似环状分布。矿体的形态和产状受接触带构造、岩石性质和层间剥离裂隙-断裂等因素控制，基本可分为似层状矿体、不规则囊状或柱状矿体、脉状矿体
	矿石类型	矿石类型主要有含铜矽卡岩、含铜磁铁矿石、含铜滑石蛇纹石岩，次为含铜石英脉-角岩、含铜石英闪长岩、含铜大理岩。其次为黄铁矿-胶黄铁矿、单硫矿石及磁铁矿（单铁矿石）
	矿石矿物	主要金属矿物为磁黄铁矿、黄铁矿、磁铁矿、黄铜矿，其次为白钛铁矿、辉钼矿、辉铜矿、方铅矿、铁闪锌矿、毒砂、辉铋矿、辉锑矿、赤铁矿、镜铁矿及少量白钨矿。脉石矿物为钙铁榴石、透辉石、硅灰石、蛇纹石及方柱石、绿帘石、绢云母、石英、滑石等
	矿化蚀变	蚀变发育，主要为碳酸盐化、绿泥石化、绿帘石化、绢云母化、硅化、钾长石化，次为蛇纹石化、滑石化等。蚀变与矿化是在广泛发育的接触交代变质晕中，后续接触交代及热液用依次叠加结果，分带与矿化类同
地球化学特征	区域地球化学异常特征	1. 元素组合复杂，有 Au、Cu、Pb、Zn、Ag、Cd、As、Sb、W、Mo、Sn、Bi 等； 2. 主要成矿元素为 Cu、Pb、Zn、Ag、Mo，异常含量值高，具明显异常浓集中心，并相互套合
	矿床地球化学异常特征	1. 元素组合 Cu、Ag、Au、As、Pb、Zn、Mo 等； 2. 异常规模大，主要成矿元素及伴生元素套合程度高； 3. 组分分带不明显

二、江苏省江宁区安基山铜矿床

（一）矿床基本信息

江苏省江宁区安基山铜矿床基本信息见表 3-3。

表 3-3　江苏省江宁区安基山铜矿床基本信息表

序号	项目名称	项目描述
1	经济矿种	铜、铅、钼
2	矿床名称	江苏省江宁区安基山铜矿床
3	行政隶属地	江宁区
4	矿床规模	中型
5	中心坐标经度	119°04′02″—119°04′44″
6	中心坐标纬度	32°06′12″—32°07′10″
7	经济矿种资源量	35.96×10^4 t

(二)矿床地质特征

该矿床处于下扬子古陆块东部,宁镇穹断褶束中段,桦墅-亭子向斜南翼与汤山-仑山背斜北翼之间,近东西向断裂与北北西向断裂交会处。矿区主要位于黎家山次级背斜核部及近核两翼。矿区出露地层有中—下三叠统青龙组、中三叠统黄马青组和侏罗系象山群,深部自泥盆系—侏罗系较为齐全。区内褶皱轴向为近东西向,断裂主要为北北西向、近东西向。北北西向构造岩浆带为矿区控岩控矿构造。在黎家山背斜与北北西向断裂交会处,原地层被断裂及岩浆冲碎、吞蚀成多个岩片状捕房体,形成了矿液活动的有利空间,从而控制了矿化带和矿体的展布。侵入岩(安基山岩体)为燕山中晚期浅—中浅成中酸性岩体,同位素测年为 123～92Ma。岩株状产出,剥蚀较浅,平面上呈北北西向长椭圆形。岩性主要为花岗闪长斑岩、石英闪长斑岩。

矽卡岩型矿带受一组北北西向张性断裂控制,长约 1800m,宽约 800m,矿带中断裂断续分布大小不等的捕房体,矿体主要赋存于石炭纪—二叠纪、三叠纪的碳酸盐岩层与岩体接触带部位。矿体形态复杂,以陡倾斜透镜状为主。矿区内共查明大小矿体 100 余个,呈似层状、扁豆状、透镜状、脉状;主矿体呈不规则透镜状和脉状,长 560～600m,厚 14.23～45.35m,延深大于 300m。尚见少量斑岩型铜矿体,大部分赋存于石英绢云母化花岗闪长斑岩中,少量生于砂岩捕房体内,矿体受石英绢云母化带中北北西向裂隙控制,呈陡倾斜脉状产出,厚度几米至数十米不等,走向延长 200～400m 不等,延深 300m 左右,剖面上有明显的膨大、收缩、分叉现象。矿化自地表至深达-900m 尚未穿过铜钼矿化带,但品位均很低,与矽卡岩矿体邻近才富集成矿体,矿体平均品位 Cu 0.3％左右。

(三)地球化学特征

矿区及其外围曾先后做过 1∶20 万水系沉积物测量、1∶5000～1∶5 万土壤测量和 1∶2000 岩石测量,它们所反映的地球化学特征基本相同,异常元素组合以 Cu、Mo、Pb、Zn、Ag 为主,呈北北西向展布,各元素又不同程度地显示了近东西向展布的趋势,分带明显。异常的范围、展布方向及分带性,分别与矿床的矿化范围、主要控矿构造、矿化带及矿体的延伸方向、成矿的分带性相吻合。

1. 区域地球化学异常特征

1∶20 万水系沉积物测量所反映的安基山铜矿床的异常,与安基山岩体有关的矿床、矿点的异常连在一起,形成一个大规模($268.5km^2$)Cu、Pb、Zn、Au、Ag、Bi、Mo、Cd、Sb 等元素的综合异常,异常轴向与主要控矿构造和矿化带的方向相吻合,呈东西向和北西向展布的趋势。各元素异常特征值列入表 3-4 中。

Pb、Zn、Au、Cu、Mo、Ag 等元素异常具有明显浓度分带,尤以 Cu 较为完整,面积最大,安基山铜矿区位于 Cu 异常内带。

表 3-4 安基山铜矿区及外围水系沉积物测量异常特征值表

元素组合	面积(km²)	强度 浓度(×10⁻⁶)			衬度	规模
		最小值	最大值	算术均值		
36Pb3	196.9	20.9	300.3	63.6	2.32	457.6
27Zn3	153.5	44.3	461.9	119.3	2.14	328.8
32Cu3	234.9	20.1	898	109.2	4.94	1159.5
34Au3	88.4	1.5	41	6.8	3.69	326.1
35Au3	18.3	2.2	25.1	11.7	6.31	115.5
25Ag3	181.7	41	2100	271.8	3.33	605.8
26Bi3	186.2	0.17	6	1.0	3.00	557.8
50Cd3	248.7	70	7100	535.4	3.96	984.6
32Mo3	158.1	0.36	54	4.1	5.03	796.0
33Mo1	1.5	2.1	2.1	2.1	2.60	3.9
29Sb1	1.3	2.1	2.1	2.1	2.15	2.8
33Sb2	16.5	0.78	3.1	1.8	1.94	32.0
27Sb3	53.9	0.8	26	4.0	4.20	226.6

注:元素符号前面的数字为单元素异常编号;元素符号后面的数字为单元素异常分带性,1 表示有外带,2 表示有外、中带,3 表示有内、中、外带。Au、Ag 含量单位为×10⁻⁹。

2. 矿区地球化学异常特征

1:5 万土壤测量各元素异常的面积、强度和规模列入表 3-5。异常面积较完整,面积约 19.8km²,元素组合以 Cu、Mo、Pb、Zn、Ag 为主,As、Sb 次之,异常呈北北东向展布,同时各元素异常又不同程度地显示了近东西向展布的趋势,与矿化带及主要控矿构造延伸方向基本一致(图 3-3)。异常东段(安基山矿区地段)主要为 Cu、Mo、Pb、Zn 组合,各元素异常相互交叠,其中 Cu、Mo 最为发育,Pb、Zn 次之,Ag 不够发育;异常西段主要为 Cu、Mo、Pb、Zn、Ag、Sb 组合,其中 Pb、Ag、Sb 最为发育,Cu、Mo 次之,Zn 再之,As 最不发育。Pb、Zn 异常浓集中心在银孔山一带,Ag 异常浓集中心在射乌山东坡。Cu 异常分解成两部分,出现在射乌山、安基山两地,Mo 浓集中心主要分布在测区中部之陡山一带。Cu、Mo、Pb、Zn 异常的浓度分带完整,其他元素的异常亦不同程度地显示有浓度分带。

表 3-5 1:5 万土壤测量安基山铜矿区异常特征值表

元素组合	面积(km²)	强度 浓度(×10⁻⁶)			衬度	规模
		最小值	最大值	算术均值		
27Au3	7.12	1.1	49.2	18.25	3.85	27.42
30Cu3	12.73	10	600	25.1	3.11	39.54

续表 3-5

元素组合	面积（km²）	强度 浓度（×10⁻⁶）			衬度	规模
		最小值	最大值	算术均值		
20Pb3	14.21	20	800	32.38	3.49	49.61
25Zn3	16.02	7.5	1500	35.61	3.87	61.94
23Ag3	14.25	0.06	8	45.78	6.15	87.59
28As2	0.28	35	35	1.28	4.57	1.28
27As2	1.42	10	35	3.63	2.75	3.91
20Bi2	1.16	0.2	0.6	3.21	2.96	3.43
23Bi3	6.53	0.1	15	19.97	8.20	53.52
14Cd2	13.4	0.25	0.25	13.40	1.00	13.40
34Mo3	14.12	0.075	35	45.44	5.83	82.35
23Sb3	6.85	0.25	8	14.84	2.92	19.98

注：元素符号前面的数字为单元素异常编号；元素符号后面的数字为单元素异常分带性，1 表示有外带，2 表示有外、中带，3 表示有内、中、外带。Au 含量单位为 $\times 10^{-9}$。

3. 矿床地球化学异常特征

1∶1万土壤测量圈定指示元素 Cu、Pb、Zn、Mo、Ag 的土壤地球化学异常总特征：异常主要展布在以陡山为中心，以黄村、黎家山、安基山、银孔山、射乌山为半径的范围内，在花岗闪长斑岩和灰岩及砂页岩接触带地带，异常的浓集强度最高，并呈北北西向展布，其他石英闪长玢岩与围岩的接触带地段，异常呈零星展布，浓集程度低，一般只有外、中带，内带少见，而每个元素，各有自己的浓集地段和展布形态（图 3-4），现分述如下。

1）铜异常

铜异常出露广泛，但大致可分为两大浓集地段。东部异常带：主要浓集地段为安基山铜矿区的中心部位，花岗闪长斑岩与下三叠统青龙组灰岩的接触带部位，异常的最大高值为 7000×10^{-6}，异常分为一个主体和几个小块体，沿北北西向延伸，整个异常带东西宽 1500m 以上，南北向延伸在 3000m 以上，其中，主要的一个异常为矿区异常，其外带连成一体，大致 1000m×2700m；中带主要呈 4 个北北西向—南北向块体，与岩体及接触带的走向一致；内带与深部矿体地段相吻合。西部异常带：展布于射乌山、鸡笼山一带，为石英闪长玢岩与中下侏罗统象山群砂页岩接触带地段，一般只有外、中带，内带小而少，浓集程度不高；最大的一片异常为射乌山东北坡一带，外带为一个整体，近似东西向，东西长 2200m，南北宽 700m，中带呈几个小块体，150m×70m 左右，一般可见北北西向延伸，与侵入体产状大致相同。

2）银异常

银异常的展布形态大致与铜异常相似，但浓集程度不高，范围相对较小。东部异常地段：以安基山矿区为中心，银的外、中带大致与铜的中、内带吻合，呈几个小块状异常体，沿北北西向展布，但银的异常浓集中心比铜异常的浓集中心往西北偏。西部异常地段：以射乌山一带展布为主，以几块较大异常体及一些零星的小异常为其分布特征，浓集程度不高，中、内带少见，展布部位比铜异常偏南。

3）铅、锌异常

总体来看，铅、锌异常呈一个中空的环状展布。东部安基山矿区的东部边缘至黄村一带，石英闪长玢岩与灰岩接触带地段，异常浓集程度高，内带异常分布比较大，在这一地段，锌比铅的浓集程度更高。

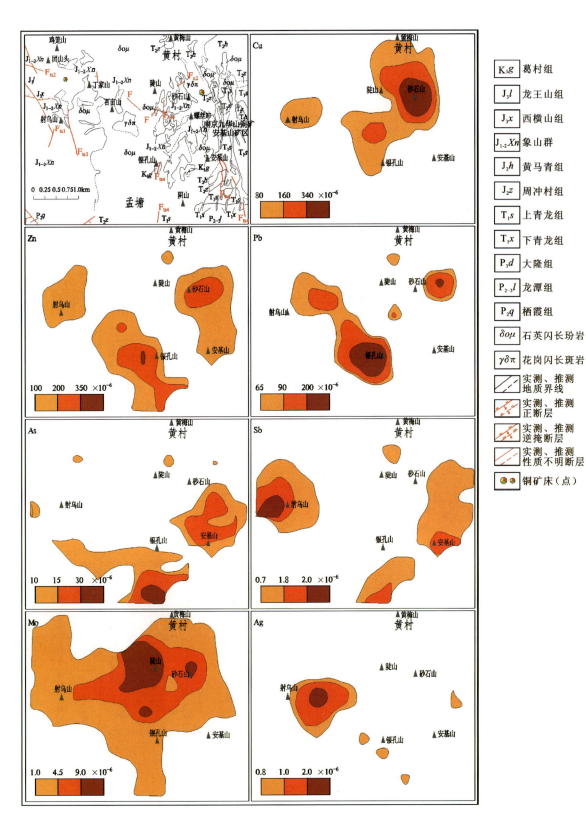

图 3-3 安基山铜矿区 1∶5 万土壤异常剖析图

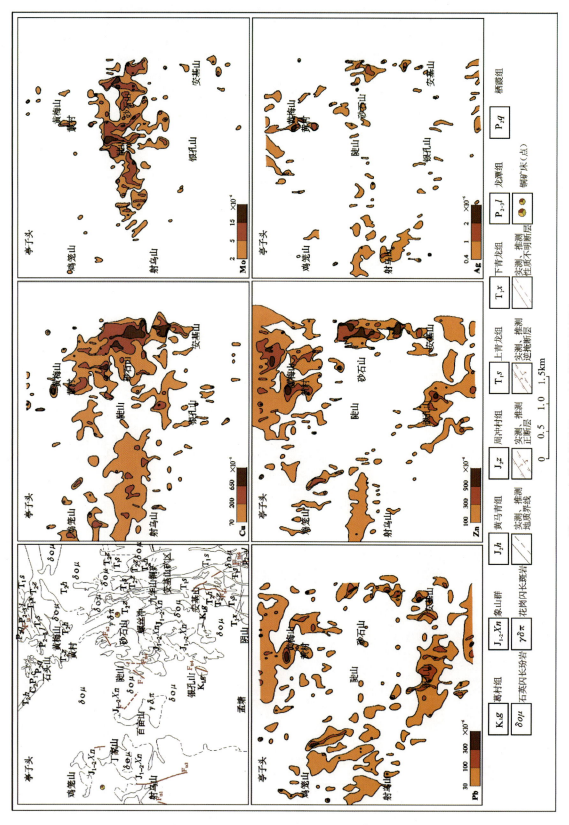

图 3-4 安基山铜矿区 1:1万土壤异常剖析图

西部射乌山一带,石英闪长玢岩与砂页岩接触地段,异常体的展布比较广,但中、内带少见,浓集程度不高。

4) 钼异常

钼异常展布于异常的中心部位,以砂石山、陡山、射乌山东北坡一带为主,异常呈东西向,为一个长3000m、南北宽1300m 的异常带,受基底小背斜及侵入体的控制,异常地段主要为砂页岩及花岗闪长斑岩体的出露地段,其次为石英闪长玢岩体及东部的灰岩接触带地段。钼的异常展布部位为其他异常的核心部位,其他元素的异常体,一般在其外围展布。

由北至南向过黄村、银孔山土壤地球化学异常剖面看到(图3-5),各元素的浓集地段为:由北向南Pb、Zn、(Ag)、Cu、Mo、Cu、(Ag)、Zn、Pb,明显可见 Mo 为核心异常,Pb、Zn 为外带异常。通过东西向过砂石山、射乌山剖面(图3-6)可见,矿区地段 Mo、Cu 的浓集程度特别高,而中部、西部的砂页岩与石英闪长玢岩接触地段,异常浓集程度不太高,但地球化学元素分带性基本与南北向剖面大致相同,Pb、Zn 在外围,Mo、Cu 在内。

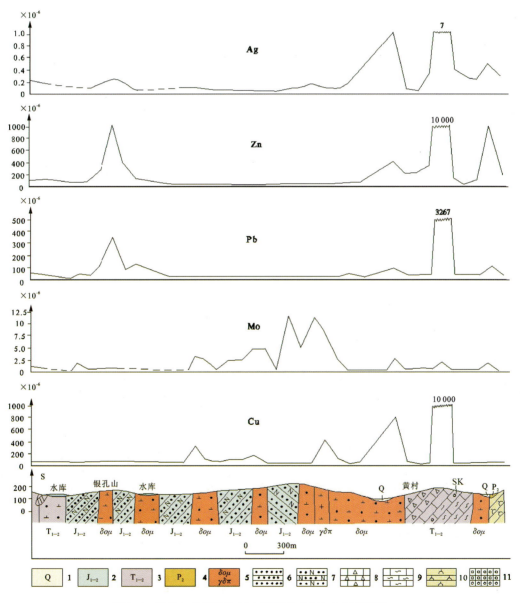

图 3-5 安基山矿区及外围土壤测量南北向分带剖面图

1.第四系;2.中下侏罗统;3.中下三叠统;4.上二叠统;5.石英闪长玢岩、花岗闪长斑岩
6.砂岩;7.长石砂岩;8.角砾灰岩;9.蠕虫状灰岩;10.燧石灰岩;11.矽卡岩(SK)

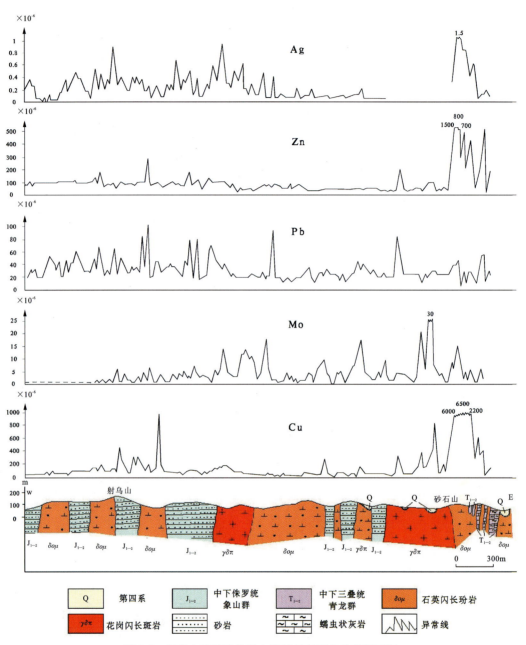

图 3-6 安基山矿区及外围土壤测量东西向分带剖面图

通过上述面积性土壤地球化学测量与剖面地球化学测量对 Cu、Pb、Zn、Mo、Ag 异常特征的认识,可以发现这 5 个元素的分布特征形成了一个明显的内生多金属地球化学分带特征:Mo 异常展布于中心部位,Cu 异常在 Mo 异常近旁浓集,而 Pb、Zn 异常相对在 Cu 异常的偏外部展布,Ag 异常展布形态大致与 Cu 异常吻合,有些异常相对比 Cu 异常偏外,而与 Pb、Zn 异常相吻合。各元素的浓集顺序为 Mo、Cu、(Ag)、Zn、Pb,以安基山铜矿区范围局部而言,成矿元素的展布顺序由西向东为 Mo、Cu、(Ag)、Zn、Pb,展布于花岗闪长斑岩与灰岩的接触带部位。

4. 岩石地球化学特征

指示元素 Cu、Mo、Pb、Zn、Ag 岩石地球化学异常三维空间的总特征是:异常体陡直,浓集地段与矿体相对应,主要展布于岩体与围岩接触带地段,方向性明显,北北西向展布,异常纵向及轴向延续性好,横向变化大(图 3-7),各指示元素显示明显的分带特征。

第三章　重要矿种典型矿床地球化学特征及找矿模型

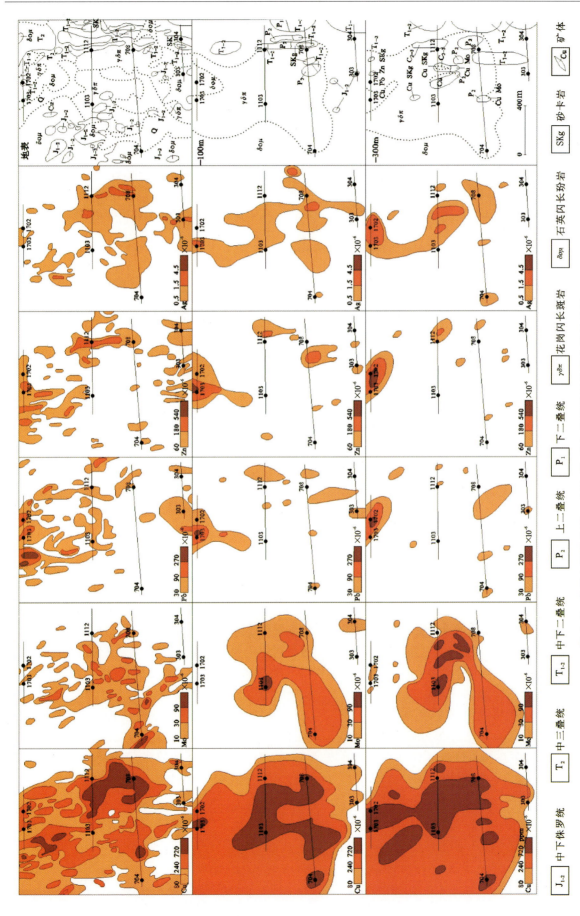

图 3-7　安基山铜矿地表、-100m及-300m断面岩石地球化学异常图

1) 水平分带

从地表、-100m及-300m断面岩石地球化学异常图可知,Cu、Ag异常在矿区中心部位,为花岗闪长斑岩与碳酸盐地层接触交代矽卡岩带地段及蚀变花岗闪长斑岩岩体中;Mo在矿区中部及西部,在花岗闪长斑岩内及石英闪长玢岩与砂岩接触蚀变地段。Pb、Zn在花岗闪长斑岩体的外部呈现异常。矿区以Cu为主的成矿中心的外带异常为Pb、Zn,在接触带靠围岩部分;内带异常为Mo,在接触带靠岩体部分;中心异常为Ag、Cu晕,展布在接触带为中心的地段。

2) 垂直分带

从主矿化带钻孔资料看到,以铜矿化为主的地段ZK912资料分析(图3-8),铅、锌异常很微弱,仅分布在浅部,深部则无Pb、Zn异常,Ag异常与Cu异常形态相似,但比Cu异常弱,往深部衰减部位比Cu异常高;Mo异常与Cu异常重叠,但浓集中心不一致,Ag在中深部相对浓集,但比Cu异常浅些。

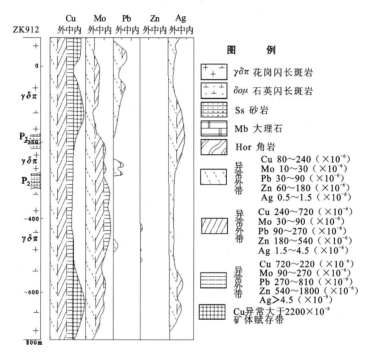

图 3-8 ZK912 指示元素垂直分带图

从整套岩石地球化学异常资料分析,可见Ag异常展布于Cu异常的中偏上部位,Pb、Zn异常展布于Cu异常的外围上部,Mo比Cu异常偏下。上述情况可以说明,本矿的矿上晕为Ag晕,矿下晕为Mo晕,总的来说:本矿的前峰晕为Ag晕,外围晕为Pb、Zn晕,成矿晕Cu晕在中心部位,尾晕为Mo晕。

(四) 地质-地球化学找矿模型

根据上述矿床地质特征、地球化学特征分析,总结江宁区基安山铜矿床的地质-地球化学找矿模型,见表3-6。

表 3-6　江宁区安基山铜矿床地质-地球化学找矿模型表

矿床类型		热液接触交代为主矽卡岩型
地质标志	地层标志	石炭纪—三叠纪碳酸盐岩,以栖霞组为主
	构造标志	北北西向导岩断裂及其旁侧构造与岩体捕房体接触带复合构造
	岩浆岩标志	燕山中晚期阶段中酸性花岗闪长斑岩、石英闪长斑岩,含 Cu 92×10^{-6},Cu/Zn 比值低(4~19)
	蚀变标志	矽卡岩化,由岩体内至外具分带现象
地球化学标志	水系沉积物	元素组合非常复杂,有 Cu、Pb、Zn、Mo、Bi、Au、Ag 等
	土壤	Cu、Mo、Pb、Zn、Ag、As、Sb 等组合,元素水平分带内带:Cu、Mo、Ag;外带:Pb、Zn、Ag、As、Sb
	岩石	(1)花岗闪长斑岩中铜钼浓度克拉克值大于 6,可作为铜钼矿标志;石英闪长斑岩中铅锌浓度克拉克值大于 2,可作为铅锌矿标志。 (2)矿前晕:Ag、Pb、Zn;Cu/Pb=5;矿中晕:Cu、Mo;Cu/Pb=50;矿尾晕:Mo、Cu;Cu/Pb=150。 (3)元素对比值标志:Cu/Zn>100,Cu/Pb>20,Cu/(Ag×100)>30(铜矿化标志);Cu/Zn<10,Cu/Pb<10(铅锌矿化标志);10<Cu/Zn<100(铜锌矿化标志);10<Cu/(Ag×100)<30(含银的铜铅锌矿化标志)
	铁帽	Cu>0.40%,Pb<0.06%,Zn>0.30%,Mo>0.001%,Ag>0.5×10^{-6}

三、浙江省绍兴市平水铜矿床

(一)矿床基本信息

浙江省绍兴市平水铜矿床基本信息见表 3-7。

表 3-7　浙江省绍兴市平水铜矿床基本信息表

序号	项目名称	项目描述
1	经济矿种	铜矿
2	矿床名称	浙江省绍兴市平水铜矿床
3	行政隶属地	浙江省绍兴市
4	矿床规模	中型
5	中心坐标经度	120°36′12″
6	中心坐标纬度	29°53′23″
7	经济矿种资源量	铜资源量 172 411t

(二)矿床地质特征

矿床产于扬子准地台常山-诸暨台隆与浙东南隆起区接合部位,江山-绍兴断裂带北东段的北西侧。区域内分布中元古界平水组,其上与震旦系以断层相接触。平水组厚约5000m,可分4个喷发旋回。自下而上:第一旋回为酸性中心式爆发沉积物;第二旋回为中酸性中心式喷发沉积物;第三、第四旋回依次是中性、中基性裂隙式喷发物。各旋回下部为爆发-喷溢相,上部为喷发-沉积相。

矿区内平水组呈北东走向,倾向北西,倾角65°～80°,局部倒转。古火山构造已十分难以辨认。据研究,在矿区北东段,第一旋回喷发物的上部,存在近火口相至远火口相的堆积,厚度由100m剧减为5m,碎屑由粗变细,构成火山锥体,边缘有爆破角砾岩。锥体中心产出钠长斑岩,与火山岩呈贯穿或顺层、覆盖关系,并有大量细碧玢岩以及其他脉岩穿插,厘定为一古火山穹丘和火山通道,矿体围绕穹丘产出,从内向外品位由低变高。矿体赋存于第一旋回上部火山-沉积岩中,含矿段岩石可分为12层,主矿体即属11层,与上覆角斑质熔凝灰岩呈微角度不整合,其余下部各矿层均与岩层整合,并有同步褶曲。

(三)地球化学特征

地球化学研究主要涉及Cu、Pb、Zn、Sb、Ag、Au、W等矿带主成矿、指示元素,各元素按数据累频的85%、95%、98%确定异常下限和异常分带界限值。异常特征参数见表3-8。

表3-8 浙江省绍兴市平水铜矿区域地球化学研究元素组合异常特征表

异常分带 元素	外带(下限) 85%累频	中带 95%累频	内带 98%累频
Cu($\times 10^{-6}$)	24.8	36.3	50.2
Pb($\times 10^{-6}$)	46	64	88
Zn($\times 10^{-6}$)	115	153	196
Ag($\times 10^{-9}$)	181	285	420
Sb($\times 10^{-6}$)	1.0	1.3	1.8
Au($\times 10^{-9}$)	2.8	4.4	7.2
W($\times 10^{-6}$)	3.9	5.0	6.6

矿区地球化学异常受北东向江绍断裂带和平水组控制明显,Cu、Pb、Zn、Au、Ag、Sb、Au、W等异常呈现北东向展布(图3-9),尤其是Cu、Au、Zn、Sb表现出与平水组海相火山岩密切相关的特征。其中Cu、Zn、Sb异常强度较大,分布与平水组空间对应性较好;Pb、Ag异常强度小,分布于矿区外围,与矿区燕山期的中酸性小岩体关系密切。地球化学异常总体呈Cu—Zn—Sb—Ag—Pb分带特征。

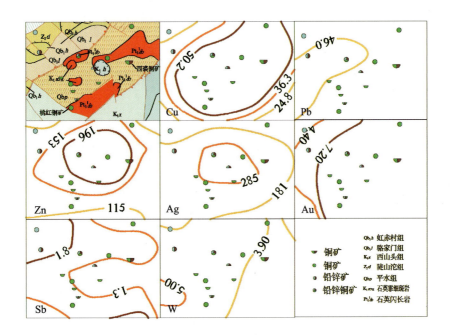

图 3-9　浙江省绍兴市平水铜矿铜(锌)矿区域化探异常剖析图

(四)地质-地球化学找矿模型

根据地质、地球化学综合研究结果,建立平水铜矿地质-地球化学模型,见表 3-9。

表 3-9　浙江平水铜矿地质-地球化学找矿模型表

成矿要素		描述内容	
探明铜资源量	172 411t	平均品位	0.97%
特征描述		海相火山-沉积型铜矿	
地质环境	围岩条件	长英质火山碎屑岩和热水沉积硅质岩	
	成矿时代	同位素年龄 976.4～802.3Ma,相当于中元古代晚期	
	成矿环境	中元古界双溪坞群下部火山沉积岩(细碧-角斑岩)	
	构造背景	绍兴-诸暨大型强变质-变形带,江绍拼合带北西侧	
矿床特征	矿物组合	黄铜矿、黄铁矿、辉铜矿、磁铁矿、褐铁矿、闪锌矿、方铅矿等	
	结构构造	块状、条带状、同生角砾状、稠密-星浸染状	
	蚀变	由中心到边缘:次生石英岩化、绢云母化、绿泥石化分带	
	矿化	重晶石化、黄铁矿化	
	控矿条件	海相火山岩层展布控制为主,火山穹隆控制为次	
	矿体形态	似层状、透镜状,倾向北西,倾角 50°～70°	
	综合利用矿种	闪锌矿、黄铁矿	

续表 3-9

成矿要素		描述内容
地球化学特征	区域地球化学异常特征	1. 元素组合：Cu、Pb、Zn、Au、Ag、Sb、Au、W； 2. 矿带地球化学分带：Sb、Ag—Pb—Cu、Zn
	矿床地球化学异常特征	1. 元素组合：Cu、Zn、Au、Ag、Sb； 2. 矿床原生晕分带：Pb、Au、Hg、Sb、Zn（外带）—Cu、Zn、Ag、As、Pb、Mo、Ba（中带）—Cu、Zn、Au、Ag、Co（内带）

矿床具有组分、蚀变等分带特征，由矿体中心向外，矿石矿物组合呈渐变分带：闪锌矿、重晶石、黄铜矿、黄铁矿带→黄铜矿、黄铁矿带→黄铁矿带，相应的矿石类型为块状锌、铜、重晶石硫矿石→浸染状铜、硫矿石→浸染状单硫矿石→矿化绢云石英片岩（长英质火山岩）。碧玉、石英、黄铁矿、磁铁等组合分布于矿层边缘的顶部，围绕矿化中心作半环形分布。蚀变分布具不对称性，顶盘岩石蚀变轻微，为弱绿泥石化。底板岩石蚀变强烈，具筒状蚀变。在矿体中心部位，矿体下盘火山碎屑岩中发育次生石英岩化→黄铁矿、黄铜矿化筒状蚀变核，向外过渡为绢云母化→绿泥石化，远离中心则蚀变渐次减弱。地球化学组分分带与蚀变分带具有对应性，表现为：①主要成矿元素 Cu、Zn、Au 及高温元素 Co、Ni 的浓集中心与主矿体相吻合；②矿体上盘晕不发育，而底盘晕发育，负 Na_2O 晕在下盘呈漏斗状；③水平方向由中心到边部 Co、Ni、Mo、Cu、Au→Zn、Pb、Ag→Ba、As、Sb、Hg 递变，Cu/Zn 渐次减少，与矿物分带一致。

四、江西省德兴铜矿床（田）

（一）矿床基本信息

德兴铜厂德兴式斑岩型铜硫（金）矿床基本信息见表 3-10。

表 3-10　德兴铜厂德兴式斑岩型铜硫（金）矿床基本信息表

序号	项目名称	项目描述
1	经济矿种	铜
2	矿床名称	德兴铜厂德兴式斑岩型铜硫（金）矿床
3	行政隶属地	江西省德兴市
4	矿床规模	大型
5	中心坐标经度	117°43′41″
6	中心坐标纬度	29°00′47″
7	经济矿种资源量	查明铜矿储量：铜厂 5 298 278t；朱砂红 1 844 922t；富家坞 2 507 767t
8	备注	铜平均品位分别为 0.454% 和 0.501%，朱砂红铜储量达大型规模，铜平均品位 0.42%

（二）矿床地质特征

德兴铜矿床（田）处于万年逆冲推覆地体的前缘，赣东北深断裂带上盘（北西侧），德兴-弋阳构造混杂岩带内。矿床（田）内广泛出露中元古界蓟县系张村岩群韩源岩组，岩性为绢云母千枚岩、粉砂质千枚岩、凝灰质千枚岩和变质沉凝灰岩，夹有安山玢岩、基性熔岩、英安岩等。岩石韵律明显，厚逾千米，岩石

Rb-Sr 同位素等时线年龄值为 1401Ma。

全区为一近东西向的泗洲庙复式向斜,矿床(田)位于其南翼,南翼有后期构造叠加形成北东—北北东向西源岭倾伏背斜和官帽山向斜。其北北东向断裂系统派生的北西西向张性断裂和北北西向张扭性断裂是矿田的控岩控矿构造。

成矿岩体主体为燕山早期第二阶段的花岗闪长斑岩,全岩 Rb-Sr 等时线年龄值为 172Ma。同阶段的还有石英二长闪长玢岩、钾长花岗细晶岩;此外还有燕山早期第一阶段的闪长岩(193Ma);燕山晚期石英闪长玢岩、钾长花岗细晶岩等。3 个成矿斑岩均呈小岩株状产出,其中铜厂斑岩体出露面积为 $0.7km^2$,富家坞岩体为 $0.2km^2$,朱砂红岩体为 $0.07km^2$,3 个岩体沿 295°方向呈串珠状分布,单个岩体呈岩筒状向北西倾伏,倾伏角 40°～60°,且由南往北依次变陡,顶部和边部发育同期脉岩。3 个成矿岩体微量元素特征:亲硫元素 Cu、Au、Mo、Ag 含量较高,Cu 一般为 132%～300%,高于维氏同类岩石的 6～11 倍,Au $0.04×10^{-6}$、高于同类岩石的 90 倍,Ag $0.14×10^{-6}$、高于同类岩石的 4～8 倍,Mo $2～50×10^{-6}$、高于同类岩石的 2～4 倍;亲铁元素 Cr、Ni、Co、V 含量亦较高,一般为同类岩石的 3～4 倍;矿化剂元素 S、As、P 含量较高,含 S 为同类岩石的 3～5 倍。

德兴铜矿床田矿体赋存于成矿斑岩体内、外接触带,以外带为主,其中铜厂、朱砂红两矿床外带矿体约占 50%,富家坞外带矿体约占 75%。岩体中心为无矿核心,矿体形态总体呈环绕接触带向北西倾伏的"空心筒状体"。主矿体倾角(40°～70°)小于无矿接触带倾角。铜品位比较均匀,含铜品位富家坞平均为 0.50%、铜厂为 0.46%、朱砂红为 0.42%;铜品位变化系数为 24%～65%,外带铜品位高于内带;含矿率为 0.83%～0.92%。岩体上盘矿体厚大且含铜品位高;下盘矿体规模小,矿体规模小,铜品位低而含 Mo 高,矿化延伸大于 1200m。

(三)地球化学特征

1. 区域地球化学异常特征

根据 1∶20 万水系沉积物地球化学测量成果(图 3-10),德兴铜矿田及其外围呈现 Cu、Mo、Au、Ag、Pb、Zn、Cd、As、Sb、Hg、W、Bi 等元素异常,各元素异常呈同心交叠状分布,Cu、Mo、Au 元素最高含量分别为 $1615×10^{-6}$、$56×10^{-6}$ 和 $0.107×10^{-6}$,同时 Cu、Mo、Au、Bi 具三级浓度分带,Pb、Ag、Sb 具二级浓度带。

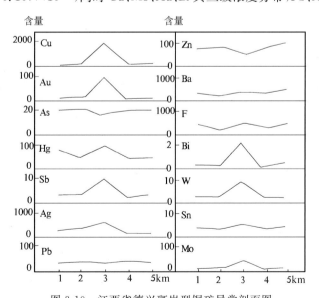

图 3-10 江西省德兴斑岩型铜矿异常剖面图

(含量单位 Au、Ag、Hg 为 $×10^{-9}$,其余元素为 $×10^{-6}$)

2. 矿床地球化学异常特征

根据1∶1万土壤地球化学调查结果(图3-11),以铜厂、富家坞、朱砂红3个斑岩体的连线为中心,整个矿田出现一个以Cu、Mo、W为主呈北西向展布的多元素组合的地球化学异常。异常内带为Cu、Mo、W、Sn等元素异常,中带为Ag、As、Pb、Zn等元素异常,外带为Ni、Co、Mn、V等元素异常,各单元素异常呈现环状分布特征。

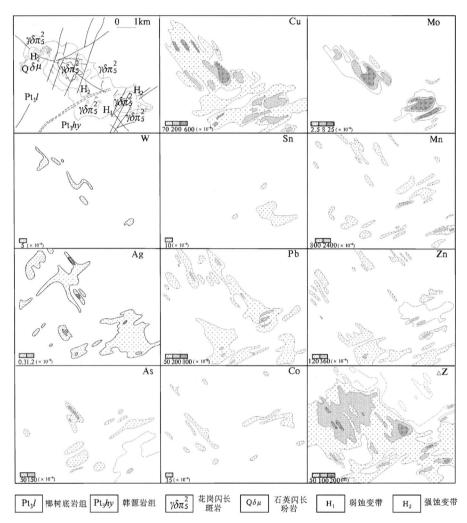

图3-11 江西省德兴斑岩铜矿田土壤测量异常剖析图

3. 岩石地球化学特征

根据岩石地球化学调查结果,德兴铜矿床异常元素组合十分复杂,呈现Cu、Mo、Au和W、Bi、Sn、Pb、Zn、Ag、Ni、Co、Mn、Ba等多元素组合异常,并且异常元素组合分带明显:在水平方向上,Cu、Mo、Au、Ag等元素异常集中分布在斑岩体及接触带附近,矿体边缘及外侧为Pb、Zn、Co、Ni、Mn、W、Sn、Bi等元素的异常带;在垂向上,矿体上方为Hg、Mn、Pb、Zn、Ag等前缘元素异常,近矿体有Rb、W、Co、Ni、Ti等近矿指示元素,矿体部位有Cu、Mo、Au、Ag等元素的高度富集。同时,矿体及顶、底板蚀变变质岩中前缘元素的积与成矿元素积的比值呈现一定的规律性变化特征,以铜厂矿床为例,从矿床纵剖面(Pb·Mn)/(Cu·Mo)等比值垂直变化情况来看:矿体顶板岩石中矿体前缘元素的积与成矿元素积的比值显著大于矿体及底板岩石,从顶板岩石至矿体上部,比值由大变小,从矿体下部到底板蚀变变质岩,比值由小变大,出现明显的回升趋势(表3-11)。

表 3-11 德兴矿床剖面元素比值表

名称		位置	样品数	(Pb·Mn)/(Cu·Mo)	(Ba·Pb)/(Mo·Sn)	(Cu·Pb·Zn)/(Cu·Mo·Sn)
上盘岩石		弱蚀变围岩	28	12	303	36
铜钼矿体	上部	−100m 标高以上	46	0.12	69	0.3
	下部	−400～−100m 标高	22	0.003	5	0.012
	尾部	−400m 以下	20	0.03	10	0.09
下盘岩石		中弱蚀变围岩	36	0.5	90	2.2

注：引自《德兴斑岩铜矿》(1983)。

（四）地质地球化学找矿模型

综合上述矿床地质特征和地球化学特征，建立德兴铜矿地质-地球化学找矿模型，见表 3-12。

表 3-12 江西德兴铜矿床地质-地球化学找矿模型表

地质特征结构模型	大地构造位置	万年逆冲推覆地体的前缘，赣东北深断裂带上盘
	控矿构造	北东向、北北东向、北西向断裂带
	赋矿地层	为前震旦系双桥山群浅变质岩系
	岩浆岩	与成矿密切相关的是燕山早期花岗闪长斑岩小岩体
地球化学特征	区域地球化学异常特征	1. 异常元素组合：Cu-Mo-Au-Ag-Pb-Zn-Cd-As-Sb-Hg-W-Bi； 2. 分带特征：异常空间分布可分为内外两带，内带为 Cu、Mo、Mn、V 等元素异常，外带为 Pb、Zn、Ni、Co 等元素异常，各元素异常呈现环状分布特征； 3. 区域土壤中 Cu、Mo 元素高背景中，环绕矿田的 Cu、Mo 高异常带的外围，有一环状含 Cu 低值区存在，直接指示元素为 Cu-Mo-W
	矿床地球化学异常特征	1. 异常元素组合：Cu-Mo-Pb-Zn-Au-Ag-Cd-Hg-Sb-As； 2. 组分分带（内-外）：W-Bi，Cu-Mo-Pb-Zn-Au-Ag-Cd，Hg-Sb-As 异常之间有近似水平分带

五、江西省城门山铜硫矿床

（一）矿床基本信息

九江城门山矽卡岩型铜硫矿床基本信息见表 3-13。

表 3-13 九江城门山矽卡岩型铜硫矿床基本信息表

序号	项目名称	项目描述
1	经济矿种	铜、钼
2	矿床名称	九江城门山矽卡岩型铜硫矿床
3	行政隶属地	江西省九江市
4	矿床规模	大型
5	中心坐标经度	115°48′02″
6	中心坐标纬度	29°41′16″
7	经济矿种资源量	铜 177.13×10^4 t、钼 5×10^4 t

(二)矿床地质特征

城门山矿区位于扬子陆块九瑞凹陷带东缘，赣江深断裂与长江深断裂交会的南西侧，北西向深断裂与北东东向构造岩浆岩带结合部位。

矿区出露的地层自北向南、由老到新有：中志留统罗惹坪组泥岩、粉砂岩、细砂岩夹砂质页岩，上志留统纱帽组石英细砂岩、粉砂岩夹页岩；上泥盆统五通组含砾石英砂岩、石英砂岩；中石炭统黄龙组灰岩、白云质灰岩、白云岩；下二叠统梁山组碳质页岩，下二叠统栖霞组含燧石结核灰岩、含碳质灰岩，下二叠统茅口组燧石结核灰岩、碳质页岩夹透镜状灰岩，上二叠统龙潭组碳质页岩夹煤层，上二叠统长兴组硅质页岩、燧石灰岩、碳质页岩；下三叠统大冶组页岩、薄层灰岩，中三叠统嘉陵江组灰岩、白云质灰岩及角砾状灰质白云岩；第四系黏土及砾石层。

矿区位于长山-城门湖背斜的北翼东段近倾伏端处。矿区构造格架由次级横跨褶皱和北东东向、北西向及北北东向3组断裂构成，裂隙和接触构造发育。

矿区为中酸性浅成—超浅成多次侵入的复式杂岩体，出露面积$0.8km^2$。平面上呈不规则的椭圆形，在剖面上以$75°$左右倾角向北西倾斜。岩性主要为花岗闪长斑岩(铜矿成矿主要母岩)、石英斑岩(钼矿成矿母岩)等。

矿体空间上呈现以斑岩体为中心的环带状分布，矿体直接产于斑岩体内、外接触带及接触带外围岩中，空间上与斑岩体密切相关，离开岩体一定范围即是无矿的围岩。铜矿体主要分布于岩体上部、接触带和接触带外，钼矿相对而言分布于岩体中心较深的部位。总体表现出以钼矿体为核心，向外依次为铜矿体、铜硫矿体的中心式环带状分布模式。以接触带为中心形成的矽卡岩铜矿体主要分布在接触带，矿体形态和产状取决于接触带形态变化的复杂程度，块状硫化物矿体受五通组与黄龙组之间的假整合面及层间破碎带控制，呈似层状，并以岩体为中心向东西两侧作对称分布；斑岩铜矿体主要分布于岩体的浅部和边缘；斑岩钼矿体则分布在岩体的中心部位和少数分布在紧靠岩体的砂岩中。产于接触带的矿体，受层间破碎带及斑岩体与碳酸盐岩地层接触带产状两种因素控制，往往形成犬牙交错、厚大的"羽列"矿体。

(三)地球化学特征

1. 区域地球化学异常特征

1∶20万水系沉积物测量结果，显示了Cu、Mo、Bi、Au、Sb、Cd、As、Pb、Zn、W等元素异常。其中，Cu、Mo、Bi、Cd具三级浓度分带，Au、Pb、Sb、Ag、Zn、W具二级浓度分带。且呈同心圆状分布。

2. 矿区地球化学异常特征

1∶5万土壤地球化学测量分析测试了Cu、Pb、Zn、Au、Ag、W、Sn、As、Sb等12种元素，从矿区土壤测量地球化学图(图3-12)可知，Cu异常的内带($>1000\times10^{-6}$)沿接触带成环状分布，Cu的中带[($500\sim1000)\times10^{-6}$]异常圈定了整个含矿岩体，反映了矿床的范围，包含了斑岩铜矿、矽卡岩铜矿和似层状含铜黄铁矿3种矿化类型，外带[$(100\sim500)\times10^{-6}$]异常范围大，岩体周围尚未封闭。Mo异常形态规整，其内带异常出现在斑岩体中心，向外依次出现中带和外带异常，Mo内带异常和圈定的钼矿体位置一致。Ag元素的异常形态与Cu异常形态相似，Pb、Zn元素异常的高含量出现在岩体东半环矽卡岩型铜矿地段及似层状含铜黄铁矿出露部位。

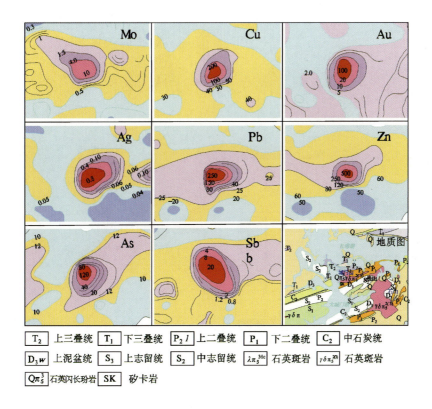

图 3-12 城门山铜矿土壤地球化学图
（除 Au、Ag 元素单位为 $\times 10^{-9}$ 外，其余元素单位为 $\times 10^{-6}$，下同）

3. 岩石地球化学特征

城门山铜矿岩石地球化学总体特征显示，矿床及其周围具有 Cu、Pb、Zn、Au、Ag、Mo、W、Sn、Bi、As、Mn、Co、Ni、Hg、F 等元素异常，其中最主要的指示元素为 Cu、Pb、Zn、Au、Ag、Mo，它们代表了矿床主要成矿元素和伴生元素组合特征。对铜矿来讲，Pb、Zn、As、Mn(Hg) 为前缘晕，Cu、Au、Ag 为矿中晕，Mo、W、Sn 为矿尾晕；对钼矿床来讲，Mo、W(Sn) 元素以深部斑岩体为中心，往上往外，元素的组合为 Cu、Au、Ag→Pb、Zn、As、Mn(Hg)；对赋存于五通组和黄龙组不整合面上的块状含铜黄铁矿来讲，则以花岗闪长斑岩体位中心，显示 Ag、Au(Cu)→Pb、Zn、As(Hg) 元素组合。

城门山铜矿岩石地球化学各异常轴向上均有明显的组分分带（图 3-13）：Mn、Zn、Pb、Ag、Cu 等元素异常主要位于矿体的中上部，异常上宽下窄，成带状出现，往下渐变为零星小异常，甚至消失。而 Mo 等元素异常范围主要位于矿体的中下部，异常上窄下宽，Mo 异常呈钟状未封闭。

（四）地质-地球化学找矿模型

城门山铜矿区，铜及多金属元素地球化学异常显著，并且各元素地球化学异常主要出现在花岗岩闪长斑岩体的内、外接触带。根据矿区铜及多金属元素综合异常和单元素异常的空间分布性特征，可为矿床综合评价提供重要的地球化学信息。

综合上述矿床地质特征和地球化学特征，建立城门山铜硫矿床地质-地球化学找矿模型，见表 3-14。

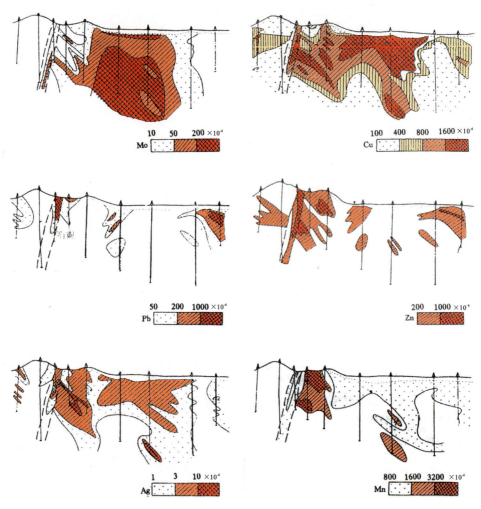

图 3-13　城门山铜矿 99 线地球化学异常剖析图

表 3-14　江西九江城门山铜硫矿床地质-地球化学找矿模型表

名称		江西城门山式广义矽卡岩型铜硫矿
基本特征		与燕山期中酸性侵入岩有关的块状硫化物型、矽卡岩型、斑岩型"三位一体"铜(钼)矿
成矿时代		晚侏罗世—早白垩世(石炭纪)。同位素年龄 155～142Ma
资料来源		赣西北大队,1981;黄恩帮等,1990;季绍新等,1990
地质背景	(1)赋矿构造单元	大地构造位于扬子准地台内的下扬子-钱塘台坳中,南邻江南台隆,北接淮阳地盾,三级构造单元为九江台陷,四级构造单元为瑞昌-九江凹褶断束。矿区位于长山-城门湖背斜的北翼东段近倾伏端处。矿区处于北东东向与北西向深大断裂带的交会部位。矿区构造格架由次级横跨褶皱和北东东向、北西向及北北东向 3 组断裂构成
	(2)含矿地层	矿区地层为志留纪、泥盆纪碎屑岩和石炭纪——三叠纪碳酸盐岩。其含矿地层主要为石炭系和二叠系
	(3)岩浆岩	岩浆岩为中酸性浅成—超浅成多次侵入的复式杂岩体,出露面积 0.8km²。岩性主要为花岗闪长斑岩(铜矿成矿主要母岩)、石英斑岩(钼矿成矿母岩)等

续表 3-14

名称	江西城门山式广义矽卡岩型铜硫矿	
基本特征	与燕山期中酸性侵入岩有关的块状硫化物型、矽卡岩型、斑岩型"三位一体"铜（钼）矿	
成矿时代	晚侏罗世—早白垩世（石炭纪）。同位素年龄 155～142Ma	
资料来源	赣西北大队，1981；黄恩帮等，1990；季绍新等，1990	
地质背景	(4) 岩矿结构（矿化部位）	矿石有位于南部及深部五通组与黄龙组间的块状硫化物型铜硫多金属矿体、位于岩体接触带的矽卡岩型铜矿体、位于岩体内部的斑岩型铜矿和钼矿体。根据矿物共生组合的不同，可以划分为下列几种矿石类型：含铜黄铁矿（占探明铜储量 40.4%，平均含铜 1.24%）、含铜矽卡岩（占探明铜储量 34.4%，平均含铜 0.61%）、含铜斑岩（占探明铜储量 19.8%，平均含铜 0.55%）、含铜角砾岩（占探明铜储量 3.2%，平均含铜 0.78%）、含铜黄铁矿-磁铁矿（占探明铜储量 1.6%，平均含铜 0.6%）、含钼斑岩（以 4Mo 为主，占总储量 98%，含钼 0.047%）等
矿床工业类型	矿区矿石工业类型有：铁矿石（产于氧化带铁帽内，为褐铁矿，TFe 34.75%）、铜硫矿石、硫铁矿石（含硫 30.07%）、锌矿石（含锌 8.33%）、钼矿石等。主要有害组分为 As（铜矿体中平均含砷 0.027%，钼矿体中 0.008%）。矿石自然类型为氧化矿石、混合矿石、原生矿石。矿床工业类型为矽卡岩-斑岩型铜硫钼矿床	
伴生矿床	铜矿石含金银较高，各矿体中平均 $Au(0.1～0.69)×10^{-6}$、$Ag(5.1～21.5)×10^{-6}$。其他有益组分为 Au、Ag、Se、Te、Tl、Ga、Ge、Re、Cd、In 等	
矿体形态	主要有：似层状矿体（以 1Cu 为代表）、豆荚状（以 3Cu、13Cu、15Cu 为代表）、透镜状（5Cu、6Cu、7Cu 等）、带状（以 21Cu 为代表）、席状（为 10Cu）。最大矿体延长可达 2000m，最厚 54m，一般厚 20 余米	
矿物组合	矿石中的金属矿物主要有黄铁矿、黄铜矿、辉钼矿、闪锌矿、磁铁矿，次为针铁矿、赤铁矿、磁黄铁矿、辉铜矿、斑铜矿、胶黄铁矿、蓝铜矿、白铁矿、孔雀石、自然铜等	
矿石组构	矿石的构造主要为块状、浸染状、细脉浸染状，次为松散状、角砾状、条带及似条带状和环状等；结构有结晶粒状、交代溶蚀结构，次为假象、次文象、文象蠕虫状结构	
矿体结构	以似层状、豆荚状、透镜状为主，席状次之	
容矿围岩	主矿体直接围岩是五通组砂岩和石炭纪—二叠纪灰岩及岩浆岩，但钼矿体底板有志留纪砂岩	
围岩蚀变	蚀变主要有钾长石化、矽卡岩化、硅化、大理岩化、黑云母化、绢云母化、高岭土化等	
矿化分带	矿化分带以岩体为中心由内向外大致有：Mo-Cu、S-Cu、PbZnAg 分带规律	
蚀变分带	从复式岩体中心向外可分为内外 2 个带、7 个蚀变岩相亚带：内带为岩体中的蚀变，包括中心带（钾长石-石英化带）、过渡带（黑云母-钾长石化带）、边缘带（高岭土-绢云母化带）；外带为围岩中的蚀变（碳酸盐岩和砂岩），包括接触带（矽卡岩化带）、外接触带（有硅化-大理岩化带、硅化-绢云母化带、热液钾长石-石英岩化带）	
风化剥蚀	主矿体直接出露地表，但受氧化作用地表形成铁帽，湖区为湖泥覆盖	
区域地球化学异常特征	1. 元素组合：Cu、Mo、Bi、Au、Sb、Cd、As、Pb、Zn、W； 2. 主成矿元素 Cu、Mo 等具较大规模异常分布	
矿床地球化学异常特征	1. 元素组合：Cu、Pb、Zn、Ag、Mo、As、Mn、W、Sn、Bi、V、Co、Ni、Hg、F 等； 2. 主成矿元素异常为 Cu、Pb、Zn、Ag、Mo，异常面积和强度大、形态规整，组分分带明显、浓度分带清楚，具有明显的浓集中心	

六、福建省上杭紫金山铜金矿床

(一)矿区基本信息

福建省上杭紫金山铜金矿矿床基本信息见表3-15。

表3-15 福建省上杭紫金山铜金矿基本信息表

序号	项目名称	项目描述
1	经济矿种	铜、金、钼、银
2	矿床名称	福建省上杭紫金山铜金矿
3	行政隶属地	福建上杭县
4	矿床规模	大型
5	中心坐标经度	116°24′30″
6	中心坐标纬度	25°10′30″
7	经济矿种资源量	铜金属量 $196.7162×10^4$ t,平均品位 0.44% ;保有储量 $191.4661×10^4$ t

(二)矿床地质特征

该矿床位于永梅坳陷之西南,上杭-云霄北西向深大断裂带与北东向宣和复式背斜南西倾伏端交会部位、上杭北西向白垩纪陆相火山断陷盆地东缘。区内地质体主要有:

震旦纪浅变质砂泥岩和泥盆纪、石炭纪粗碎屑岩,分布在北东向复背斜的核部和两翼;白垩纪陆相火山沉积建造,沿北西向火山断陷盆地分布;燕山早期酸性复式花岗岩体,呈北东向沿复背斜核部大规模侵入并遭受后期强烈的热液蚀变,是铜金矿主要容矿围岩;燕山晚期(早白垩世)中酸性潜火山相英安斑岩、隐爆角砾岩、花岗闪长斑岩,沿紫金山火山通道侵位于燕山早期的复式花岗岩体中,形成长1.5km,宽0.5km,长轴走向呈北东向的椭圆形复式岩筒,其顶部发育环状隐爆角砾岩带和震碎花岗岩带,两侧沿北西向裂隙带发育英安斑岩脉和热液角砾岩脉群,由它们组成的紫金山火山机构在平面上总体呈"蟹形",是一个较完整的岩浆-气液活动体系。

矿区断裂构造十分发育,主要有北东向、北西向两组。成矿前的北东向、北西向断裂交会处是岩浆活动的通道,控制着紫金山火山机构、复式斑岩筒的形成;成矿后的北东向和北西向断裂导致南东向、北东向断块的上升,矿体遭受剥蚀。控矿的北西向裂隙成群成带沿紫金山主峰两侧展布,形成长大于2km,宽大于1km蔚为壮观的北西向裂隙密集带,英安斑岩、热液角砾岩、含铜硫化物等脉体大多沿该组裂隙分布,并具有一致的产状等特征,表明北西向裂隙是矿床最重要的控岩控矿构造。

紫金山铜、金矿带围绕着斑岩筒分布,矿带主要分布于岩筒北西侧外接触带,南东外接触带因断裂抬升剥蚀,仅见零星矿化。矿化具上金下铜的垂向分带(图3-14),铜矿带分布在潜水面以下,"铁帽型"金矿带叠置在铜矿带之上的潜水面以上。铜矿体呈脉状、透镜状,长、宽近等,一般700~900m,厚3~15m,产状与北西向裂隙一致,矿体由一系列主要沿北西向裂隙充填的含铜硫化物细脉组成,脉幅一般0.2~3cm,长几米至几十米不等。铜矿体成群成带、近于平行排列,剖面上呈右行侧列,间距5~15m,

总体构成平行于斑岩筒长轴展布的长约 2000m、宽约 1000m 的矿带。金矿体呈透镜状，长 300～1000m，厚 50～200m。产状与铜矿体近于一致。

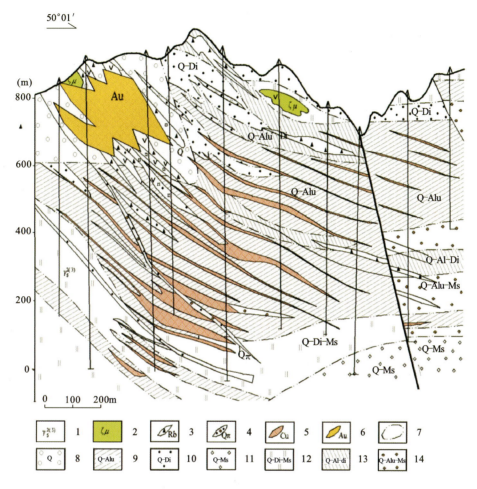

图 3-14　上杭紫金山铜金矿区 3 线剖面图

1.燕山早期花岗岩；2.英安玢岩；3.热液角砾岩；4.石英斑岩；5.铜矿体；6.金矿体；7.蚀变界线；8.硅化带；9.石英-明矾石带；10.石英-地开石带；11.石英绢云母带；12.石英-地开石-绢云母带；13.石英-明矾石-地开石带；14.石英-明矾石-绢云母带

（三）地球化学特征

1. 区域地球化学异常特征

1∶20 万区域化探异常元素组合 Cu-Mo-Au-Pb-Zn-W-Ag-Bi-Sn-Cd-As-Sb，异常面积 152km²，在区域上该异常呈岛状展布，多元素套合程度高，浓集中心明显，形成非常醒目的地球化学异常（图 3-15）。

区域异常分布形态主要有两组：一是北东向展布的为 Cu-Mo-Pb-W-Bi，长约 10km，宽 5km，与紫金山复式岩体范围基本一致，受岩体和北东向构造控制；二是东西向展布的 Au-Ag-Sn-As-Sb，长 5～7km，宽 3～4km，异常除与复式岩体有关外，还与火山机构有关，显示了近东西向基底构造对异常的控制作用。矿化及异常组合特征反映矿田异常特征（表 3-16）。

表 3-16　上杭紫金山 1∶20 万区域化探异常特征表

异常元素	异常面积(km²)	平均值	极大值	异常规模
Cu	80.44	92.4	338	7430.22
Mo	68.48	8.07	30.0	552.40
Au	68.97	57.0	636	3934.62
Pb	96.91	149.9	448	14 522.67
Zn	72.32	129.8	268	9388.26
W	67.67	11.7	32.2	791.78
Ag	74.07	1159	7160	85 812.76
Sn	58.68	13.1	26.8	766.22
Bi	72.43	4.80	12.2	347.67
Cd	73.45	374	1000	27 486.40
As	193.53	6.40	15.4	1239.33
Sb	251.12	0.627	2.02	157.55

注：Au、Ag、Cd 单位为 $\times 10^{-9}$，其他为 $\times 10^{-6}$。

2. 矿区地球化学异常特征

1∶5 万地球化学异常与 1∶20 万区域地球化学异常表现相似，同样形成大规模分布的 Cu-Mo-Au-Pb-Zn-W-Ag-Bi-Sn-Cd-As-Sb 组合异常，其主要成矿元素异常规模大（表 3-17）。并形成非常清晰的地球化学异常。

表 3-17　上杭紫金山 1∶5 万化探异常特征表

元素	面积(km²)	平均值	极大值
Ag	26.8728	1.7839	15.00
Au	94.5757	49.6191	1410.00
Cu	43.8637	68.5481	360.00
Mo	27.7206	17.2709	85.60
Pb	50.8386	222.5425	680.00
Zn	3.4200	200.2675	860.00
Sn	14.5553	29.4243	120.00
W	12.8270	19.9030	44.40
Sb	81.5861	1.3577	16.60
As	16.8589	25.0110	96.00
Bi	26.2375	6.7279	16.70

注：Au 单位为 $\times 10^{-9}$，其他单位为 $\times 10^{-6}$。

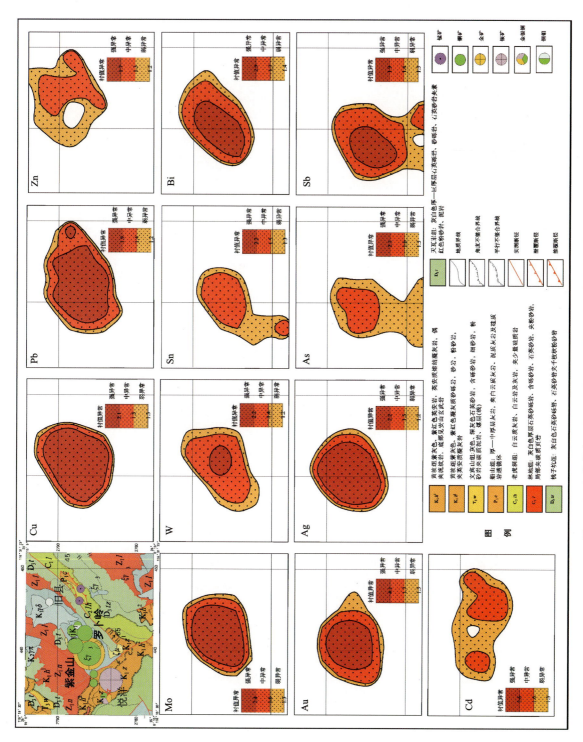

图 3-15 上杭紫金山铜金矿区1:20万区域化探异常剖析图

3. 矿床地球化学异常特征

区内局部开展过 50km² 1∶1 万岩石地球化学测量，显示地球化学异常主要分布于紫金山复式岩体及其接触带上（图 3-16）。

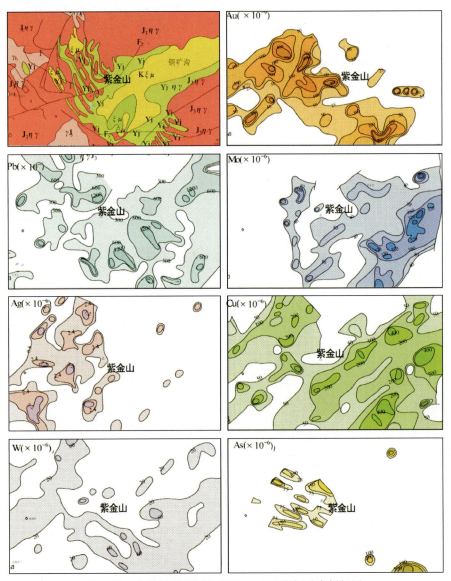

图 3-16　上杭紫金山铜金矿区 1∶1 万化探异常剖析图
$K\mu\zeta$. 白垩纪正长斑岩；$J_3\gamma\eta$. 晚侏罗世二长花岗岩；$J_3\gamma$. 晚侏罗世花岗岩；Yj. 热液角砾岩

区内地表岩石地球化学异常大致可分为两组，Au-Ag-Bi-As-Sb-Cu 组合，分布矿田南西段，与火山机构、火山热液-次火山热液活动关系密切（紫金山铜金矿）；Cu-Mo-W 组合，为斑岩型矿化（罗卜岭铜钼矿）的特征元素组合，异常主要分布于矿田近北东侧，与半隐伏花岗闪长斑岩关系密切。异常元素由北西向南东，呈现：(Au-Ag-Cu-Bi-As-Sb)—(Au-Ag-Cu-Mo-Pb-Bi-As-Sb)（紫金山式元素组合特点，分布矿田中部紫金山一带）—Cu-Mo-W（罗卜岭式与花岗闪长斑岩有关）的组合特征。异常元素组合的分布特征，反映矿田区不同矿化作用形成不同的地球化学元素组合分带特征。

(四)地质-地球化学找矿模型

根据地球化学特征的研究,建立上杭紫金山(紫金山式)陆相火山岩型铜金矿典型矿床地质-地球化学找矿模型,见表3-18。

表3-18　上杭紫金山铜金矿地质-地球化学找矿模型表

分类		主要特征
地质成矿条件	大地构造背景	位于华南加里东褶皱系东部,东南沿海火山活动带西部亚带,闽西南晚古生代坳陷之西南侧,上杭-云霄北西向深断裂带与北东向宣和复背斜的交会部位,上杭北西向白垩纪陆相火山-沉积盆地东缘
	火山建造/火山作用	紫金山火山机构主要发展过程:爆发—喷溢—中酸性次火山岩侵入—大规模中心式隐蔽爆发—小规模裂隙式爆发—酸性次火山岩侵入。火山作用形成的主要岩性为火山角砾岩、凝灰岩、英安岩、英安玢岩、隐爆碎屑岩、脉状隐爆碎屑岩-石英斑岩
	侵入岩建造	燕山期的岩浆侵入。燕山早期有中粗粒花岗岩、中细粒二长花岗岩、细粒白云母花岗岩,花岗结构,块状构造,其中中细粒二长花岗岩是铜金矿体的重要围岩,岩浆成因类型显示S型花岗岩特征;燕山晚期有细粒黑云母二长花岗岩、中粒花岗闪长岩,岩浆成因类型为Ⅰ型(同熔型)花岗岩
	成矿构造	燕山期的北东向与北西向构造交会处为矿区的主要成矿控矿构造
	围岩蚀变	主要蚀变带为强硅化蚀变带、石英-明矾石蚀变带、石英-地开石混合蚀变带、石英-绢云母蚀变带
	矿体产状及特征	矿体主要分布于火山北西侧的脉状角砾岩的内外接触带中,呈脉状、透镜状成群分布。具有"上金下铜"的垂直分带特点
	矿物组合	铜矿矿物组合,金属矿物含量5%~10%,以黄铁矿、蓝辉铜矿为主,铜蓝、硫砷铜矿次之,脉石矿物为石英、明矾石、地开石。金矿矿物组合,金属矿物主要为自然金、褐铁矿、赤铁矿,脉石矿物主要为石英,少量地开石
	矿体结构	矿石主要结构有他形粒状结构、半自形—自形结构、填隙结构、包含结构、交代残余结构、固溶分离结构等;矿石构造有胶状变胶状构造、团包状构造、细脉-微细脉状构造、细脉浸染状构造、角砾状构造等
地球化学特征	区域地球化学异常特征	1.矿床处于Au、Cu高背景分布区,尤其Au高背景区可达千余平方千米; 2.矿田元素组合:Au、Cu、Pb、Zn、Ag、As、Sb、Bi、Mo、W; 3.矿区元素组合:Au、Ag、Pb、As、Sb、Bi、Cu、Sn、Mo; 4.组分分带,由南西往北东有(As-Sb)—(Au-Ag-Cu-Pb-Sn)—(Mo-Cu-Bi-W-Zn)
	矿床地球化学异常特征	1.元素组合:Pb、Ag、Au、Sb、Bi、As、Cu、W、Sn、Mo; 2.水平分带(南西至北东):Bi、Ag—As、Sb、Au—Cu、Mo、W; 3.垂直分带(上至下):Hg、Pb、Zn、Mo—Au、Ag、Sb、Bi—As、Cu、Sn—W、Co

通过对典型矿床地球化学特征的分析研究,编制上杭紫金山(紫金山式)陆相火山岩型铜金矿地质-地球物理-地球化学模型图(图3-17),对应于矿床的成矿系列,地球化学异常在元素组合、组分分带、主成矿元素反映的异常规模等具明显的特征。

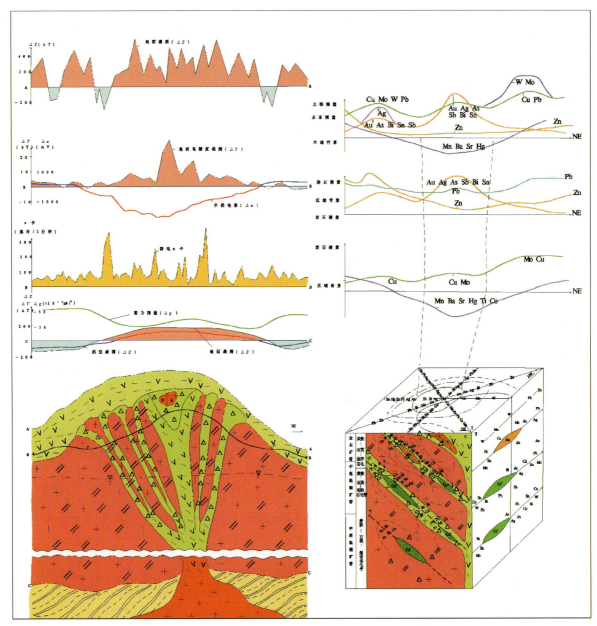

图 3-17　上杭紫金山铜金钼矿地质-地球物理-地球化学模型图

第二节　铅锌矿床找矿模型

一、江苏省南京市栖霞山铅锌矿床

(一) 矿床基本信息

江苏省南京市栖霞山铅锌矿矿床基本信息见表 3-19。

表 3-19 江苏省南京市栖霞山铅锌矿矿床基本信息表

序号	项目名称	项目描述
1	经济矿种	铅、锌
2	矿床名称	南京市栖霞山铅锌矿矿床
3	行政隶属地	南京市
4	矿床规模	大型
5	中心坐标经度	118°56′00″—118°57′46″
6	中心坐标纬度	32°08′27″—32°09′27″
7	经济矿种资源量	截至2010年6月30日虎爪山矿段保有111b+122b+333铅 14.756×10^4 t

(二) 矿床地质特征

该矿床位于宁镇断褶束北侧龙仓复背斜南翼。矿床受层位、岩性、岩相控制十分明显。石炭系黄龙组碳酸盐相地层为最主要赋矿层位,显示出层控矿床特征。上构造层由象山群砂页岩组成开阔的背斜褶皱。下构造层褶皱强烈,栖霞山-甘家巷复式背斜是背斜西延再现部分。自北到南由甘家巷背斜、五亩山向斜、大凹山背斜、钱家渡向斜等次级褶皱组成。断裂构造十分发育,纵向断裂,以 F_2 为代表,是矿区的重要容矿构造之一,发育于栖霞山-甘家巷复式背斜的南翼(倒转翼),断层面与地层层面大致平行或小角度相交,层间错动,略有逆冲,使浅部的五通组砂岩、下石炭统高骊山组粉砂岩逆冲到石炭纪、二叠纪灰岩之上。断裂走向北东-南西,纵贯全区,断续长5km以上,属压性、压扭性构造,具"先压后张"特征。横向断裂,亦十分发育,可归纳为两级共40余条。一级横断裂规模较大的有甘家巷-钱家渡河栖霞-长林断裂,切割深,是导矿构造。二级横断裂部分与 F_2 纵断裂配套,在成矿前发生,在交叉部位矿体往往膨大,少数直接赋存于横断裂中的矿体规模较小。此外,还有沿象山群砂岩与下构造层之间不整合面发生的断裂破碎带、古岩溶构造等,常被后期矿液充填交代,也是重要容矿构造。矿区内未出露岩浆岩体,仅西部甘家巷地表及个别钻孔深部见有少量的闪长玢岩岩脉。在矿区西南方向尧化门一带则有石英闪长岩体出露。

矿区有大小矿体17个,主矿体9个,总体呈带状分布。主矿体赋存于高骊山组与黄龙组之间硅钙岩层界面控制的纵向断裂带中,矿体上部延伸至 F_2 断裂旁侧断裂中,旁侧断裂大致沿象山群与下构造层不整合面发育,形成数十米厚的构造角砾岩。主矿体形态规则,呈似层状、大透镜状产出,走向北东,倾向北西,矿体长约1400m,厚30~50m不等。

(三) 地球化学特征

矿区范围及其外围曾先后做过1:20万水系沉积物、1:5万土壤及1:1万土壤测量,它们所反映的地球化学特征基本相同,异常元素组合较为复杂,主要有Pb、Zn、Ag、Cu、Au、As、Sb、Cd、Bi、Hg等,异常呈北东向展布,异常较好地反映了栖霞山铅锌银矿床的成矿作用。

1. 区域地球化学异常特征

1:20万水系沉积物地球化学测量圈出了77.17km²综合异常,元素组合复杂,主要有Au、Pb、Zn、Ag、Cd、Sb、Hg,次为Cu、As、Bi、Hg、Mo等,各元素异常特征值列入表3-20中。异常呈北东向不规则状展布,与栖霞山-大凹山多金属矿化带延伸方向一致,异常范围与矿区范围基本吻合。Au、Pb、Zn、Ag

等元素浓度分带完整，一般都发育有外、中、内带，且它们的异常规模均较大。

表 3-20　1∶20 万水系沉积物测量栖霞山铅锌矿区异常特征值表

元素组合	面积（km²）	强度			规模
		最小值	最大值	衬度	
31Au3	42.72	2.1	30	4.83	206.50
35Pb3	44.93	22.8	375.7	3.30	148.62
26Zn3	35.81	52.3	639.8	2.66	95.18
31Cu1	15.96	63.2	63.2	2.85	45.60
23Ag3	43.64	76	1000	3.01	131.53
31As3	28.16	9.8	98.5	2.72	76.71
25Bi1	22.12	0.52	0.82	2.09	46.30
49Cd3	66.69	100	1200	2.69	180.0
25Hg1	6.97	343	343	5.53	38.53
26Hg1	9.99	380	380	6.12	61.17
29Mo2	7.58	3.4	3.4	4.16	31.53
28Sb3	43.63	1	12	3.32	144.65

注：Au、Ag、Cd、Hg 含量单位为 $\times 10^{-9}$，其他含量单位为 $\times 10^{-6}$。

2. 矿区地球化学异常特征

1∶5 万土壤地球化学测量在栖霞山—南象山一带圈出了面积约 15.1km² 呈北北东—南西西向的长条状综合异常，元素组合以 Pb、Zn、Ag、Au、Hg、Sb、As 为主，并有 Cd、Bi、Mo 等元素异常。单元素呈现的异常范围由小到大、由内向外依次为 Mo—Bi—Zn—Pb—Au—Hg—Cd—As—Sb，具有一定的元素分带性。多数元素异常内、中、外带明显，但发育程度不同（图 3-18）。

3. 矿床地球化学异常特征

栖霞山测区 1∶1 万土壤汞测量，以 2×10^{-9} 等浓度线勾绘的土壤汞异常，异常总体呈北东东向展布，呈多峰状，极大值 25×10^{-9}，一般 $(6\sim 10)\times 10^{-9}$，异常带的展布与已知矿体和有关断裂构造基本一致，矿区的工业污染会加大异常范围，但异常主体部位还是客观地反映了次生晕的面貌，当矿体埋深较大且上覆地层裂隙不甚发育时，则异常不明显以致消失。

（四）地质-地球化学找矿模型

分析矿床地质特征和地球化学特征，总结南京栖霞山铅锌矿床的地质-地球化学找矿模型可简化如表 3-21 所示。

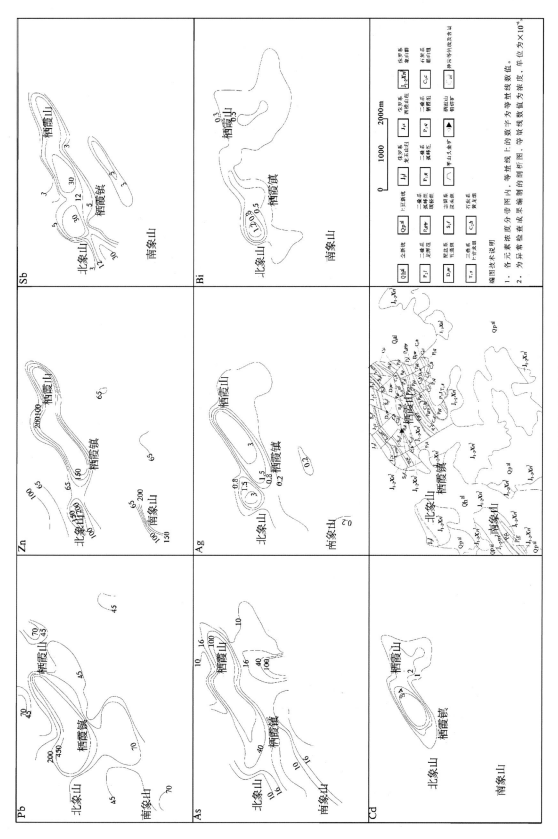

图 3-18 栖霞山铅锌矿区土壤异常剖析图

表 3-21　栖霞山铅锌矿床地质-地球化学找矿模型表

矿床类型		碳酸盐岩型
地质标志	地层标志	石炭系黄龙组、二叠系栖霞组碳酸盐岩地层为成矿有利层位和主要赋矿地层
	构造标志	层间断裂
	岩浆岩标志	深部有中酸性岩体
	蚀变标志	硅化、碳酸锰化、重晶石化，局部见萤石化、石膏化
地球化学标志	水系沉积物	Pb、Zn、Ag、Cd、Sb、Hg、Au、As、Cu 等元素组合
	土壤	Pb、Zn、Ag、Au、Hg、Sb、As 等元素组合
	岩石	矿前晕：As、Sb、Hg 矿中晕：Pb、Zn、Cd、Bi 矿尾晕：Pb、Zn、Cu、Mo Pb/Cu＝1.36～3.28
	铁帽	$Cu=0.1\%\sim0.16\%$，$Pb>0.16\%$，$Zn>0.45\%$，$Mo<0.0013\%$，$Ag>5\times10^{-6}$

二、浙江省黄岩五部铅锌矿床

（一）矿床基本信息

浙江省黄岩五部铅锌矿床基本信息见表 3-22。

表 3-22　浙江省黄岩五部铅锌矿床基本信息表

序号	项目名称	项目描述
1	经济矿种	铅锌矿
2	矿床名称	浙江省黄岩五部铅锌矿
3	行政隶属地	浙江省黄岩
4	矿床规模	大型
5	中心坐标经度	120°55′13″
6	中心坐标纬度	28°35′55″
7	经济矿种资源量	铅 635 862.87t，锌 916 178.46t

（二）矿床地质特征

该矿区位于浙闽粤中生代火山岩带的北段，属变质基底隆起与断坳块段之交接部位。

五部铅锌矿床赋存于北北西—近南北向的五部断裂中，倾向西，倾角 60°～70°。控矿断裂上盘（西盘）为大爽组、馆头组和朝川组，岩性为玻屑凝灰岩、弱熔结凝灰岩与凝灰质粉砂岩。砂岩砂砾互层，夹玄武安山岩、安山岩。下盘为西山头组，为层状至块状晶玻屑熔结凝灰岩，偶夹不稳定的凝灰质粉砂岩、沉凝灰岩。

控矿的断裂近南北展布,长达30km,宽数米至40余米,倾向西,倾角60°~70°,分北、南及龙潭背3个矿段,长约5km,其中赋存7个铅锌矿体,北矿段Ⅰ号矿体规模最大,走向长2140m,平均厚度9.88m,最厚处达32.23m,矿体延深一般400m左右,控制最大延深达880m,在倾向上主矿体上、下盘有平行及分支矿体。

(三)地球化学特征

1. 区域地球化学异常特征

矿带主成矿元素Cu、Pb、Zn、Sb、Ag、Hg、W、Sn按照1∶20万化探数据累频的85％、95％、98％截取异常下限和异常分级参数见表3-23。

表3-23　五部式铅锌矿典型矿床区域地球化学异常参数特征表

异常分带	外带(下限)	中带	内带
元素	85％累频	95％累频	98％累频
Cu($\times 10^{-6}$)	24.8	36.3	50.2
Pb($\times 10^{-6}$)	46	64	88
Zn($\times 10^{-6}$)	115	153	196
Ag($\times 10^{-9}$)	181	285	420
Hg($\times 10^{-9}$)	148	219	318
Sn($\times 10^{-6}$)	9.7	14.3	19.9
W($\times 10^{-6}$)	3.9	5.0	6.6
Sb($\times 10^{-6}$)	1.0	1.3	1.8
Bi($\times 10^{-6}$)	0.7	1.0	1.7

五部矿区Pb、Zn、Cu、Ag、As异常明显(图3-19),其中Pb、Zn、Cu、Ag内、中、外带分布明显,W、Hg、Sb、Sn无异常或不明显。Pb、Zn、Cu、Ag异常分布空间位置对应燕山期的酸性侵入岩体;Pb、Zn异常的似环分布,可能与火山构造关系密切。

2. 岩石地球化学特征

通过岩石地球化学测量,构建了五部铅锌矿岩石地球化学模型(图3-20),具有如下特征:

(1)Pb、Zn、Ag、Cd、Mn形成包围矿体的偏心原生晕,其产出形态和规模与矿体密切相对应。Mo虽出现异常,但形成上不一定与Pb-Zn矿化有关。

(2)Hg、Ba、As元素的异常分布矿体的前缘部分,构成矿体前缘的同生偏生晕。Sb亦是矿体的前缘异常元素。

(3)Bi主要在矿体的下部出现,为尾部特征元素。

(4)沿Ⅰ号矿体走向,由南向北,陡倾斜矿体指示元素之上盘异常普遍较下盘发育,且随矿体的变小异常收敛变窄。矿体南部异常不甚发育且变窄,向北部异常变宽。表明南部异常为矿体中下部晕,而整个矿体原生异常则是一个包围矿体产出的火焰状偏心晕。

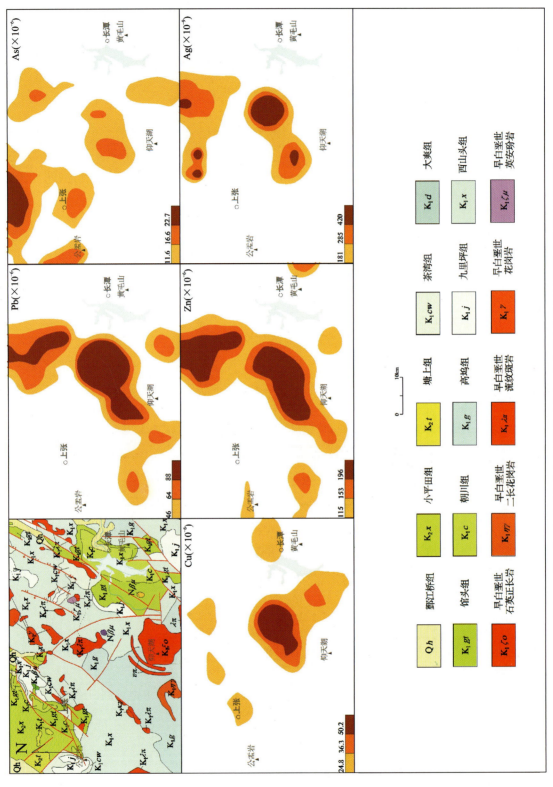

图3-19 浙江省五部式陆相火山岩型铅锌矿黄岩五部典型矿床所在位置地球化学异常剖析图

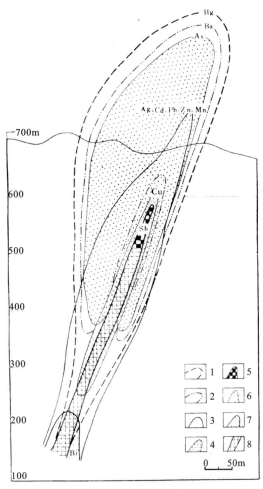

图 3-20 矿床原生异常模式图

1.汞异常;2.钡异常;3.银镉铅锌锰异常;4.砷异常;5.锑异常;6.铜异常;7.铋异常;8.铅锌矿体

(四)地质-地球化学找矿模型

分析矿床地质特征和地球化学特征,总结浙江省五部铅锌矿床的地质-地球化学找矿模型可简化如表 3-24 所示。

表 3-24 浙江省五部铅锌矿床地质-地球化学找矿模型表

成矿要素		描述内容	
探明资源量	铅 63.58×10^4 t, 锌 91.68×10^4 t	平均品位	铅 $1.22\% \sim 1.49\%$,锌 $1.1\% \sim 1.91\%$
特征描述	陆相火山岩型铅锌矿		
区域成矿 地质环境	大地构造位置	丽水-宁波隆起带,温州-镇海坳陷带和常山诸暨台隆	
	主要控矿构造	断裂构造控制,在断裂或其旁次级裂隙及层间破碎带内	
	主要赋矿层位	下白垩统朝川组和西山头组	
	成矿时代	燕山晚期	
	成矿环境	区域性盆边断裂破碎带,成矿流体属 K^+、Na^+、Ca^{2+}、Cl^-、SO_4^{2-} 类型	
	构造背景	位于浙东南隆起区温州-镇海坳陷带黄岩-象山坳断束内	

续表 3-24

成矿要素		描述内容
区域成矿地质特征	矿物组合	以闪锌矿、方铅矿为主,黄铁矿次之,少量黄铜矿
	结构构造	结构有半自形—他形晶粒结构,自形晶片状结构,镶嵌结构、交代结构
		浸染状构造、细脉浸染状构造、脉状构造、致密块状构造
	蚀变	硅化、绢云母化、高岭石化、重晶石化、绿泥石化、绿帘石化
	控矿条件	基底构造对火山活动的展布、迁移、强度起着控制作用,并制约着火山构造的格局
		矿田的定位受早白垩世构造火山盆地边缘断裂与局部火山断裂裂隙联合控制
		燕山期第Ⅲ期火山喷发旋回是本区最主要的成矿期
地球化学特征	区域地球化学异常特征	1. 元素组合:Cu、Pb、Zn、Sb、Ag、Hg、W、Sn; 2. 主成矿元素:Pb、Zn、Cu、Ag 具浓度分带特征,异常反映明显
	矿床地球化学异常特征	1. 元素组合:Pb、Zn、Ag、Cd、Mn、Hg、Ba、As Bi 等; 2. 组分分带:HgBaAs(外带)—PbZnAg CdMn(中带)—Bi(内带)

三、江西省冷水坑铅锌矿床

(一)矿床基本信息

江西省冷水坑铅锌矿床基本信息见表 3-25。

表 3-25 江西省冷水坑铅锌矿床基本信息表

序号	项目名称	项目描述
1	经济矿种	铅锌
2	矿床名称	江西冷水坑铅锌矿床
3	行政隶属地	江西省贵溪县
4	矿床规模	大型
5	中心坐标经度	117°12′00″
6	中心坐标纬度	27°55′00″
7	经济矿种资源量	铅 159.94×10^4 t,锌 223.39×10^4 t,银 8435t

(二)矿床地质特征

冷水坑铅锌银矿床地处扬子与华夏两古板块间钦(州湾)-杭(州湾)结合带及其萍乡-广丰(绍兴)深断裂带南侧武功山-北武夷前缘褶冲带东部,古罗岭火山构造洼地的北西边缘,属北武夷铜、银、铅锌、金成矿亚带。区内出露地层主要有上震旦统老虎塘组(Z_2l),下石炭统梓山组(C_1z),上侏罗统打鼓顶组(J_3d),下白垩统鹅湖岭组(K_1e)等地层。

矿床为一个遭受构造破坏的古火山口构造,断裂构造以北东向为主,为区域推覆构造在矿床的出露部分。根据矿化特点与成矿作用的不同,冷水坑矿床的银铅锌矿化主要有斑岩型和层控叠生铁锰碳酸盐岩型两类,前者产于花岗斑岩及其内外接触带中,有细脉-细脉浸染型和脉带型两种矿体;后者赋存于打鼓顶组下段和鹅湖岭组下段火山碎屑岩-碳酸盐岩、硅质岩建造中,靠近花岗斑岩体时即有层控叠生型铁锰-银铅锌矿体产出(表 3-26,图 3-21)。

表 3-26 冷水坑矿床类型及其特征

矿床类型	斑岩型矿床	层控叠生型矿床
赋存部位	矿体产于燕山中期第二阶段花岗斑岩体内带及接触带附近	矿体分别产于上侏罗统打鼓顶组下段、鹅湖岭组下段火山碎屑岩-碳酸盐岩、硅质岩建造中。靠近花岗斑岩体时即有层控叠生型铁锰-银铅锌矿体产出
矿体形态	透镜状	似层状、规则透镜状
矿体产状	总体上与花岗斑岩体产状一致,倾向北西	与火山岩地层产状基本一致,总体向南东倾
围岩蚀变	面型绿泥石化、绢云母化、碳酸盐化及黄铁矿化、硅化等	碳酸盐化、弱绢云母化及线型绿泥石化等蚀变
矿物组合	黄铁矿、闪锌矿、方铅矿、螺状硫银矿、自然银、石英、钾长石、斜长石、绿泥石、绢云母等	铁锰碳酸盐矿物、白云石、石英、碧玉、磁铁矿、赤铁矿、闪锌矿、方铅矿、螺状硫银矿、自然银等
矿石组构	细中粒半自形、他形粒状结构,交代结构。细脉浸染状、脉状构造为主	铁锰碳酸盐矿物的鲕状、细粒他形粒状结构、细中粒半自形、他形粒状结构,交代结构。块状构造、细脉浸染状、脉状构造
元素组合	Ag-Pb-Zn-Cd-Cu-Au	Ag-Pb-Zn-Cd-Au
埋藏情况	以隐伏矿为主,部分出露地表	隐伏状
成矿方式	斑岩岩浆中温热液交代	火山沉积期后热液-岩浆气液交代充填

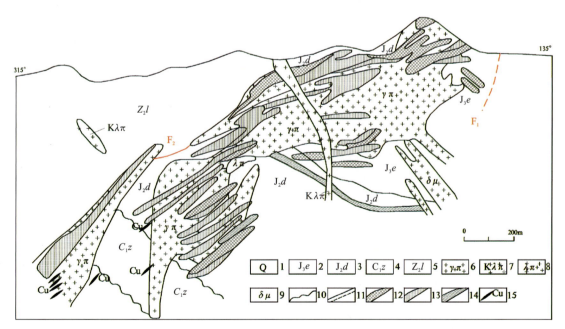

图 3-21 冷水坑矿床 100 线地质剖面图

1.第四系;2.下白垩统鹅湖岭组;3.上侏罗统打鼓顶组;4.下石炭统梓山组;5.上震旦统老虎塘组;6.含矿花岗斑岩;7.钾长花岗斑岩;8.流纹斑岩;9.闪长玢岩;10.地层不整合界线;11.实测、推测断层;12.银铅锌矿体;13.铅锌矿体;14.铁锰含矿层;15.铜矿体石

(三)地球化学特征

1. 区域地球化学异常特征

1:20万水系沉积物测量成果,在冷水坑矿田范围Ag、Pb、Zn、Cd、Cu、Sn等元素异常呈同心状分布,且强度高,显示了高、大、全的矿致地球化学异常特征。

2. 矿区地球化学特征

矿区一般海拔高度为200~500m,最低侵蚀基准面为145m,属低山区。区内沟谷深切,水系发育,排泄条件良好。山脊岩石裸露或有薄层残坡积物覆盖。根据矿区4km²内993个土壤样品的统计计算结果,获得各元素在土壤中分布的主要参数,并利用上述元素的平均值与本区土壤中元素的背景含量相比,而获得元素在本区土壤中的浓集系数(表3-27)。

表3-27 元素在土壤中分布的主要参数表　　　　　　　　　　单位:$\times 10^{-6}$

参数＼元素	Cu	Pb	Zn	Ag	As	Sn	Mo	Mn
$\overline{X}$	33	172	120	2.27	43	10	1.34	829
S	29	810	83	7.97	99	15	2.16	2275
$S/\overline{X}$	0.89	4.72	0.69	3.51	2.31	1.5	1.61	2.75
浓集系数	1.3	7.8	1.72	7.57	1.7	1.4	1.61	2.75

依表中变化系数的大小,而得出本区土壤中各元素变化性序列是:

　　Pb—Ag—Mn—As—Mo—Sn—Cu
　　←──────────────
　　　变化系数增大方向

由以上浓集系数,排列出上述元素的浓集序列是:

　　Pb—Ag—Mn—Zn—As—Mo—Sn—Cu
　　←──────────────────
　　　浓集系数增大方向

以上结果可知,本区8个元素的浓集系数除Cu、Sn元素外,其余都在1.5以上。Pb、Ag与其他元素相比,浓集系数和变化系数都显著偏高,它们应为本区土壤中主要的成晕元素,其次为Mn、Zn、As、Mo、Cu、Sn等元素,其中Zn元素的变化系数较小和浓集系数偏低的原因可能是地表贫化的结果。

根据以上993个土壤样品的原始分析结果,计算得出上述8个元素的相关系数(表3-28)。并依据相关系数将上述8个成晕元素划分为Pb-Ag-Sn-(As);Cu-Zn;Mo-Sn;Mn 4类,同一类中元素之间都有显著的正相关关系,表明它们受统一的地质因素所控制,并具有相似的地球化学行为。

表3-28 8个成晕元素的相关系数表

Cu	Pb	Zn	Mn	Ag	As	Sn	Mo	
1.00	0.21	0.28	0.04	0.25	0.12	0.25	0.17	Cu
	1.00	0.18	0.19	0.57	0.25	0.32	0.23	Pb
		1.00	0.23	0.19	0.00	0.12	0.17	Zn
			1.00	0.19	0.04	0.05	0.12	Mn
	$N=993$			1.00	0.29	0.53	0.34	Ag
	$r_{0.05}=0.14$				1.00	0.24	0.06	As
	$r_{0.01}=0.20$					1.00	0.39	Sn
							1.00	Mo

由以上分析表明，地表矿化带在表生作用下，各成矿成晕元素均呈不同的形式被转入到土壤中，从而在矿床上部土壤中聚集形成了规模较大、浓度较高的土壤地球化学异常。根据矿区外围土壤样品的光谱分析结果，应用统计计算和图解的方法确定本区土壤中主要指示元素的背景值及异常下限见表3-29。据表中异常下限，圈定出矿区土壤中 Cu、Pb、Zn、Ag、As、Mn、Sn、Mo 8个元素的土壤地球化学异常(图3-22)。

表 3-29 矿区土壤中主要成晕元素的背景值和异常下限表

元素含量($\times 10^{-6}$)	Cu	Pb	Zn	Ag	As	Sn	Mo	Mn
背景值	25	22	70	<1	<50	<10	1	230
异常下限	50	50	150	1	50	20	2	700

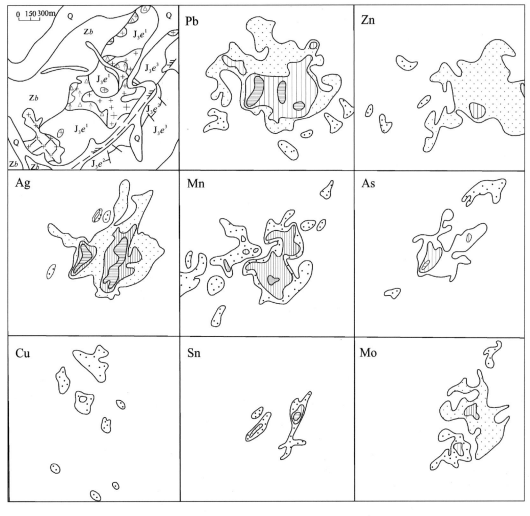

图 3-22 冷水坑矿区土壤地球化学异常剖析图

1.第四纪冲积物；2.侏罗系鹅湖岭组上段熔结凝灰岩；3.侏罗系鹅湖岭组中段流纹质熔岩；4.侏罗系鹅湖岭组下段流纹质凝灰岩、晶屑凝灰岩；5.震旦纪变质岩、混合花岗岩；6.花岗斑岩；7.流纹斑岩；8.钾长花岗斑岩；9.隐爆角砾岩；10.断层；11.Pb(50~200)$\times 10^{-6}$,Zn(150~400)$\times 10^{-6}$,Ag(1~3)$\times 10^{-6}$,Mn(700~2100)$\times 10^{-6}$,As(50~200)$\times 10^{-6}$,Cu(50~200)$\times 10^{-6}$,Sn(20~40)$\times 10^{-6}$,Mo(2~8)$\times 10^{-6}$；12.Pb(200~800)$\times 10^{-6}$,Zn≥400$\times 10^{-6}$,Ag(3~10)$\times 10^{-6}$,Mn(2100~6300)$\times 10^{-6}$,As(200~800)$\times 10^{-6}$,Cu≥200$\times 10^{-6}$,Sn(40~80)$\times 10^{-6}$,Mo(8~32)$\times 10^{-6}$；13.Pb≥800$\times 10^{-6}$,Ag≥10$\times 10^{-6}$,Mn≥6300$\times 10^{-6}$,As≥800$\times 10^{-6}$,Sn≥80$\times 10^{-6}$,Mo≥32$\times 10^{-6}$

从各元素的等浓度图可以看出，大部分元素在区内土壤中都形成了很清晰的地球化学异常，各元素异常的分布及含量变化亦有一定的规律性。

土壤地球化学异常中 Pb 含量为 $(100\sim10\,000)\times10^{-6}$，最高含量大于 $10\,000\times10^{-6}$，异常大致呈等轴状围绕银路岭含矿花斑岗岩体分布，有呈北西向延展的趋势，面积约 $1.5\,km^2$。Ag 地球化学异常的基本形态及分布特征与 Pb 地球化学异常相似，地球化学异常中 Ag 含量一般为 $(1\sim30)\times10^{-6}$，最高含量 $(80\sim100)\times10^{-6}$，异常面积 $1.15\,km^2$。根据地球化学异常内 Pb、Ag 含量的分布特征，可分为 3 个浓度带。Pb、Ag 异常外带一般规模较大，环绕于斑岩体的外侧，与弱—中等强度的矿化蚀变带一致；Pb 异常中带的分布范围与岩体相似，或略大于岩体的规模，反映了较强的矿化蚀变范围。Pb、Ag 异常内带多呈条带状沿北东向分布，与出露地表的 Ⅵ、Ⅶ 矿带大体吻合。

土壤中 Zn 地球化学异常亦颇为发育，一般 Zn 含量多为 $(150\sim300)\times10^{-6}$，最高含量 800×10^{-6}。Zn 地球化学异常主要出露于银路岭一带，呈北西向展布，中心偏向岩体的南东侧，往东未封闭，面积约 $1.07\,km^2$。Cu 地球化学异常不发育，仅呈零星的地球化学异常出现，并有呈北西向展布的趋势。

土壤中 Sn、As、Mo 地球化学异常不甚发育，一般规模较小，浓度较低。其中 Sn、As 地球化学异常呈北东向展布。Mo 地球化学异常与地表岩体的规模、形态相似，但浓集中心略偏向于岩体的东半部。

Mn 地球化学异常呈北东向断续延伸达 4500m 以上，分布于银路岭附近，面积约 $1\,km^2$。Mn 含量 $(700\sim10\,000)\times10^{-6}$，最高含量大于 $10\,000\times10^{-6}$，异常内带主要分布于主岩体南西端接触带外侧的碳酸盐化带中。

3. 岩石地球化学异常特征

据矿区 20 线剖面 9 个钻孔 429 个样品的光谱分析资料，计算得出各元素在近矿围岩中分布的平均含量 $(\overline{X})$，离差 (S) 及变化系数 $(S/\overline{X})$ 见表 3-30。

表 3-30　各元素在近矿围岩中分布参数表

元素 参数	Cu	Pb	Zn	Ag	As	Sn	Mo	V	Ti	Zr	Mn
$\overline{X}$	89	1299	4018	10.2	76	23	2.52	16	1514	113	2525
S	95	3169	7041	21.71	139	37	3.29	10	760	73	4122
$S/\overline{X}$	1.06	2.44	1.75	2.13	1.84	1.63	1.31	0.65	0.5	0.6	1.63

将表 3-30 中变化系数按大小顺序排列，得到本矿床近矿围岩中主要元素的变化性序列如下：

Pb—Ag—As—Zn—Mn—Sn—Mo—Cu—V—Zr—Ti
←──────── 变化性增强

一般情况下，变化系数越大，反映元素的变化幅度也越大。在上述变化序列中位于序列左端的元素为本区变化幅度最大的元素。

为了进一步了解元素的浓集情况，将上述元素的平均值与围岩中相应元素的背景值相比，获得有关元素在近矿围岩中的浓集系数列于表 3-31。

表 3-31　近矿围岩中元素的浓集系数表

元素	Cu	Pb	Zn	Ag	As
浓集系数	2.25	37.11	50.23	48.02	3.04
元素	Sn	Mo	Mn	V	Ti	Zr
浓集系数	2.3	2.52	6.31	0.23	0.3	0.79

按表 3-31 中元素浓集系数的大小顺序排列,获得近矿围岩中元素的浓集序列如下:

Zn—Ag—Pb—Mn—As—Mo—Sn—Cu—Zr—Ti—V

←—————————————————————————————
浓集系数增大

上述近矿围岩中元素的浓集系数,进一步反映了在成矿热液作用影响下元素的集中和分散特征。序列中浓集系数大于 30 的有 Pb、Zn、Ag 元素,它们的含量平均值相对于围岩有明显的偏高,是成矿成晕的主要带入元素。浓集系数小于 1 的有 V、Ti、Zr 元素,它们的含量平均值比背景值明显地降低,说明在热液作用影响下元素被带出,导致含量贫化,是趋于分散的元素。其他元素的浓集系数均在 2~7 之间,与围岩相比,它们的含量变化不大,说明这些元素在热液作用过程中,只有少量带入。一般情况下,变化性较强,浓集系数较大的往往是成矿成晕的主要元素。据此,本矿区具有指示性意义的成晕元素是 Pb、Zn、Ag,其次是 Sn、As、Mo、Cu、Mn 等。

根据采自矿区外围 306 个岩石样品的光谱分析数据,应用统计的方法确定本区各成晕元素的背景值和异常下限见表 3-32。

表 3-32 冷水坑矿区各元素原生晕的背景值和异常下限

含量($\times 10^{-6}$) 元素	Cu	Pb	Zn	Ag	Cd	As	Sn	Mo	Mn
背景值	40	35	80	<0.5	<10	<50	<10	1	400
异常下限	100	100	200	0.5	10	50	20	2	1000

据以上异常下限圈定出各类元素的异常平面、剖面图如图 3-23 所示。由图中可以看出,矿床原生晕的规模较大,主要成晕元素的异常面积显著大于矿体,也大于含矿花岗斑岩体,异常的形态和产状明显地受矿体及含矿花岗斑岩体的控制。各元素异常的分布特征简述如下。

Pb、Zn、Cd 元素异常:为本矿床的主要成矿组分和伴生有益组分。在矿石和近矿围岩中它们的含量有明显的正相关关系,异常的分布有较好的重合性,其形态、产状基本一致。在规模上,Zn 地球化学异常略大于 Pb 地球化学异常,Cd 地球化学异常规模最小。地球化学异常内 Pb 含量(100~10 000)×10^{-6}、Zn(200~10 000)×10^{-6}、Cd(10~500)×10^{-6}。地表的 Pb 地球化学异常以含矿花岗斑岩体为中心,呈北东向展布,面积大于主岩体,约 1km^2。铅外带[(100~600)×10^{-6}]围绕主岩体分布于接触带的外侧;中带[(600~3600)×10^{-6}]的位置和范围与含矿花岗斑岩体基本一致;内带(≥3600×10^{-6})多分布于主岩体的核心部位。Zn 含量一般为(200~400)×10^{-6},中带、内带异常不发育。

在-100m 标高的水平面上,Pb、Zn 异常均以斑岩体接触带为中心向两侧扩散,中带、内带异常大多分布于岩体的内外接触带附近,其中 Pb 地球化学异常呈椭圆形,以斑岩体为中心沿北东向展布,面积大于斑岩体,中心含量较低;Zn 地球化学异常亦呈北东向展布,但两端均未封闭,面积大于 Pb 地球化学异常(图 3-24)。

由-100 线岩石地球化学异常剖面图(图 3-25)可以看出,Pb、Zn 地球化学异常的低浓度带分布规模较大,与矿床蚀变带的范围基本一致。地球化学异常中有两个高浓度带,上部高浓度带规模较大,连续性较好,与斑岩体上接触带主矿体分布位置一致;下部高浓度规模较小,连续性较差,与斑岩体下接触带矿体的分布位置一致。Cd 地球化学异常规模较小,浓度较低,形态和产出位置与 Pb、Zn 地球化学异常的高浓度带基本一致。由地表到深部,Cd 地球化学异常的规模增大,浓度亦有增高的趋势。

Ag 异常形态与 Pb 地球化学异常近似,其分布范围略小于 Pb 地球化学异常;地球化学异常内 Ag 含量(5~1000)×10^{-6},异常内带、中带呈环带状分布于斑岩体接触带附近,其形态比较复杂。

地球化学异常内 Cu 含量(200~400)×10^{-6},局部地段可达(1000~2000)×10^{-6};Mo 含量(2~15)×10^{-6},缺乏高浓度带。在剖面上,Cu、Mo 地球化学异常的形态和产出位置大体相似,但与 Pb、Zn 地球化学异常相比有较大的差别。由-100 线剖面图可以看出,Cu、Mo 地球化学异常有两个浓集区段:一

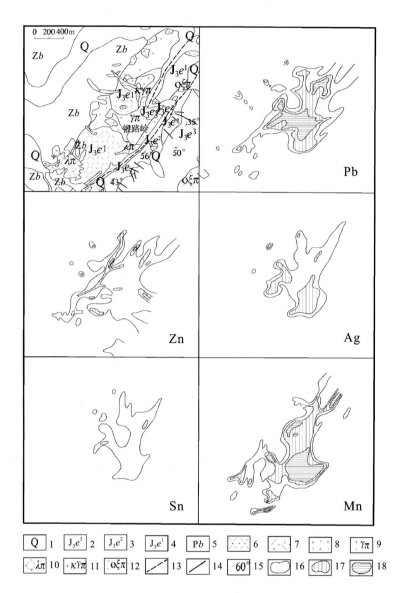

图 3-23 贵溪冷水坑矿区地表岩石地球化学异常平面图

1.第四纪冲积物；2.侏罗系鹅湖岭组上段熔结凝灰岩；3.侏罗系鹅湖岭组中段流纹质熔岩；4.侏罗系鹅湖岭组下段流纹质晶屑凝灰岩；5.震旦纪变质岩及混合花岗岩；6.流纹质晶屑凝灰岩；7.角砾晶屑凝灰岩；8.隐爆角砾岩、角砾凝灰岩；9.花岗斑岩；10.流纹斑岩；11.钾长花岗斑岩；12.石英正长斑岩；13.区域性压扭性断裂；14.断层；15.火山产状；16.Pb$(100\sim400)\times10^{-6}$、Zn$(200\sim400)\times10^{-6}$、Ag$(5\sim20)\times10^{-6}$、Sn$(30\sim60)\times10^{-6}$、Mn$(700\sim2100)\times10^{-6}$；17.Pb$(400\sim1600)\times10^{-6}$、Zn$(400\sim800)\times10^{-6}$、Ag$\geqslant20\times10^{-6}$、Sn$\geqslant60\times10^{-6}$、Mn$(2100\sim6300)\times10^{-6}$；18.Pb$\geqslant1600\times10^{-6}$、Zn$\geqslant800\times10^{-6}$、Mn$\geqslant6300\times10^{-6}$

个为形态较复杂的面形异常，环绕于岩体的前缘；另一个为剖面深部沿 F_2 断裂及岩体向深部延展，向下规模及浓度有增高的趋势，可能反映了成矿热液活动中的脉动分带特点。Cu、Mo 之间，虽然总体的形态特征和分布位置大体一致，但其具体的浓集位置又略有差异，其中在垂向上，Mo 地球化学异常的浓集中心略偏向于 Cu 地球化学异常的下方，可能反映了它们在沉淀顺序上的差异特点。

Sn、As 元素异常：在矿石和近矿围岩中均有微量存在，并与 Cu、S、Pb、Zn、Ag、Cd 等元素都有较高的正相关关系。Sn、As 地球化学异常规模较小，浓度较低，形态和产出位置及 Pb、Zn 地球化学异常的高浓度带一致，其中 As 地球化学异常由地表到深部，地球化学异常的规模增大，浓集亦有增高的趋势。在平面上，Sn 地球化学异常范围较小，分布于岩体及 Pb、Zn、Ag、Cu 地球化学异常之内。

Mn 元素异常，在矿石和近矿围岩中 Mn 的含量变化与 Pb、Zn 之间呈负消长关系，Mn 地球化学异

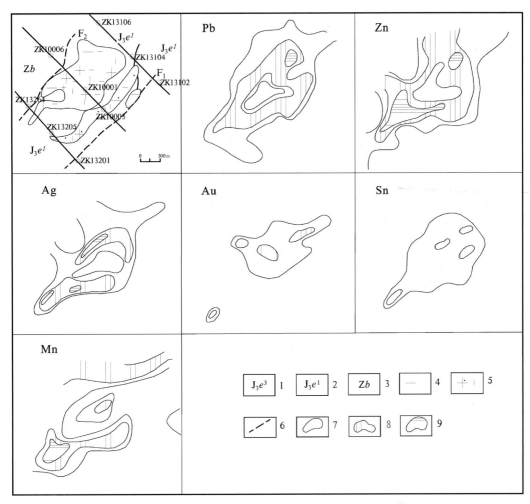

图 3-24 贵溪冷水坑矿区 -100m 标高岩石地球化学异常水平断面图

1.侏罗系鹅湖岭组上段熔结凝灰岩;2.侏罗系鹅湖岭组下段流纹质晶屑凝灰岩;3.震旦纪变质岩及混合花岗岩;
4.花岗斑岩;5.灰色花岗斑岩;6.断层;7.Pb$(100\sim600)\times10^{-6}$、Zn$(200\sim1000)\times10^{-6}$、Ag$(5\sim10)\times10^{-6}$、
Cu$(200\sim400)\times10^{-6}$、Sn$(30\sim60)\times10^{-6}$、Mn$(1000\sim3000)\times10^{-6}$;8.Pb$(600\sim3600)\times10^{-6}$、Cu$(400\sim$
$800)\times10^{-6}$、Zn$(1000\sim5000)\times10^{-6}$、Ag$(10\sim20)\times10^{-6}$、Sn$\geqslant60\times10^{-6}$、Mn$(3000\sim9000)\times10^{-6}$;
9.Pb$\geqslant3600\times10^{-6}$、Zn$\geqslant5000\times10^{-6}$、Ag$\geqslant20\times10^{-6}$、Cu$\geqslant800\times10^{-6}$、Mn$\geqslant9000\times10^{-6}$

常主要分布于主矿体的前缘和两侧,在矿体和强蚀变带内 Mn 含量较低。

根据以上元素异常的分布特征可以看出,冷水坑地区地球化学异常的基本特征:①组合异常具有规模大、异常强度高等特点;②异常元素组合比较复杂,主要的异常元素有 Ag、Pb、Zn、Cd、Cu、Sn 等,显示了与超浅层岩浆活动有关的元素组合特征;③外带异常主要出现于早白垩世火山碎屑岩及火山熔岩分布区,而强异常主要分布于二长花岗斑岩、花岗斑岩、流质斑岩体裸露区,并在平面上呈现同心状分布特征,反映了元素异常受同一热源体的控制;④根据异常元素的相关分析结果,Pb、Zn 与 Ag、Sn、Mo、As 的相关性强。

(四)地质-地球化学找矿模型

分析矿床地质特征和地球化学特征,总结贵溪冷水坑铅锌银矿田的地质-地球化学找矿模型可简化如表 3-33 所示。

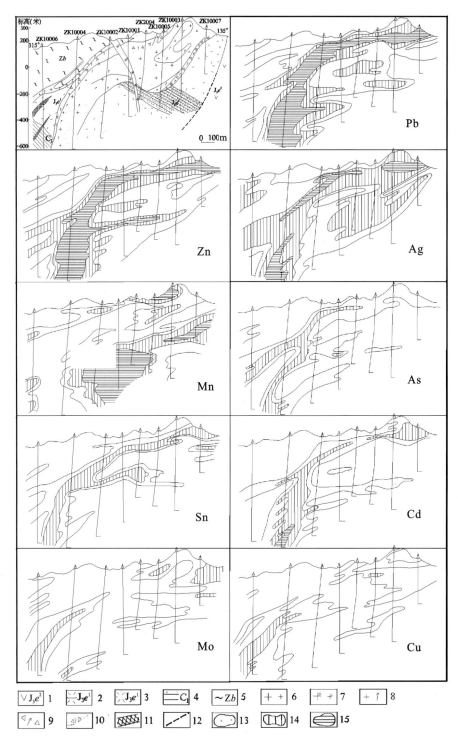

图 3-25　贵溪冷水坑矿区－100 线岩石地球化学异常剖面图

1.侏罗系鹅湖岭组中段流纹岩；2.侏罗系鹅湖岭组下段沉凝灰岩；3.侏罗系鹅湖岭组下段流纹质晶屑凝灰岩；4.石炭系叶家塘组砂砾岩；5.震旦纪变质岩及混合花岗岩；6.花岗斑岩；7.钾长花岗斑岩；8.隐爆花岗斑岩；9.隐爆角砾岩；10.铅锌矿体；11.铜硫矿体；12.断裂；13. Pb$(100\sim600)\times10^{-6}$、Zn$(200\sim1000)\times10^{-6}$、Ag$(0.5\sim4)\times10^{-6}$、Mn$(1000\sim2500)\times10^{-6}$、As$(50\sim200)\times10^{-6}$、Sn$(20\sim40)\times10^{-6}$、Cd$(10\sim50)\times10^{-6}$、Mo$(2\sim10)\times10^{-6}$、Cu$(100\sim200)\times10^{-6}$；14. Pb$(600\sim3600)\times10^{-6}$、Zn$(1000\sim5000)\times10^{-6}$、Ag$(4\sim16)\times10^{-6}$、Mn$(2500\sim5000)\times10^{-6}$、As$\geqslant200\times10^{-6}$、Sn$\geqslant40\times10^{-6}$、Cd$(50\sim250)\times10^{-6}$、Mo$\geqslant10\times10^{-6}$、Cu$\geqslant200\times10^{-6}$；15. Pb$\geqslant3600\times10^{-6}$、Zn$\geqslant5000\times10^{-6}$、Ag$\geqslant10\times10^{-6}$、Mn$\geqslant5000\times10^{-6}$、Cd$\geqslant250\times10^{-6}$

表 3-33 江西贵溪冷水坑铅锌银矿田地质-地球化学找矿模型表

成矿要素		描述内容
储量		铅 159.94×10^4 t,锌 223.39×10^4 t,银 8435t
特征描述		与燕山期花岗斑岩有关的斑岩型和与晚侏罗世火山岩有关的层控叠生型铅锌银矿
地质环境	地层	上侏罗统打鼓顶组及鹅湖岭组陆相火山杂岩
	岩浆岩	晚侏罗世次火山岩体,岩性主要有次花岗斑岩
	成矿时代	燕山期。含矿花岗斑岩 SHRIMP 锆石 U-Pb 谐和年龄为 162.4Ma
	成矿环境	斑岩型矿体主要产在花岗斑岩中;层控叠生型矿体主要产在晶屑凝灰岩中
	构造背景	武夷隆起与饶南坳陷接壤处的隆起一侧之香台山火山构造洼地北西边缘
矿床特征	矿物组合	金属矿物:黄铁矿、闪锌矿、方铅矿、磁铁矿、螺状硫银矿、自然银等; 脉石矿物:绢云母、石英、水白云母、绿泥石、钾长石、斜长石、方解石等
	结构构造	矿石结构:中细粒粒状、斑状、包含、充填、交代(残余)、碎裂结构等; 矿石构造:块状、角砾状、细脉浸染状、浸染状及脉状构造等
	蚀变	绢云母化、绿泥石化、碳酸盐化、硅化和黄铁矿化,少量泥化、褐铁矿化等
	控矿条件	1. 晚侏罗世陆相火山喷发-沉积是层控叠生型铅锌银矿的主要赋存层位; 2. 构造对成矿的控制作用明显,是斑岩型和层控叠生型矿体赋存空间; 3. 含矿花岗斑岩体既是矿液携带体,又是赋矿围岩
	风化	地表黄铁矿等硫化物风化形成铁帽
地球化学特征	区域地球化学特征	1. 元素组合:Ag、Pb、Zn、Cd、Cu、Sn; 2. 主成矿元素 Ag、Pb、Zn、Ag、Sn 具明显浓度分带特征; 3. 异常呈现同心状分布特征,反映了异常受同一热源体的控制
	矿床地球化学特征	1. 元素组合:Pb、Zn、Ag、Sn、As、Mo、Cu、Mn; 2. 主成矿元素为 Cu、Zn、Pb、Ag、Sn 与区域异常相类似; 3. Pb、Zn 与 Ag、Sn、Mo、As 具较强相关性

四、福建省尤溪梅仙铅锌多金属矿床

(一)矿床基本信息

福建尤溪梅仙铅锌多金属矿基本信息见表 3-34。

表 3-34 福建尤溪梅仙铅锌多金属矿基本信息表

序号	项目名称	项目描述
1	经济矿种	铅锌银铜
2	矿床名称	尤溪梅仙铅锌多金属矿
3	行政隶属地	尤溪县
4	矿床规模	大型
5	中心坐标经度	118°15′00″

续表 3-34

序号	项目名称	项目描述
6	中心坐标纬度	26°14′30″
7	经济矿种资源量	铅金属量 $10.75655×10^4$ t，平均品位 1.44%；锌 $34.82184×10^4$ t，平均品位 4.83%；银金属量 303.08t

(二) 矿床地质特征

尤溪梅仙地处闽北隆起、永梅坳陷与闽东火山断陷带的交接部位。其主体位于政和-大埔断裂带以东的火山基底隆起带内。梅仙块状硫化物矿床是在大陆裂谷环境下形成的，具明显的块状硫化物矿床特征。梅仙铅锌银矿床和闽中地区其他同类型的矿床一起共同被称为梅仙式矿床。

该矿床位于北东向寿宁-华安火山基底断隆带中段的变质岩"天窗"东部。"天窗"周边广泛分布晚侏罗世火山岩，不整合（或断层）覆盖在基底变质岩之上；"天窗"内发育中新元古界东岩组。东岩组原岩为一套以基性、酸性"双峰式"火山岩为主夹细碎屑岩及碳酸盐岩，可分为 6 段，第一、第三、第五段为主要含矿层位，总称绿片岩段，岩性主要为绿帘石岩、绿帘透辉石岩、阳起片岩、绿泥片岩、钠长阳起绿帘石岩、大理岩夹钠长浅粒岩、钠（斜）长变粒岩，原岩主要为由基性—酸性火山岩、碳酸盐岩组成的细碧角斑岩建造。

第二、第四、第六段为无矿段，岩性以变粒岩为主，原岩主要为中酸性火山岩、火山碎屑沉积岩、正常碎屑沉积岩。区内侵入岩主要为燕山晚期花岗斑岩，呈北东向岩墙状分布，对矿化具有叠加改造作用。矿区褶皱由两对宽缓的背向斜组成，褶皱轴向北东，卷入褶皱的地层主要为中新元古代地层。褶皱核部是有利的容矿部位，矿体加厚，品位增高。断裂构造有北东向、近东西向、近南北向 3 组，多为陡倾角断裂。北东向、近南北向断裂为成矿后断裂，造成地层的缺失和矿体的破坏；近东西向断裂可见被晚期铅锌矿脉充填。

铅锌矿体赋存在东岩组的第一、第三、第五绿片岩段，受细碧角斑岩建造控制，可分为 3 个矿带，每个矿带由 1~6 个矿体组成。矿体呈似层状、层状、透镜状，产状与围岩片理一致。丁家山主矿体长 450~1800m，延深 210~420m，平均厚 1.29~6.92m，最厚 25.77m，平均品位 Pb 0.96%，Zn 4.21%，Ag $40.28×10^{-6}$，富矿品位 Pb+Zn 大于 20%，Ag 品位变化大，部分可构成工业矿体。

(三) 地球化学特征

1. 区域地球化学异常特征

1∶20 万区域化探为 Pb-Zn-Cu-Ag-Au-W-Bi-As-Sb-Cd-Mn 等，元素组合复杂。区内主成矿元素 Pb-Zn-Ag-Cu 异常规模大，浓度分带明显。其中：Cu 平均含量 $28.9×10^{-6}$，极大值 $79.5×10^{-6}$，异常面积 121.3064km²；Ag 平均含量 $263.0×10^{-9}$，极大值 $1070.0×10^{-9}$，异常面积 140.2582km²；Pb 平均含量 $200.0×10^{-6}$，极大值 $1230.0×10^{-6}$，异常面积 99.1483km²；Zn 平均含量 $171.0×10^{-6}$，极大值 $524.0×10^{-6}$，异常面积 97.4291km²。元素相互套合于矿床之上，形成非常清晰的地球化学异常（图 3-26），反映了明显的矿异常特征。

2. 矿区地球化学异常特征

1∶2.5 万化探土壤测量显示 Cu、Pb、Zn、Ag、Co、W、V、Sn 等组合异常，其中 Pb-Zn-Ag-Cu 异常规模大，含量值高，作为主成矿元素异常特征明显（图 3-27）。

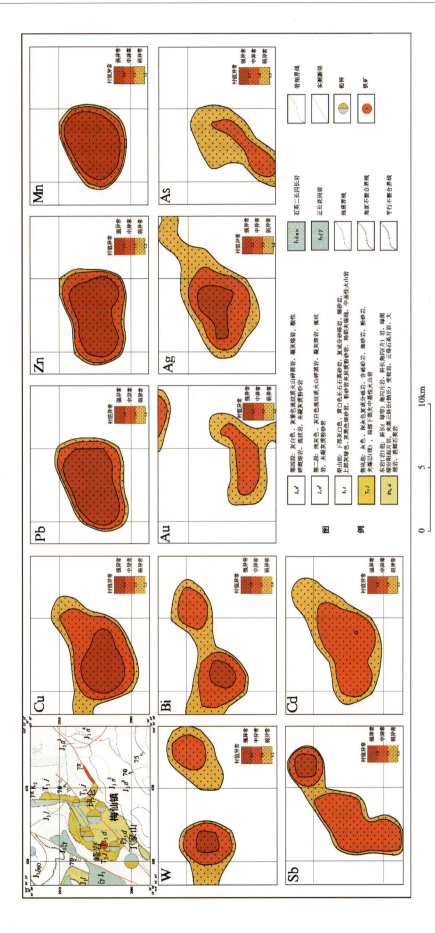

图 3-26 沅溪梅仙铅锌矿 1:20 万区域化探异常剖析图

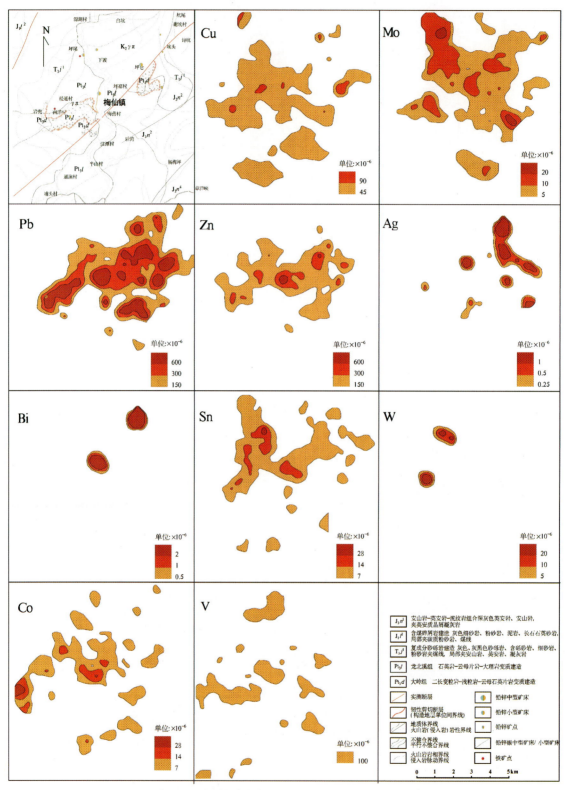

图 3-27 尤溪梅仙铅锌矿区 1:2.5 万化探异常剖析图

区内共圈定 3 个北东向 Cu-Pb-Zn 异常带(图 3-27):西带丁家山-关兜 Zn-Pb-Cu 组合异常带,长 5000m,宽 500~1000m,含 Zn$(300~3000)\times10^{-6}$,Pb$(600~1000)\times10^{-6}$,Cu$(60~200)\times10^{-6}$,各元素套合较好,带内发现了丁家山、关兜矿床;中带坪仑-谢坑 Pb-Zn-Cu 组合异常带,长 4.5km,宽 1.2km,含 Pb$(500~2500)\times10^{-6}$,Zn$(150~2000)\times10^{-6}$,Cu$(100~400)\times10^{-6}$,各元素异常中心套合好,该带处在峰岩矿区西北部;东带通演-峰岩 Cu-Pb-Zn 组合异常带,长 6.5km,宽 300~1200m,异常浓度 Cu$(60~400)\times10^{-6}$,Pb$(500~10 000)\times10^{-6}$,Zn$(500~1500)\times10^{-6}$,由后湾、彭坑、科第 3 个浓集中心组成,该带北段处在峰岩矿区东南部。

异常略具分带,大致有两组:Cu-Pb-Zn 异常规模大,主体北东向展布,套合程度高,略偏西南,Mo-Sn-Bi 具北西向展布,略偏北东,Ag-Bi-W 因早期半定量分析成果,灵敏度不够,分析报出率低,仅高异常有反映。

(四)地质-地球化学找矿模型

矿床的形成根据成矿地质作用划分,分为新元古代裂谷火山喷发沉积成矿期;四堡-晋宁变质成矿期;燕山构造岩浆改造期以及表生期等。各成矿期相应形成一套矿物的共生组合。同样地球化学异常的分布特征也经历不同的作用期,最终形成目前元素组合复杂,有较大规模分布的地球化学异常。

通过典型矿床地球化学特征分析研究,建立地质-地球化学找矿模型,见表 3-35。

表 3-35 尤溪梅仙铅锌多金属矿床地质-地球化学找矿模型表

分类		主要特征
地质成矿条件和标志	大地构造背景	位于政和-大埔断裂带东,闽东燕山期陆内造山带之次级构造单元寿宁-华安火山基底断隆带内;在中—新元古代时,是一个发育于新太古代—古元古代基底之上的裂陷槽
	岩浆建造/岩浆作用	燕山晚期花岗斑岩脉较发育。花岗斑岩脉主要沿北东向断裂侵入,呈岩脉、岩墙产出
	成矿构造	本矿床形成于大陆裂谷构造环境下,在海底张性断裂深处的地球内部热能的驱动下,含矿热流水沿张裂带喷出,遇海水冷却后逐渐形成"矿源层"
	围岩蚀变	围岩蚀变类型有方解石化、绿泥石化、绢云母化、石英化等。绿帘石化、阳起石化
	成矿特征	矿体主要沿"含矿层"所组成的"乡"字褶皱轴部或倒转翼分布,呈透镜状、似层状左行雁列侧现,与围岩基本整合并显示褶皱构造的控矿作用;矿石自然类型主要有银铅锌矿石和铅锌矿石两种;矿石的矿物成分复杂,主要有方铅矿、闪锌矿、黄铁矿,次为磁黄铁矿、毒砂、黄铜矿等;矿石结构有半自形—他形粒状结构、聚粒镶嵌结构、交代残留结构等;矿石构造有斑杂状构造、浸染状构造、细脉浸染状构造、浸染条带状构造等;近矿蚀变为黄铁矿化、硅化、碳酸盐化等
地球化学特征	区域地球化学特征	1.处于闽中古裂谷 V-3-6(Pt_3)银铅锌地球化学高背景带内; 2.元素组合:Pb-Zn-Cu-Ag-Au-W-Bi-As-Sb-Cd-Mn; 2.分带特征:主成矿元素 Pb-Zn-Cu-Ag 浓度分带明显,组分分带不明显
	矿床地球化学特征	1.元素组合:Pb-Zn-Cu-Ag-W-Bi-Mo-Sn-Co-V; 2.组分分带(由内向外):(W-Bi-Mo-Sn)—(Pb-Zn-Cu); 3.主成矿元素异常具明显浓度分带; 4.地表 Pb-Zn 土壤异常含量可达边界品位

第三节 金矿床

一、江苏省江宁区汤山金矿床

(一) 矿床基本信息

江苏省江宁区汤山金矿床基本信息见表 3-36。

表 3-36 江苏省江宁区汤山金矿床基本信息表

序号	项目名称	项目描述
1	经济矿种	金
2	矿床名称	江苏江宁区汤山金矿床
3	行政隶属地	江苏省江宁区
4	矿床规模	小型
5	中心坐标经度	119°00′16″—119°03′26″
6	中心坐标纬度	32°02′26″—32°03′35″
7	经济矿种资源量	1 079.45kg

(二) 矿床地质特征

该矿床位于宁镇断块隆起之汤仑背斜弧形弯曲转折处,因背斜枢纽在此隆起,形成汤山短轴背斜。它为一小型微细浸染型金矿床。控矿地层为奥陶系红花园组、汤头组泥灰岩。区内构造主要有褶皱构造和断裂构造,前者主要为汤山短轴背斜,后者包括环形断裂带(F_1)、近南北向张性断裂、放射状断裂及隐伏断裂等。矿区的岩浆活动主要表现为燕山晚期浅成岩的侵入,已发现的仅为闪长玢岩。它主要分布于矿区的中部和东北部,多呈岩脉及岩枝分布,大多呈北东走向。矿区的蚀变和矿化主要发生在 F_1 断裂带中及附近,次为岩体接触带附近。主要有硅化和次生石英岩化、褐铁矿化、黄铁矿化、赤铁矿化、重晶石化和萤石化、泥化以及铜铅锌矿化和汞锑矿化。根据矿(化)带的分布位置及不同特征,划分了 4 个矿(化)段,分别是黄栗墅矿(化)段、汤山镇矿(化)段、建新村矿(化)段和汤山头矿(化)段。本研究以黄栗墅矿(化)段进行矿床地质特征描述。黄栗墅矿(化)段位于汤山北坡黄栗墅一带,矿(化)带长 2km,总体走向 75°左右,侵向北西,倾角 65°~85°。本矿段是矿区金矿(化)最富集的地段,金储量占全矿区储量的 93.59%,发现 11 个金矿体,即 1~11 号矿体。它们都集中分布在本矿段西部,除 3 号矿体产于 F_1 下盘以下,其余矿体均赋存于 F_1 断裂带的泥状角砾岩及硅化带中。矿体走向呈透镜体及条带状,倾向上呈上大下小的楔形体或透镜体,产状与 F_1 一致,倾角 72°~88°。

(三) 地球化学特征

矿区范围及其外围曾先后做过 1∶20 万水系沉积物测量、1∶5 万~1∶5000 土壤测量和 1∶1 万岩石地球化学测量,它们所反映的地球化学特征基本相同,异常元素组合主要有 Au、As、Sb、Ag、Pb、Cu 等,异常呈北北东向展布,与汤山背斜大致吻合,反映出区域褶皱构造控矿因素。

1. 地层地球化学特征

矿区地层地球化学含量特征统计显示,奥陶纪灰岩、泥灰岩中金含量较高。红花园组(O_1h)灰岩(25件样品)金含量平均达 $20×10^{-9}$,比宁镇地区灰岩的背景含量($3×10^{-9}$)高6倍多;表明金(矿)化与奥陶纪地层有着密切的关系。

2. 区域地球化学异常特征

汤山金矿区1∶20万水系沉积物地球化学异常面积 $32.41 km^2$,异常元素组合较为简单,以 Au、As、Sb 为主,Cu、Cd 次之。各元素异常特征值列入表3-37。异常呈近椭圆形,北东向展布,与汤山背斜大致吻合。Au 含量一般为 $(6.6\sim11.5)×10^{-9}$,最高可达 $14.5×10^{-9}$。Cu、As、Sb 元素浓度分带完整,分内、中、外带,Au、Cd 元素只有中、外带。

表3-37　1∶20万水系沉积物测量汤山金矿区异常特征值表

元素组合	面积(km²)	强度		衬度	规模
		浓度			衬度算术规模
		最小值	最大值		
33Cu3	16.14	24.2	32	1.3	20.99
33Au2	21.31	2.4	14.5	4.16	88.69
32As2	20.58	12.7	35	1.99	40.94
34As3	17.02	14	50	2.30	39.11
52Cd2	27.37	100	220	1.24	33.83
31Sb3	29.46	0.83	4.6	2.35	69.24

注:Cd 含量单位为 $×10^{-9}$,其余为 $×10^{-6}$。

3. 矿区地球化学异常特征

汤山金矿区1∶5万土壤地球化学测量异常面积较为完整,面积约 $14.5 km^2$,异常总体呈北东东向长条状分布,异常以 Au、As、Ag、Sb 为主,Pb、Zn、Mo 次之,Cu、Bi、Hg、Cd 再之(表3-38)。Au、Ag、As、Sb、Cu、Mo 等元素浓度分带较完整,内、中、外带均有分布(图3-28),异常呈串珠状沿汤山头—团子尖—汤山镇一带北东东向展布。异常区出现了2个 Au 浓集中心,分别位于汤山头-朱砂堨及汤山镇,2个浓集中心的峰值依次为 $251.0×10^{-9}$、$93.6×10^{-9}$。

表3-38　1∶5万土壤测量汤山金矿区异常特征值表

元素组合	面积(km²)	强度				规模	
		浓度		衬度		衬度算术规模	衬度几何规模
		最小值	最大值	算术均值	几何均值		
23Au3	10.66	1.10	251	6.06	2.61	64.61	27.77
23Cu2	0.53	100	100	4	4	2.13	2.13
8Pb2	1.81	40	100	2.33	2.20	4.20	3.97
12Pb3	5.75	25	400	2.59	1.98	14.87	11.38

续表 3-38

元素组合	面积(km²)	强度				规模	
		浓度		衬度		衬度算术规模	衬度几何规模
		最小值	最大值	算术均值	几何均值		
15Zn3	5.70	40	350	2.21	1.96	12.62	11.18
25Ag3	6.19	0.01	2.50	4.92	2.88	30.43	17.81
22As3	12.19	5	150	4.29	2.50	52.22	30.49
22Bi1	0.32	0.30	0.30	2.61	2.61	0.83	0.83
15Bi2	0.93	0.10	0.80	3.77	2.76	3.51	2.57
10Cd2	2.72	0.25	0.25	1.00	1.00	2.72	2.72
29Hg2	0.26	0.40	0.4	5.63	5.63	1.46	1.46
27Hg2	0.59	0.25	0.3	3.87	3.86	2.27	2.26
31Hg2	0.63	0.10	0.4	3.29	2.82	2.08	1.78
30Mo1	0.09	2.00	2	3.45	3.45	0.30	0.30
31Mo1	0.58	1.50	2	3.02	2.99	1.75	1.73
26Mo3	3.41	0.24	5	3.56	2.54	12.13	8.65
15Sb3	13.41	0.25	70	9.95	2.99	133.34	40.11
各参数累计						341.47	167.14

注：Au、Cd、Hg 含量单位为 $\times 10^{-9}$，其余为 $\times 10^{-6}$。

垂直于 F_1 环形断裂带布置 1:5000 土壤剖面异常特征研究发现，在 F_1 断裂带上具有明显的 Au 高值异常，与破碎带十分吻合，Au 浓度一般为 $(50\sim150)\times10^{-9}$；金矿体上异常则更明显，异常浓度极大值大于 300×10^{-9}，宽度大于 50m，梯度陡，形态规则。此外，金矿体上方具有较显著的 As 异常，异常浓度极大值大于 600×10^{-9}，异常宽度基本与 Au 异常吻合。Ag 异常较宽缓，可一直延伸至断裂带的下盘围岩中。该剖面上无明显的 Sb 异常显示。

4. 岩石地球化学特征

汤山西部 1:1 万岩石地球化学测量圈出两个异常与 F_1 较吻合。其中汤山头 Hg、Ag、As、Pb、Zn、Mo 异常，面积 0.72km²，形态规则，连续性较好。Ag、As、Hg 异常呈不规则面状展布；Pb、Zn 异常呈圆形、不规则形，大致呈北北东向断续延伸，它们被 As 异常所包围；Mo 异常大多数呈封闭的不规则状展布，异常外带分布范围较大。综合考虑这些元素异常空间分布位置，异常元素具有一定的分带现象。由上而下分别为 Hg、Ag、As—Mo—Pb、Zn，且主要指示元素 Ag、Hg、As、Pb 具清晰、完整的浓度分带，指示金矿、多金属矿的累乘晕发育良好。

从主矿化带典型钻孔资料看到，以金矿化为主的地段 ZK104 资料分析，Cu、Sb 异常很微弱，仅分布在前部，深部则无 Pb、Sb 异常。Au 异常与 As 异常形态非常相似，在浅部(硅化岩)含量相对较高，变异系数较大。Pb、Zn、Ag 异常形态比较类似，它们都在两个深度段出现了含量高值区：①地表深部 15~45m 处硅化岩分布区；②地表深部 80~92m 处硅化岩与白云质灰岩接触地段。

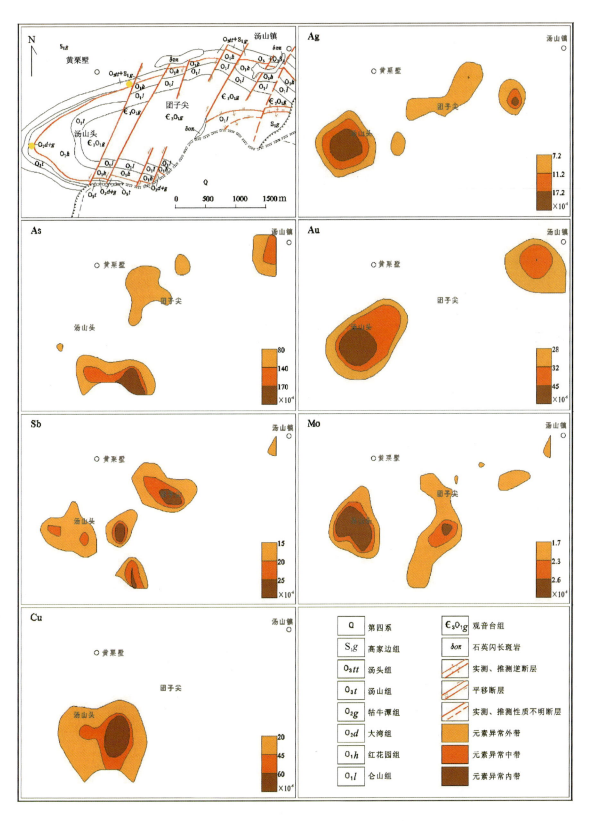

图 3-28 汤山金矿区 1∶5 万土壤地球化学异常剖析图

(四)地质-地球化学找矿模型

通过改良格里戈良分带指数法,初步排出分带序列从浅到深为 As—Sb—Au—Ag—Pb—Zn—Cu。综合考虑矿区其他钻孔岩石地球化学资料分析,一般可见 PbZn 异常展布于 Cu 异常的中偏上部,Ag 异常展布于 Cu 异常的外围上部。上述情况可以说明,汤山金矿的矿前晕为 As、Sb;成矿晕为 Au、Ag;矿尾晕为 Pb、Zn、Cu。汤山金矿地球化学找矿模型见表3-39和图3-29。

表 3-39　江苏汤山金矿床地质-地球化学找矿模型表

矿床类型		卡林型(微细浸染型)
地质标志	地层标志	奥陶系红花园组、汤头组泥灰岩,Au、Ag、As、Sb、Hg 等元素普遍富集
	构造标志	环形断裂破碎带
	岩浆岩标志	燕山晚期闪长玢岩,金含量 39×10^{-9}
	蚀变标志	主要有硅化、褐铁矿化、黄铁矿化、赤铁矿化、重晶石化、萤石化、泥化、锑汞矿化等
地球化学标志	水系沉积物地球化学	Au、As、Sb、Cu、Cd 等元素组合
	土壤地球化学	Au、As、Ag、Sb、Pb、Zn、Mo 等元素组合,As、Au 是最重要的标志元素
	岩石地球化学	矿头晕:As、Sb; 矿中晕:Au、Ag; 矿尾晕:Pb、Zn、Cu
	构造地球化学	As、Au 异常宽度一致,与破碎带十分吻合,$Au>150\times10^{-9}$,$As>150\times10^{-6}$
	铁帽地球化学	铁帽发育,主要有赤铁矿、泥状角砾岩

二、浙江省遂昌治岭头金矿床

(一)矿床基本信息

浙江省遂昌治岭头金矿床基本信息见表3-40。

表 3-40　浙江省遂昌治岭头金矿床基本信息表

序号	项目名称	项目描述
1	经济矿种	金矿
2	矿床名称	浙江省遂昌治岭头金矿
3	行政隶属地	浙江省遂昌县
4	矿床规模	大型
5	中心坐标经度	119°25′30″
6	中心坐标纬度	28°37′28″
7	经济矿种资源量	(111b+332+333)矿石量 2150.77×10^3 t,金 23 621 kg,矿体平均品位 10.98×10^{-6}

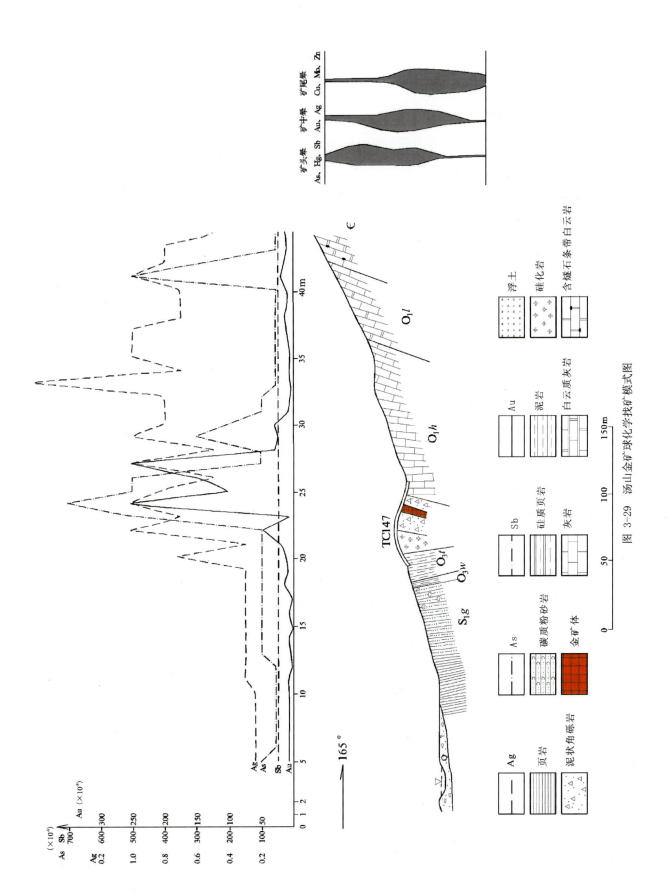

图 3-29 汤山金矿化学找矿模式图

(二)矿床地质特征

该区地处龙泉-遂昌断隆,广泛发育晚中生代火山-侵入岩系及陆相火山-沉积盆地,中元古代基底八都群(中高级)及陈蔡群(中低级)变质杂岩呈断块状或"天窗式"出露,沿构造活动带的变质地块中局部有加里东期—印支期构造热事件伴生的混合花岗岩发育,变质基底历经多期变质变形叠加与长期隆起剥蚀。侵入岩系列以中酸性—酸性花岗岩组合为特色。火山岩-沉积岩系产状平缓,构造变形以发育断裂构造为主,按断裂走向划分可分为北北东向、北东向、北西向3组,其中以北北东向最为发育,局部密集成带。与金银、铜铅锌成矿作用关系密切的为磨石山群(下岩系)火山岩系。火山活动带与三级、四级火山构造明显受北东向、北北东向构造控制,局部受北西向构造控制,与成矿作用直接相关的火山构造多在基底隆起区与断裂构造交会区段。

矿区内出露地层有基底古元古界八都群变质岩系和上侏罗统磨石山群组火山岩系。

八都群呈天窗出露约 $6km^2$,岩性为黑云斜长片麻岩、黑云二长片麻岩、斜长片麻岩、含石榴子石黑云斜长片麻岩、含石墨黑云斜长片麻岩、黑云变粒岩、少量的花岗片麻岩、变粒岩、浅粒岩等。原岩为砂质沉积岩夹火成岩和中酸性脉岩,变质相带为角闪岩相、硅线石-蓝晶石带,局部混合岩化,为赋矿围岩。

磨石山群大爽组覆盖了周围地段,岩性为流纹质晶屑玻屑凝灰岩、熔结凝灰岩、集块岩、凝灰质砂砾岩凝灰质砂岩。矿区中部为华峰尖塌陷式火山通道,直径约1km,属牛头山层火山的寄生火山口,充填火山角砾岩、凝灰岩以及霏细斑岩、安山玢岩。矿区内燕山期脉岩、次火山岩极为发育,呈岩脉、小岩株产出,主要有霏细斑岩、花岗斑岩、石英闪长玢岩、安山玢岩、钠长斑岩等,长一般数十米至数百米,宽数米至10余米。次火山岩、脉岩侵入于变质岩或火山岩中,并切穿金银矿体。

矿区岩浆岩、次火山岩发育,主要为燕山期的酸性—中酸性侵入岩,主要有钠长斑岩、花岗斑岩、闪长岩、安山玢岩、石英闪长岩、霏细斑岩、霏细岩、闪长玢岩、辉绿玢岩、煌斑岩。霏细斑岩、霏细岩、闪长玢岩、辉绿玢岩、煌斑岩穿切金矿体。

金银矿体以近南北向的 F_1、F_{42} 为界,F_1 以西为西矿段,F_{42} 以东为东矿段,F_1 与 F_{42} 之间为中矿段。西矿段:矿体总体呈北西走向,倾向南西,倾角25°~53°,为隐伏矿体,埋深130~240m标高。中、东矿段近东西、北东走向,倾角略有起伏。倾向180°~148°,倾角45°~55°。单脉体呈左行雁列,长65~400m,赋存于400~650m标高水平。F_{42} 以东为东块段,长700m,矿带走向近东西向。倾向南—南西,倾角36°~57°,矿体长175m,赋存于标高440~620m。

金银矿体呈复脉状,赋存于八都群韧脆性断裂中,总延长约2250m,被 F_1、F_{42} 分割成3段。F_1 以西为西块段,长约350m,呈北西向展布,单个脉体北西西向,倾向南西,分布在100~300m标高水平。F_1~F_{42} 之间为中块段,长约1200m,矿脉走向由东西向渐变为北东东向,产状135°~155°∠35°~62°。

(三)地球化学特征

1. 区域地球化学异常特征

按照1:20万水系沉积物地球化学调查数据累频的85%、95%、98%截取异常下限(表3-41),并制作 Au、Ag、Pb、Zn、Mo、Hg 等元素地球化学异常图剖析图,遂昌治岭头金矿床具有如下特征:

Au、Ag、Pb、Zn、Cu 有明显的内、中、外带异常反映,且 Au-Ag-Pb-Zn-Cu 内带规模由大变小(图3-30)。此外矿区伴生元素 Ba、Cd、Mn、Cr、Th 等也出现异常,但 Hg、Mo 等元素无异常。区域 Au、Ag 异常还出现在矿区西遂昌县城以及南部高亭一带。异常形态总体为北东向展布和延伸。

表 3-41　遂昌治岭头金矿所在区地球化学异常参数特征表

异常分带 元素	外带(下限) 85%累频	中带 95%累频	内带 98%累频
Au($\times 10^{-9}$)	2.4	4.4	7.2
Ag($\times 10^{-9}$)	181	285	420
Pb($\times 10^{-6}$)	46	64	88
Zn($\times 10^{-6}$)	115	153	196
Mo($\times 10^{-6}$)	2.3	3.1	5.1
Hg($\times 10^{-9}$)	148	219	318

Au、Ag 异常分布区对应地质情况为一套元古宇八都群海相火山岩-碎屑岩建造、燕山期花岗斑岩，Pb、Zn 异常与燕山期侵入岩空间对应性高，显示异常和成矿与岩浆活动的关系。另外 Ba、Cd、Th 异常出现指示岩浆活动和热液因素，而 Mn、Cr 异常出现又体现了中性岩浆活动特点。异常的北东向带状或串珠状展布形态体现了北东向断裂构造的控岩控矿性。

矿区地球化学异常体现了矿区的物质来源、成因复杂性。但总体与多期次燕山期的岩浆热液活动有关。

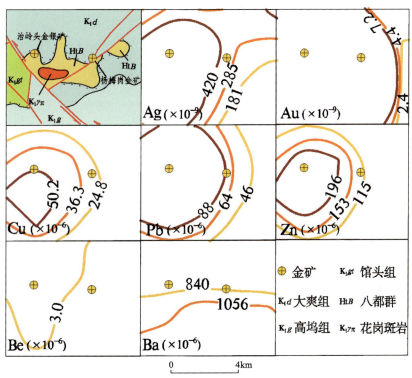

图 3-30　浙江省治岭头金银矿区域化探异常剖析图

2. 矿区地球化学异常特征

浙江省地球物理地球化学勘查院 1986 年完成了遂昌县治岭头工区 1∶1 万土壤地球化学测量。矿区 Au、Ag 地球化学异常与金银矿相对应，且含量高、异常规模大。Cu、Pb、Zn、Mo 组合异常围绕华峰尖火山机构边缘分布，反映的是铅锌矿化蚀变体。

(四)地质-地球化学找矿模型

综合地质地球化学特征,建立地质-地球化学找矿模型,见表3-42。

表3-42 浙江遂昌治岭头金银矿地质-地球化学找矿模型表

分类	成矿要素	描述内容
必要	成矿时代	周俊法等(1996):石英包裹体液体的 Rb-Sr 等时线年龄 82.5±3.7Ma;陈好寿等(1996):包裹体液体 Rb-Sr 等时线年龄 144±9Ma、127.1±6.8Ma、159.5±5.4Ma;梅建明(2001):石英^{40}Ar-^{39}Ar 年龄 139.4±18.6Ma
	大地构造位置	武夷-云开造山系华夏陆块武夷变质基底杂岩八都中高变质基底杂岩的中部
	大地构造演化阶段	中条期、燕山期陆缘火山活动区
	成矿构造	近东西、北东东向张扭性断裂构造
重要	火山建造/火山作用	燕山早期为流纹质火山碎屑岩和流纹质熔岩属钙碱性岩石,燕山晚期为安山质、英安质火山碎屑岩
	火山岩性岩相构造/火山构造	处于牛头山火山穹隆的边缘,穹隆中心为角砾岩筒和环状流纹岩充填,岩性岩相主要为火山碎屑流相流纹质玻屑熔结凝灰岩,崩落相流纹质含集块角砾凝灰岩
	岩浆建造/岩浆作用	燕山早期侵入岩,主要为花岗斑岩,其次为霏细斑岩、石英闪长(玢)岩,见辉绿玢岩和煌斑岩;酸性岩为铝过饱和钙碱性岩类,中性岩为钙碱性岩类,辉绿玢岩和煌斑岩则属碱性系列岩石。燕山晚期主要有闪长玢岩、二长斑岩、霏细岩等岩脉及次火山岩;为钙碱性至偏碱性系列岩石
	成矿特征	矿体呈脉状,平面上呈尖灭侧现,舒缓波状、分支复合的总体展布特征,走向控制长约1400m,倾向延深270~300m,厚1~25m,一般10m 左右
		主要金属矿物为银金矿、金银矿、黄铁矿、闪锌矿、方铅矿;脉石矿物主要有石英、绢云母、蔷薇辉石、菱锰矿
		矿石构造主要为:浸染状、斑杂状、角砾状、条带-环带状、块状、脉状构造;结构主要为自形晶粒状、镶嵌、他形晶粒结构、交代残余结构、填隙交代结构、乳浊状结构、包含结构
		矿床主要组分 Au、Ag,局部伴生 S
		围岩蚀变组合:硅化-绢云母化-黄铁矿化-蔷薇辉石化-菱锰矿化-绿泥石化-绿帘石化
	矿床资源/储量	(111b+332+333)矿石量 2150.77×10^{3}t,金 23 621kg,矿体平均品位 10.98×10^{-6}
地球化学特征	区域地球化学特征	1. 异常元素组合:Au、Ag、Cu、Pb、Zn、Ba、Cd、Mn; 2. 主成矿元素 Au 具明显浓集中心及浓度分带特征; 3. Au、Ag、Cu、Pb、Zn 异常相互套合于矿床之上
	矿床地球化学特征	1. 异常元素组合:Au、Ag、Cu、Pb、Zn、Mo; 2. 主成矿元素 Au、Ag 异常明显

三、江西省金家坞金矿床

(一)矿床基本信息

鄱阳县金家坞变质碎屑岩中热液型金矿床基本信息见表3-43。

表 3-43　鄱阳县金家坞变质碎屑岩中热液型金矿床基本信息表

序号	项目名称	项目描述
1	经济矿种	金
2	矿床名称	鄱阳县金家坞变质碎屑岩中热液型金矿床
3	行政隶属地	江西省鄱阳县
4	矿床规模	大型
5	中心坐标经度	117°39′50″
6	中心坐标纬度	28°32′60″
7	经济矿种资源量	5.221 7t

(二) 矿床地质特征

本区地处扬子板块南缘之九岭-鄣公山隆起带东段，位于鄣公山巨型复背斜构造西端与景德镇深大断裂的交接部位。区域上广泛分布中元古界双桥山群上亚群的一套类复理石火山碎屑沉积浅变质岩建造，上白垩统赣州组零星分布在区内断陷盆地内。区域构造以北西西向到近东西向的线性紧闭褶皱为主；褶皱同期和后期形成了一系列北东向、近东西向的断裂构造。区内岩浆活动一般，仅在北部出露有潘村岩体和鹅湖岩体，均为燕山早期侵入的黑云母花岗岩闪长岩和花岗斑岩，同位素年龄为 157～94Ma。

矿区内出露地层为中元古代浅变质岩系，岩性下部为变沉凝灰岩、千枚岩，上部为绢云母千枚岩夹变沉凝灰岩。矿区东部出露零星上白垩统赣州组紫红色粉砂质砾岩夹石英砂岩、细砂岩，沿北东向带状分布 (图 3-31)。

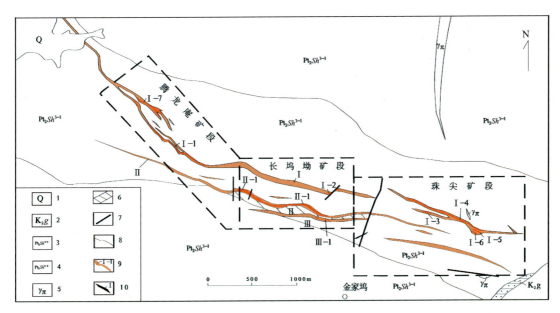

图 3-31　金家坞金矿区地质略图

1.第四系；2.白垩系赣州组；3.中元古界上亚群第三岩组上段；4.中元古界上亚群第三岩组下段；5.花岗斑岩；6.挤压蚀变变形带及编号；7.实测断层；8.地质界线；9.金矿体及编号；10.金矿化带及编号

矿区东南部、西北部外侧各分布一条北东向逆冲(推覆)断裂带，东南部金家坞断裂属区域性沙堤-候潭北东向逆冲推(滑)覆断裂带的组成部分，并控制了晚白垩世红层的展布，矿区正处于此断裂带由北东向往近东西向转曲的北侧，发育一系列北西西—近东西向弧形挤压剪切变形带，应属其压扭性派生

"人"字形构造。

矿区东部有花岗岩或花岗斑岩出露,呈北北东向、北北西向岩墙(脉)或岩滴状产出。

矿区圈定金矿体9个,其中Ⅰ号金矿化带7个矿体,Ⅰ-1、Ⅰ-7号矿体分布在西部腾龙庵地段,Ⅰ-2号矿体分布于中部长坞坳地段,Ⅰ-3、Ⅰ-4、Ⅰ-5、Ⅰ-6号矿体分布在东部珠尖地段;各矿体近平行斜列产出,总体走向东部矿体近东西向、中部矿体280°~300°、西部矿体310°~320°,多数倾向北或北东,西部矿体少数倾向南西,倾角地表40°~50°、中深部50°~60°,局部80°以上。矿体一般延长300~600m,最长可达1200m,矿体厚度一般1~5m,最厚可达16.40m,矿体平均厚度3.15m,厚度变化系数0.562;呈似层状、透镜状、脉带状延伸,矿体形态变化较大,常膨大、缩小、分支复合或尖灭再现。

(三)地球化学特征

1. 区域地球化学异常特征

本区为Au、Cu、Sn、Mo、W、As、Sb等元素高背景分布区,尤其是中元古代浅变质岩系分布地段Au、Cu、Sn等元素高背景更为明显。

1:20万区域化探资料表明,区内异常由As、Sb、Au组成,面积60km²。Au异常强度平均7.6×10^{-9},峰值15×10^{-9},具三级浓度带,衬值5,规模达200。

2. 矿区地球化学异常特征

1:5万水系沉积物地球化学测量结果,在矿区范围圈出6处局部Au异常,其中金家坞Au异常面积为12km²,Au异常平均强度97.3×10^{-9},峰值达1300×10^{-9},衬值9.7,规模达116.4,具明显的浓集中心和三级浓度分带,并伴有As、Sb异常(图3-32)。

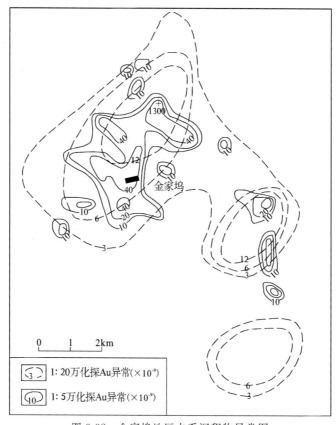

图3-32 金家坞地区水系沉积物异常图

1:5万土壤地球化学测量圈定Au、Cu、Pb、Zn、Ag元素组合异常面积3km², 异常最高值Au 180×10^{-9}、Ag 40×10^{-6}、Pb 1500×10^{-6}、Zn 640×10^{-6}。

3. 矿床地球化学特征

1:1万土壤地球化学测量Au异常面积4km², 总体呈北西西向带状分布。异常组分由Au、As、Sb、Pb、Zn等元素组成,其中Au、As、Sb异常形态相似,浓集中心吻合,呈同心状分布；Ag、Pb、Zn异常相对弱,连续性差,分布零星。Au异常平均强度53.79×10^{-9}, 峰值1490×10^{-9}, 衬值10.8, 规模大于40, 并显示出Au、As、Sb、Ag、Pb、Zn具一定的水平分带性。

土壤异常剖析如图3-33所示。

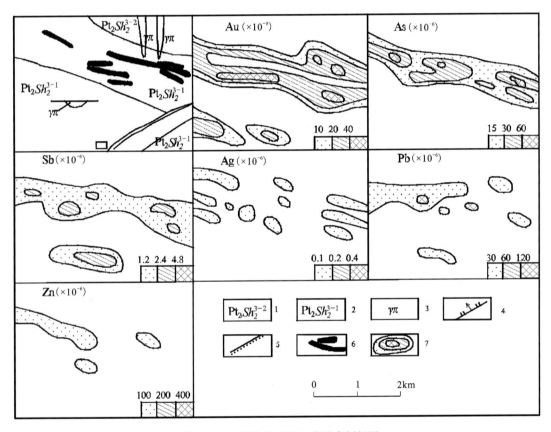

图3-33 金家坞金矿区土壤异常剖析图
1.中元古代上亚群第三岩组上段；2.中元古代上亚群第三岩组下段；
3.花岗斑岩；4.推覆断层；5.角度不整合界线；6.金矿体；7.化探异常

4. 岩石地球化学异常特征

通过本区998件原生晕样品的相关分析和因子分析,显示与Au显著正相关的元素相关系数As>Sb>Se>Mo>Ag>SiO_2>Pb>Hg>Bi, 与Au显著负相关的元素或氧化物相关系数Sn>Zn>K_2O>Co>Ni>B>Na_2O。反映金矿主成矿作用的F3因子,其主要元素或氧化物组合为As、Au、Sb、W、(Se、Mo、Ag、Hg)；反映与金矿成矿作用负相关的F1因子,其元素或氧化物组合为Ni、Co、B、K_2O、Cu、Sn、Zn、W、Na_2O、Bi；从上述各因子及其元素组合可知,本区金矿具有2次以上的成矿作用。强硅化金矿化期,伴随着Ni、Co、B、K_2O、Cu、Sn、Zn、W、Na_2O、Bi等元素或氧化物的带出；金主成矿期,富含As、Au、Sb、(Se、Mo、Ag、Hg)的成矿热液沿断裂破碎带贯入成矿。根据成矿期元素组合特征,推断矿体属中—低温热液成矿。

(四)地质-地球化学找矿模型

鄱阳金家坞金矿地质-地球化学找矿模型见表3-44。

表3-44　江西鄱阳金家坞金矿地质-地球化学找矿模型表

地质条件	构造环境	本区地处扬子板块南缘之九岭-鄣公山隆起带东段,位于鄣公山巨型复背斜构造西端与景德镇深大断裂的交接部位;区域地层为一套广海相浊流沉积火山-碎屑类复理石建造,表现为一巨型复背斜构造(即鄣公山复背斜),双桥山群第三岩组为核部;受南北向挤压力作用,发育北东向斜冲断裂、韧性剪切带等系列大断裂,还发育部分北西向、近东西向、北东向次级断裂、剪切带等。与金矿化关系密切的主要为近东西向、北东向韧性剪切带和次级断裂
	岩石组合	区内大面积出露中元古界双桥山群第一、第二、第三、第四岩组,为一套广海相浊流沉积火山-碎屑类复理石建造,遭受区域变质作用,属绿片岩相。地层总体呈近东西走向,倾向北东或北西,倾角35°~80°,局部反倾;各岩组之间呈整合接触关系,岩性差异较小,不易区分。上白垩统赣洲组沿矿田南缘东西—北东向陷盆地分布,为陆相碎屑红层建造,面积较小;第四纪冲积物主要沿现代河谷、沟谷呈带状分布
	围岩蚀变	围岩蚀变分布在挤压破碎带内,以动力变质和热液变质为主,有硅化、黄铁矿化、绢云母化、绿泥石化、碳酸盐化等,偶见黄铜矿化。与金矿化关系密切的是硅化和中晚期黄铁矿化,硅化是金的载矿流体,黄铁矿则是金的直接载体,金赋存于其裂隙及晶格中
地球化学特征	区域地球化学特征	1. 处于Au、Cu、Sn、Mo、W、As、Sb等元素高背景分布区内; 2. 异常元素组合:As、Sb、Au; 3. 主成矿元素Au异常规模大,具三级浓度带特征
	矿床地球化学特征	1. 异常元素组合:Au、As、Sb、Pb、Zn等; 2. Au、As、Sb异常形态相似,浓集中心吻合,呈同心状分布;Ag、Pb、Zn异常相对弱,连续性差,分布零星; 3. 组分分带:Au、As、Sb、Ag、Pb、Zn具一定的水平分带性
盲矿预测示意图		金家坞金矿350线地表Au异常与深部bz1(Hg/Bi)值及盲矿预测图

四、福建省泰宁何宝山金矿床

(一)矿床基本信息

福建省泰宁何宝山金矿床基本信息见表3-45。

表 3-45 福建省泰宁何宝山金矿床基本信息表

序号	项目名称	项目描述
1	经济矿种	金
2	矿床名称	泰宁何宝山金矿床
3	行政隶属地	福建省泰宁县
4	矿床规模	中型
5	中心坐标经度	117°10′14″
6	中心坐标纬度	26°55′25″
7	经济矿种资源量	2.640 24t

(二)矿床地质特征

该矿床处于华南加里东褶皱系东部,武夷古弧盆系浦城-顺昌隆起中部、北东向崇安-石城构造带与近东西向泰宁-政和构造带的交会部位,长兴加里东期(志留纪横坑单元)钾长混合花岗岩内外接触带上,是福建省重要的金矿找矿远景区之一。区内广泛出露中元古代变质岩和极少量中生代红色碎屑岩,侵入岩也有大面积分布,地质构造复杂,混合岩化作用强烈。

本区属闽北地区金矿区划中的 IV1 成矿带 AV3 成矿预测区,处在北东向三湖-泰宁断裂带南西端的西北部位,三湖-泰宁断裂带是崇安-石城深大断裂带中段的重要组成部分。深断裂具有长期多旋回活动特点,继承性活动明显,深断裂控制了金矿的分布。

矿区出露地层为东岩组上段($Pt_{2-3}d$)的二长变粒岩和龙北溪组($Pt_{2-3}l$)黑云斜长变粒岩,石英片岩等。

矿体形态:矿体主要分布于变质岩的脆韧性构造带中,脉状为主,常成群分布;次为脉型分布于变质岩或混合岩中(图 3-34)。

(三)地球化学特征

1. 区域地球化学异常特征

矿床所处1:20万区域化探异常具有 Cu-Pb-Zn-Ag-Mn-Cd-W-Mo-Sn-Sb 等多元素组合特征(图3-35),其中金异常作为主成矿元素,异常面积大,含量高,极值达 $736×10^{-9}$,异常面积 73.41 km²(表3-46)。

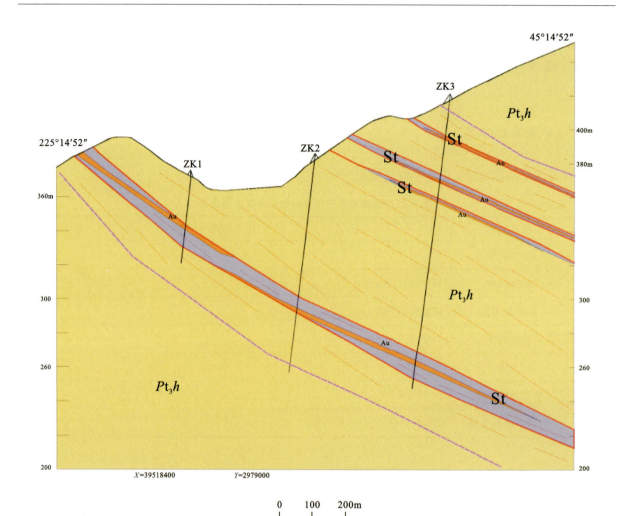

图 3-34 泰宁何宝山 208 线地质剖面图

Pt_3h：黄潭组变粒岩；St：脆韧性构造带

区域化探异常元素组合反映多成因矿化特征。作为主成矿元素，Au 异常规模大，元素含量高，可直接作为找金指示元素；Cu-Pb-Zn-Ag-Mn-Cd 异常与东岩组上段（$Pt_{2-3}d$）的二长变粒岩和龙北溪组（$Pt_{2-3}l$）黑云斜长变粒岩、石英片岩铅锌矿源层有关；W-Mo-Sn-Sb 反映了岩浆热液作用叠加。

表 3-46 何宝山金矿区域化探异常元素含量特征表

元素	异常面积（km²）	平均值	极大值
Cu	36.3266	32.1	47.9
Pb	75.7609	66.4	140
Zn	79.1769	137	214
W	64.4267	3.92	8.00
Mo	52.1589	2.10	7.80
Au	73.4173	81.8	736
Sn	43.8582	10.6	20.7
Ag	46.3916	154	240
Cd	21.5183	450	660
Sb	56.4272	0.30	0.50
Mn	93.8605	803	1310

注：Au、Ag、Cd 含量单位为 $\times 10^{-9}$，其他为 $\times 10^{-6}$。

第三章 重要矿种典型矿床地球化学特征及找矿模型

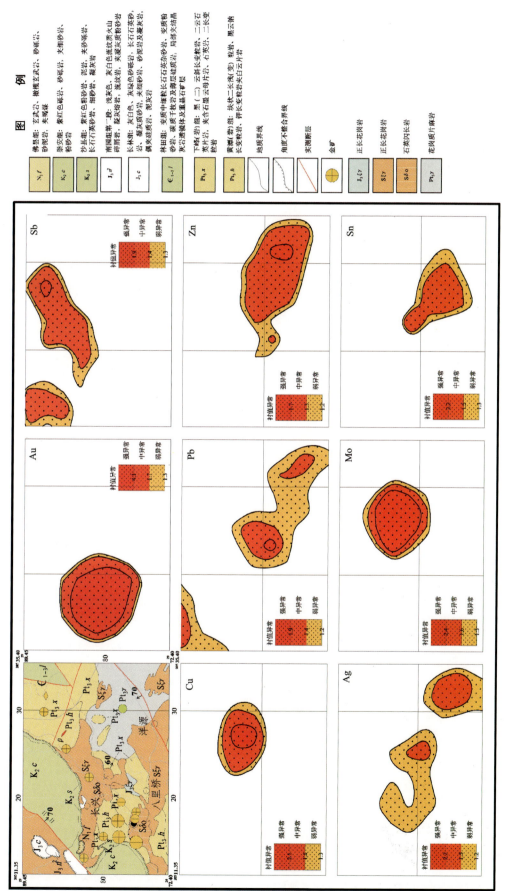

图 3-35 何宝山金矿区域化探异常剖析图

2. 矿区地球化学异常特征

何宝山矿区1∶5万土壤地球化学测量发现本区异常元素组合简单,矿区地表主要反映单金异常,呈纺锤形,面积为 $0.7km^2$,一般含量为 $(90\sim290)\times10^{-9}$,平均为 271.5×10^{-9},极大值为 975×10^{-9},衬度值为4.5。

3. 矿床地球化学异常特征

1∶1万土壤地球化学测量大于 70×10^{-9} 的异常范围与金矿化蚀变体基本吻合。何宝山矿段的异常规模较大,强度高,最高大于 300×10^{-9},其异常方向有北西向和北东向两组;梅桥矿段的异常方向主要为北东向。

(四)地质-地球化学找矿模型

通过典型矿床地球化学特征的分析研究,初步建立地质-地球化学找矿模型,见表3-47。

表3-47 泰宁何宝山金矿床地质-地球化学找矿模型表

分类		主要特征
地质成矿条件和标志	大地构造背景	华南加里东褶皱系东部,闽北隆起带浦城-顺昌隆起中部、北东向崇安-石城断裂带东侧,元古宙变质岩系
	变质建造/变质变形作用	本区经历了四堡期—晋宁期、扬子—加里东期的区域构造演化(褶皱、变质和岩浆活动)及海西期—印支期的强烈变形和动力学变质的基础上,印支期—燕山早期,岩浆热液作用下,部分地下水萃取地层中的Au元素,进入韧性剪切带中,部分进入较陡的破碎带中,形成了脆韧性剪切带中硅化岩型金矿体及小规模脉状充填脉型金矿体
	成矿构造	四堡期—晋宁期的火山沉积形成的金矿源体在加里东期变质及混合岩化,在韧性剪切带中相对富集,印支期—燕山期岩浆构造作用时活化,形成主要容矿构造
	围岩蚀变	矿体近矿围岩蚀变较为强烈,蚀变类型主要有黄铁矿化、硅化、绢云母化、绿泥石化、碳酸盐化等,具中低温蚀变矿物组合特点。尤以硅化、黄铁矿化、黄铜矿化蚀变与金矿化关系最为密切
	矿体形态	矿体主要分布于变质岩的脆韧性构造带中,脉状为主,常成群分布;次为脉型分布于变质岩或混合岩中
	矿物组合	原生矿石矿物成分较简单,以黄铁矿、黄铜矿为主,次为磁铁矿、闪锌矿、方铅矿、斑铜矿、磁黄铁矿,偶见银金矿、自然金。非金属矿物原生矿物有钾长石、斜长石、黑云母、白云母及原生石英,次生矿物有次生石英、绢云母、方解石、绿泥石。矿石有用组分Au
	结构构造	矿石结构类型主要有自形—半自形粒状、他形粒状结构、聚粒镶嵌结构、碎粒结构,少见乳滴状结构、包含结构、交代残余结构,偶见针状结构等;矿石构造有斑点-斑杂状构造、块状构造、不规则脉状、团块状构造、脉状-网脉状构造、浸染状构造、细脉浸染状构造,少数为角砾状构造
地球化学特征	区域地球化学异常特征	1. 为Au-Cu-Pb-Zn-Ag-Mn-Cd-W-Mo-Sn-Sb等多元素组合异常; 2. Au为主成矿元素,异常规模大,其他元素为伴生元素,含量低缓,规模小; 3. Au异常主要位于北东侧,其他元素套合分布于其南东侧,略具分带
	矿床地球化学异常特征	1. Au异常规模大,元素组合较单一; 2. Au异常具明显三级浓度分带特征; 3. 异常主要呈带状展布,受断裂构造控制

第四节 银矿床

一、安徽省池州市许桥银矿床

(一)矿床基本信息

安徽省池州市许桥银矿床基本信息见表 3-48。

表 3-48 安徽省池州市许桥银矿床基本信息表

序号	项目名称	项目描述
1	经济矿种	银、铜、铅、锌
2	矿床名称	安徽省池州市许桥银矿床
3	行政隶属地	安徽省池州市
4	矿床规模	中型
5	中心坐标经度	117°41′07″
6	中心坐标纬度	30°38′01″
7	经济矿种资源量	银金属量 240.45t,铜 1461.97(1746t/913kt);铅 16 192.36(16 030t/958kt);锌 29 227.04(28 831t/958kt)

(二)矿床地质特征

该矿区位于长江中下游铜、铁、金成矿带贵池-青阳多金属矿化区段内的次级云山背斜南西倾伏端核部;青阳、花园巩、茅坦 3 个燕山期中酸性—碱性岩体所夹持的带状地域中。区内云山背斜的地层自下奥陶统至下志留统,厚 1000~1500m。下、中、上奥陶统多为介壳相碳酸盐岩建造,顶部有少量笔石相硅碳质泥岩建造,下志留统为笔石相砂岩与页岩互层,各统间地层均呈整合接触。

银矿床位于扬子地层区下扬子地层分区芜湖-石台地层小区。出露有下奥陶统仑山组(O_1l),中奥陶统汤山组(O_2t)[红花园组(O_1h)-牯牛潭组(O_2g)]、宝塔组(O_2b),上奥陶统汤头组(O_3tt)、五峰组(O_3w)以及下志留统高家边组(S_1g)及第四系(Q)。

构造主要沿云山背斜核部有众多中酸性小岩体侵位,且伴有多处银、铅、锌、铜、钼、金等矿化。成矿区段呈带状展布,明显受区域北东向构造-岩浆岩带控制。矿区内的北西向横断层、北东向纵断层、北北东向斜断层,为印支期断裂,燕山期再活动,具多期次活动的特点,并联合控制岩浆岩的侵入及分布,为含矿热液的运移提供了通道。

矿区内侵入岩以中酸性岩浆岩为主,均为燕山期侵入,属中深成相。与成矿有关的岩体为燕山晚期形成的分水岭石英闪长岩体,呈不规则岩枝状产出,中—细粒结构,块状构造。在岩体与灰岩接触的接触带上,灰岩具矽卡岩化和强烈的大理岩化,在接触带附近的岩体中具辉钼矿化,局部形成辉钼矿体。

本区银矿床是一个以银为主的多金属矿床,主要元素为银,并共(伴)生铅锌铜钼及金和镉等伴生有益组分。共有银矿体 27 个,钼矿体 5 个。银矿体主要集中在 24—26 线,钼矿体分布在 26—29 线。主要银矿体有 5 个,分别为 1 号、2 号、6 号、20 号、22 号矿体,其中又以 2 号银矿体规模最大。矿化带长 600m,宽 300m,延深 400m,矿体形态为脉状、透镜状;矿体走向 290°～320°,倾向北东,倾角 60°～85°;矿体长 30～240m,厚 0.8～12.81m,规模较小。矿化水平分带(由岩体向围岩)Mo—Fe(黄铁矿)—Ag、Pb、Zn、Cu。矿化垂直分带(自下往上)Mo—Ag、Fe(黄铁矿)—Ag、Cu、Pb、Zn。在 −100m 标高以上以银铅锌矿体为主,在 −100m 标高以下以银铜矿体为主;且银铜矿体位于靠近分水岭石英闪长岩一侧,银铅锌矿体位于稍远于岩体的一侧。

(三)地球化学特征

区域地球化学异常特征

区内 1∶20 万水系沉积物地球化学测量各元素平均值与中国水系沉积物元素含量平均值相比,池州许桥银矿区 1∶20 万水系沉积物明显富集 Au、Sb、Ag、Bi、Cd、Pb、Hg、Cu、As、Mo、W、Zn、Sn、Nb、Th、La、Mn、U、Zr 等元素,其富集系数大于 1.30。即池州许桥银矿区水系沉积物在高温成矿元素中明显富集 Bi、Mo、W、Sn;在中温成矿元素中明显富集 Au、Pb、Cu、Zn、Cd;在低温成矿元素中明显富集 Sb、Ag、Hg、As。池州许桥银矿区存在明显异常的元素有 Ag、Pb、Sb、Zn、Cu、Mo、As、Au(图 3-36)。

(四)地质-地球化学找矿模型

综合上述矿床地质特征和地球化学特征,安徽省池州市许桥银矿矿床的地质-地球化学找矿模型可简化如表 3-49 所示。

表 3-49 安徽省池州市许桥银矿床地质-地球化学找矿模型表

分类	项目名称	项目描述
地质特征	矿床类型	中低温热液型
	矿区地层与赋矿建造	矿区出露有下奥陶统仑山组(O_1l),中奥陶统汤山组(O_2t)(红花园组—牯牛潭组)、宝塔组(O_2b)、上奥陶统汤头组(O_3tt)、五峰组(O_3w);下志留统高家边组(S_1g)及第四系(Q)。奥陶纪碳酸盐岩地层化学性质活泼易于中酸性岩浆岩进行双交代,利于矿质沉淀。碳酸盐岩地层中 Pb 含量高,并有较高的 Ag、Sb 含量,可作为成矿的矿源层,为成矿提供了部分物质来源
	矿区岩浆岩	矿区内侵入岩以中酸性岩浆岩为主,主要包括花岗岩、石英闪长岩、闪长玢岩,呈岩基、岩枝状产出;次为基性辉绿岩岩脉。均为燕山期侵入,属中深成相
	矿区构造与控矿要素	属扬子陆块下扬子地块(前陆带)沿江褶断带,许桥银矿处在其中的贵池背向斜带吴田铺-洞里章背斜中。区域性断裂包括东西向周王断裂、南北向铜陵-九华山断裂、北东向高坦断裂、燕山期断裂活动强烈。盖层断裂主要是印支期形成的与褶皱构造相配套的北东向断层、北西向横断层、北北东向斜断层等,在燕山期有不同程度的复活。区域大断裂及盖层断裂控制区内的岩浆活动。 许桥-灰山背斜属吴田铺-洞里章背斜的北东段,为印支期褶皱,背斜北西翼发育有燕山期次级褶皱,主要包括分水岭背斜和人形山向斜。矿床即位于分水岭背斜轴部及翼部附近的裂隙构造中。 矿区内的北西向横断层、北东向纵断层、北北东向斜断层,为印支期断裂,燕山期再次活动,具多期次活动的特点,并联合控制岩浆岩的侵入及分布,为含矿热液的运移提供了通道。 矿区内节理发育,主要包括近南北向、近东西向、北东向、北西向 4 组

续表 3-49

分类	项目名称	项目描述
地质特征	矿体空间形态	许桥银矿床是一个以银为主的多金属矿床，主要元素为 Ag，并共（伴）生 Pb、Zn、Cu、Mo 及 Au 和 Cd 等伴生有益组分。共有银矿体 27 个，钼矿体 5 个。银矿体主要集中在 24—26 线，钼矿体分布在 26—29 线。主要银矿体有 5 个，分别为 1 号、2 号、6 号、20 号、22 号矿体，其中又以 2 号银矿体规模最大。 矿化带长 600m，宽 300m，延深 400m，矿体形态为脉状、透镜状；矿体走向 290°～320°，倾向北东，倾角 60°～85°；矿体长 30～240m，厚 0.8～12.81m，规模较小
	矿石类型	工业类型：银铅锌矿石、银铜矿石； 自然类型：方铅矿-闪锌矿矿石、黄铁矿-黝铜矿矿石
	矿石矿物	主要金属矿物有黄铁矿、闪锌矿、方铅矿、黝铜矿、黄铜矿、辉钼矿，次要矿物为车轮矿、辉铜矿、白铅矿、块硫锑矿、硫铋锑铅矿、菱锌矿、磁黄铁矿、磁铁矿、辉银矿、碲银矿、自然银、斑铜矿、铜蓝、毒砂、硫砷铜矿等
	矿化蚀变	主要为硅化、方解石化、白云石化、绿泥石化，其中硅化、粗晶方解石化与银矿化密切相关
地球化学特征	区域地球化学异常特征	1. 处于 Au、As、Ag、Zn、Sb、Pb、Mo、Cu 高背景带上； 2. 异常元素组合：Ag、Pb、Sb、Zn、Cu、Mo、As、Au
	矿床地球化学异常特征	1. 异常元素组合：Ag、Cu、Sb、As、Pb、Zn 等； 2. Ag、Cu、Pb、Zn 异常相互套合，具明显浓集中心，异常规模大，显示主成矿元素异常特征

二、浙江省新昌县后岸银矿床

（一）矿床基本信息

浙江新昌县后岸银矿基本信息见表 3-50。

表 3-50　浙江新昌县后岸银矿基本信息表

序号	项目名称	项目描述
1	经济矿种	银矿
2	矿床名称	浙江省新昌县后岸银矿
3	行政隶属地	浙江省新昌县
4	矿床规模	小型
5	中心坐标经度	120°57′39″
6	中心坐标纬度	29°27′20″
7	经济矿种资源量	银累计查明储量 114.0t，保有储量 114.0t；铅累计查明储量 2495t，保有储量 2495t；金累计查明储量 135.6kg，保有储量 135.6kg；锌累计查明储量 5245t，保有储量 5245t；铜累计查明储量 1156t，保有储量 1156t

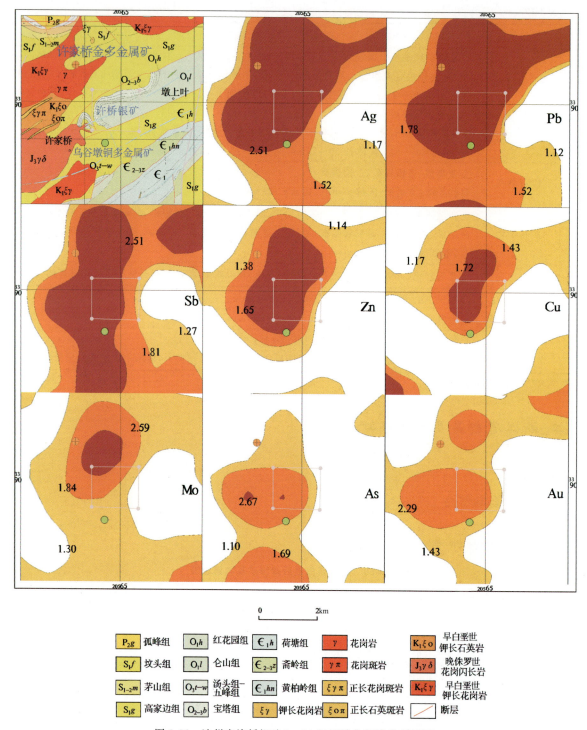

图 3-36　池州市许桥银矿 1∶20 万区域化探异常剖析图

(二)矿床地质特征

该矿床位于丽水-余姚深断裂带东侧的新昌早白垩世火山洼地内,拔茅火山机构的近中心部位,后岸火山通道西侧。区域上属浙东南隆起区丽水-宁波隆起带新昌-定海断隆。

矿区为在晚侏罗世火山岩基底上形成的早白垩世火山洼地,洼地中出露地层为下白垩统朝川组,下部由沉积岩、凝灰角砾岩、集块岩夹多层安玄岩或安山岩组成,上部为英安质晶屑凝灰岩和流纹岩组成。馆头组仅在洼地边缘局部出露。朝川组是矿床主要赋矿岩系。

矿区侵入以中酸性侵出相的次火山岩为主,呈现由中性向酸性演化的规律。

矿区构造:矿区位于拔茅火山机构的南东部位,矿体(矿化带)就赋存于后岸火山通道(安山玢岩)西侧的北北东向张性断裂及次级张性裂隙中。控矿断裂长大于800m,倾向南东,倾角66°~70°,延深大于350m。

矿床中已发现4个银矿体均赋存在朝川组含集块凝灰角砾岩中,近南北向张性断裂及其旁侧的次级裂隙中,贴近后岸火山通道相安山玢岩岩筒。1号矿带为主矿带,出露长约400m,走向南北向,倾向东,倾角47°~60°。Ⅰ-2号矿为最大矿体,矿体平均厚度3.63m,平均Ag品位264.68×10^{-6},最大延深263m。矿体呈右行雁列状,产于强硅化交代石英岩中。

矿体主要组分具有垂向分带:(自上而下)Ag(Au)—Ag、Zn(Au、Pb、Cu)—Ag、Cu(Zn、Pb)—(Zn、Pb),如表3-51所示。

表3-51 后岸矿床组分垂向分带(据梁修睦,1992)

矿化分带		海拔(m)	Ag($\times10^{-6}$)	Cu(%)	Pb(%)	Zn(%)
氧化带	Ag(Au)	200	129.65			
硫化带	Ag、Zn(Au、Pb、Cu)	120	283.79	0.14	0.33	2.14
	Ag、Cu	35	689.47	0.92	0.41	0.54
	(Zn、Pb)	−35	168.80	0.92	0.72	0.77
	(Zn、Pb)	−180		矿化		

(三)地球化学特征

1. 矿区地球化学异常特征

按照1∶5万化探数据累频的85%、95%、98%截取异常下限和异常分级(表3-52)。矿区内Ag、Cu、Pb、Zn、Au均有不同程度的异常显示(图3-37)。Au、Pb、Zn元素浓集中心与矿床位置对应较好,其中Au元素有内带异常显示,Pb、Zn元素异常显示较弱(外带);Cu、Ag、Pb元素矿区外围有较强(内带)的异常显示,异常面积较大;异常基本呈孤岛状、串珠状展布。各元素空间上总体呈现Pb(Zn)、Au—Cu、Ag的异常分带特征。

表3-52 新昌后岸银矿典型矿床区域地球化学异常参数特征

异常分带	外带(下限)	中带	内带
元素	85%累频	95%累频	98%累频
Ag($\times10^{-9}$)	10.9	43.4	69.8
Cu($\times10^{-6}$)	43.4	67.2	80.8
Pb($\times10^{-6}$)	48.0	114.5	299.2
Zn($\times10^{-6}$)	120.9	178.9	278.2
Au($\times10^{-9}$)	1.0	1.6	2.2

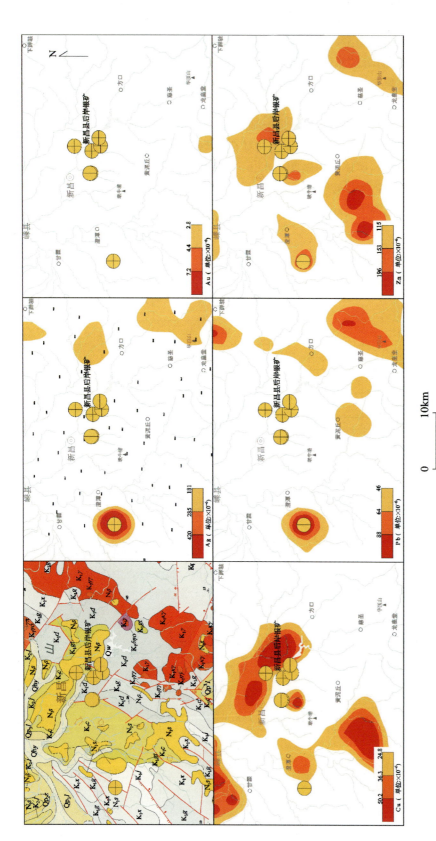

图 3-37 浙江省新昌后岸典型矿床所在位置1:5万地球化学异常剖析图

2. 矿床地球化学异常特征

矿区 Ag、Pb、Zn 土壤金属量测量综合异常呈南北向展布,面积 $1.5\sim2km^2$,各元素异常套合较好,Ag 异常范围大,浓集中心明显,分带清晰;地表原生晕异常分布范围窄,呈线型或线状带型,矿化元素浓集明显且具一定的水平分带性,由内向外依次为 Zn、Mn、Pb、Cu—Mo、Ag、Au—Hg、Bi、Sb、As,垂向上前缘元素为 As、Hg、Au,中间元素为 Ag、Sb、Cu,尾部元素为 Pb、Zn。

3. 岩石地球化学异常特征

根据所收集资料,整理新昌后岸银矿 4 号勘探线原生地球化学异常图(图 3-38),得到 Ag、Cu、Pb、

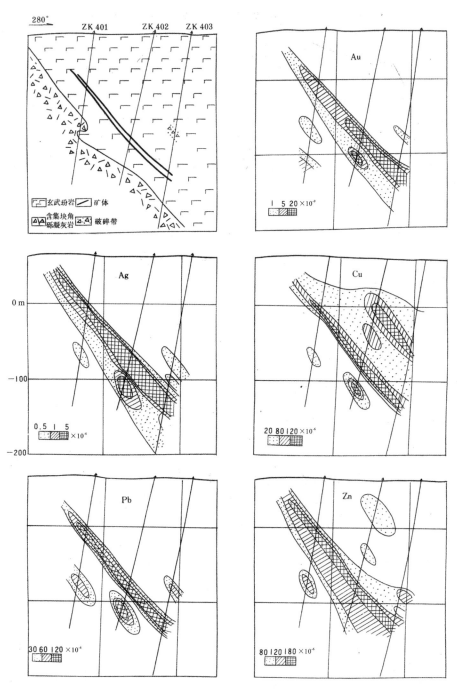

图 3-38 新昌后岸银矿 4 号勘探线原生地球化学异常剖析示意图

Zn、Au 元素展布特征如下：主要成矿元素 Ag、Au 异常严格沿控矿构造呈长条状分布，从矿体向两侧依次发育异常内、中、外带，异常中心与矿体位置吻合，是反映矿体空间位置的直接指示元素。Cu、Pb、Zn 异常为火山岩型金银矿床的主要伴生元素，异常多沿控矿断裂呈长条状或透镜状展布，异常中心与矿体位置吻合，Zn 异常范围相对比 Cu、Pb 异常范围宽，但总体上三者仍是金银矿体的近矿指示元素。

区内 Ag、Cu、Pb、Zn、Au 元素异常在矿区范围内呈串珠状或孤岛状的近南北向展布，反映了区内近南北向断裂构造的控岩控矿特性。根据典型矿床上 Ag、Cu、Pb、Zn、Au 元素异常浓度高，且套合程度高，因此将 Ag-Cu-Pb-Zn-Au 综合异常作为火山岩型银矿必要的地球化学预测要素。

（四）地质-地球化学找矿模型

通过对典型矿成矿的地质背景、控矿因素和矿床特征等综合研究，认为新昌后岸银矿的形成主要与上白垩统朝川组火山岩和火山构造密切相关，根据对成矿的控制程度划分了必要、重要、次要 3 个类别，详见成矿要素表 3-53。

表 3-53　浙江省新昌后岸银矿地质-地球化学找矿模型表

成矿要素		描述内容	
探明银资源量	105.3t	平均品位（$\times 10^{-6}$）	149～286
特征描述		火山热液充填（交代）型银铅锌多金属矿	
地质特征	围岩条件	下白垩统朝川组：下部为沉积岩、凝灰角砾岩、集块岩夹多层安玄岩或安山岩，上部为英安质晶屑凝灰岩和流纹岩	
	成矿年代	矿化交代石英岩（K-Ar 法）84.7～74.9Ma； 矿化安山玢岩（K-Ar 法）75.4Ma	
	构造背景	浙东南隆起区丽水-宁波隆起带新昌-定海断隆	
矿床特征	矿物组合	辉银矿、银金矿、角银矿、自然银、辉银矿、螺状硫银矿；黄铜矿、闪锌矿、方铅矿、黄铁矿	
	结构构造	半自形—自形晶粒结构，脉状、角砾状、团块状、浸染状构造	
	蚀变	强硅化带（矿化交代石英岩带）-黄铁绢英岩带-绢云母化带-碳酸盐化、绿泥石化带	
	矿化	石英脉型 Ag-Pb-Zn 矿化	
	控矿条件	火山构造；中基性火山活动；南北向断裂带	
	矿体形态	断续脉状、雁列脉状	
	伴生矿种	铅锌矿	
地球化学特征	区域地球化学异常特征	1. 元素组合：Ag、Cu、Pb、Zn、Au； 2. 各元素空间上总体呈现 Pb(Zn)、Au—Cu、Ag 的异常分带特征； 3. 主成矿元素 Au 异常规模大，异常特征明显	
	矿区地球化学异常特征	1. 元素组合：Ag、Au、、Zn、Pb、Cu； 2. 组分分带（垂向）：Ag(Au)—Ag、Zn(Au、Pb、Cu)—Ag、Cu(Zn、Pb)—(Zn、Pb)	

（五）地质-地球化学成矿模式

新昌后岸银矿为火山热液矿床，赋矿层位上白垩统朝川组，其控矿构造为拨茅火山机构，北东向断裂容矿，火山热液经断裂向上，交代成矿，自头部向根部形成银（金）、银锌（金铅铜）、银铜（锌铅）和锌

（铅）。新昌后岸银矿成矿模式图见图3-39。

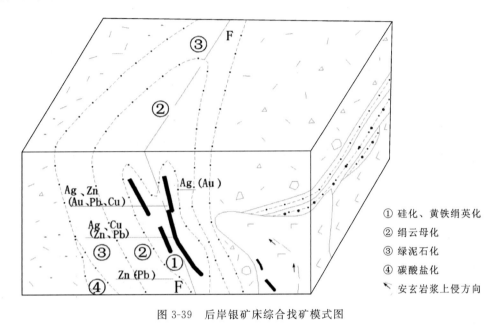

图3-39 后岸银矿床综合找矿模式图

三、福建省武平悦洋银矿床

（一）矿床基本信息

福建省武平悦洋银矿床基本信息见表3-54。

表3-54 武平悦洋银矿床基本信息表

序号	项目名称	项目描述
1	经济矿种	银矿
2	矿床名称	武平悦洋银矿
3	行政隶属地	福建省武平县
4	矿床规模	大型
5	中心坐标经度	116°21′35″
6	中心坐标纬度	25°10′10″
7	经济矿种资源量	累计查明银矿石量 7227.02×10^3 t，银金属量 1659.59t，银平均品位 133.50×10^{-6}（据 2009 年储量汇总表）

（二）矿床地质特征

悦洋矿区位于北西向上杭-云霄断裂带与北东向连城-上杭断褶带的宣和复背斜交会处，上杭断陷盆地北缘。

矿区地层较简单，主要出露南华系楼子坝组浅变质岩（Nhl）和下白垩统石帽山群（黄坑组和寨下组)火山岩盖层。

矿区岩浆活动强烈,早期主要是岩浆侵入,后期表现为大规模的火山喷发。矿区主要发育燕山期紫金山复式岩体花岗岩,以中粗粒花岗岩、中细粒花岗岩和细粒花岗岩为主,是矿区最主要赋矿围岩。同时早白垩世火山活动强烈,形成了石帽山群厚大的火山碎屑熔岩,早期偏中性、晚期为酸性。

矿区构造以断裂为主,褶皱不发育。断裂构造按其走向可分为北西向、北东东向及北东向3组,其中以北西向断裂构造最为发育,它是基底构造的继承、复活。3组断裂都以硅化角砾岩带为特征。特别是由悦洋-金狮寨断裂与石北坑断裂夹持的地堑范围是矿体分布范围。

矿区岩石普遍强烈蚀变,其种类有硅化、水云母化、绢云母化、黄铁矿化、红化、地开石化、冰长石化、绿泥石化、碳酸盐化,偶见明矾石化,以前4种为主要蚀变。根据蚀变矿物共生组合关系,可分为硅化-黄铁矿化、硅化-绢云母化-黄铁矿化、硅化-水云母化-黄铁矿化、硅化-水云母化-地开石化、硅化-绢云母化-地开石化、水云母化-碳酸盐化、硅化-绢云母化-绿泥石化等,以前3种蚀变组合与金属矿化关系密切。

区域化探异常同属紫金山综合异常带内,Au、Ag、Cu、Mo、Sn、Bi、As、Sb、Pb、Zn等多元素组合异常规模巨大,经证实为矿田异常。银矿床即分布于该矿田异常中。

矿体埋藏较深,主要在中、细粒花岗岩"舌状体"中及其上、下接触界面附近成群出现,金、银、铜在空间上有重叠交叉现象。银、铜主要矿体呈似层状,平行大脉或大扁豆状(图3-40),矿体沿走向一般100~300m,最大长700m,宽度一般500~1000m,最宽1500m。

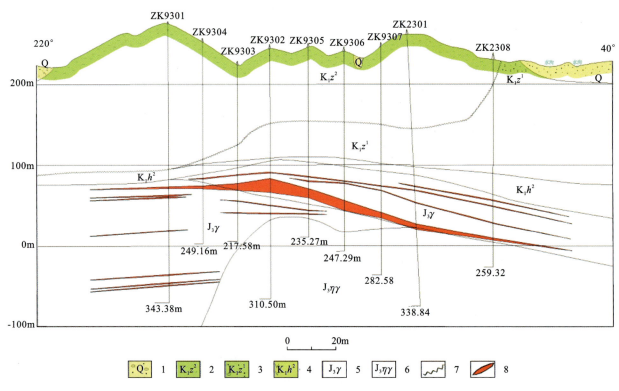

图3-40 武平悦洋矿区西矿段银多金属矿93号勘探线剖面图

1.第四系;2.下白垩统寨下组中段:灰白色流纹岩夹含砾粗砂岩、砂砾岩;3.下白垩统寨下组下段:紫灰色凝灰质含砾粗砂岩、砂砾岩夹粉砂岩;4.下白垩统黄坑组上段:紫灰色角闪粗安岩、局部英安岩;5.上侏罗统花岗岩;6.上侏罗统二长花岗岩;7.不整合地质界线;8.矿体

矿区圈出的矿体数量多,铜矿体30个,银矿体30个,但主矿体铜有3个,银4个,分别占铜、银矿总储量的52%和80.3%。矿体产状走向一般以310°~330°为主,倾向北东或北西,倾角小于30°。金矿体规模小、形态多变、品位、厚度变化大。

其成因类型初步认为属于与火山-次火山作用有成因联系的中高—中低温热液硫化矿床,即陆相火山岩型。

(三)地球化学特征

1. 区域地球化学异常特征

武平悦洋陆相火山-次火山岩型银矿处于长汀-上杭被动陆缘 V-3-4(Nh—O)地质构造区内,与全国相比较,Ag、Pb、W、Sn 高,其他元素低;与全省背景值相比较 Au、Cu、W、Sn 高,其他元素低(表3-55)。

矿床所处 Ag>149.0×10^{-9} 高背景区分布面积达 $3200km^2$;Au>1.6×10^{-6} 高背景分布面积 $1184km^2$。而矿床所在点是高背景区中的局部突起部位。

表 3-55　长汀-上杭被动陆缘 V-3-4(Nh—O)构造区主要成矿元素含量特征表

大地构造分区	Ag	Au	Cu	Pb	Zn	W	Mo	Sn	Mn
武夷-云开造山系V(全省)	105.1115	1.0136	9.6031	41.1262	76.6082	3.2382	1.2735	5.2375	586.3676
全国	80.0	1.3	21.56	25.96	68.47	2.19	1.23	3.43	678
长汀-上杭被动陆缘-3-4)(Nh—O)	97.7597	1.0396	10.0675	36.2556	67.3177	3.8173	0.9503	5.6738	474.0328

注:Au、Ag 含量单位为$\times10^{-9}$,其他的为$\times10^{-6}$。

1∶20 万区域化探异常元素组合为 Cu-Mo-Au-Pb-Zn-W-Ag-Bi-Sn-Cd-As-Sb,异常分布面积 $152km^2$,在区域上该异常呈岛状展布,多元素套合程度高,浓集中心明显,形成非常醒目的地球化学异常。

区域异常分布形态主要有两组:一是北东展布的为 Cu-Mo-Pb-W-Bi,长约 10km,宽 5km,与紫金山复式岩体范围基本一致,受岩体和北东向构造控制;二是东西向展布的为 Au-Ag-Sn-As-Sb,长 5~7km,宽 3~4km,异常除与复式岩体有关外,还与火山机构有关,显示了近东西向基底构造对异常的控制作用。其元素组合分布特征也反映了区内多组构造控矿和多期成矿的控矿因素。

2. 矿区地球化学异常特征

1∶5 万区域地球化学异常与 1∶20 万区域化探异常有继承性关系。同样形成大规模分布的为 Cu-Mo-Au-Pb-Zn-W-Ag-Bi-Sn-Cd-As-Sb 组合异常,其主要成矿元素异常规模大,其中 Ag 异常面积 $26.87km^2$,平均值 1.00×10^{-6},极大值 15.0×10^{-6},同时从异常剖析图(图3-41)上可以看出,主要元素异常规模大,元素组合复杂,套合程度高。

(四)地质-地球化学找矿模型

地球化学特征上主要表现为矿床处于区域元素地球化学高背景区。区域化探异常元素组合复杂,主成矿元素异常规模大,含量值高,浓集中心明显,反映矿田异常特征。同时反映了本区在不同成矿作用中形成不同的元素组合,形成区域性组分分带,而本矿床处于上杭紫金山铜、金、钼、银系列成矿作用矿田中的南西段低温成矿部位。

通过典型矿床地球化学特征研究,归纳总结武平悦洋陆相火山-次火山岩型银矿典型矿床地质-地球化学模型,见表 3-56。

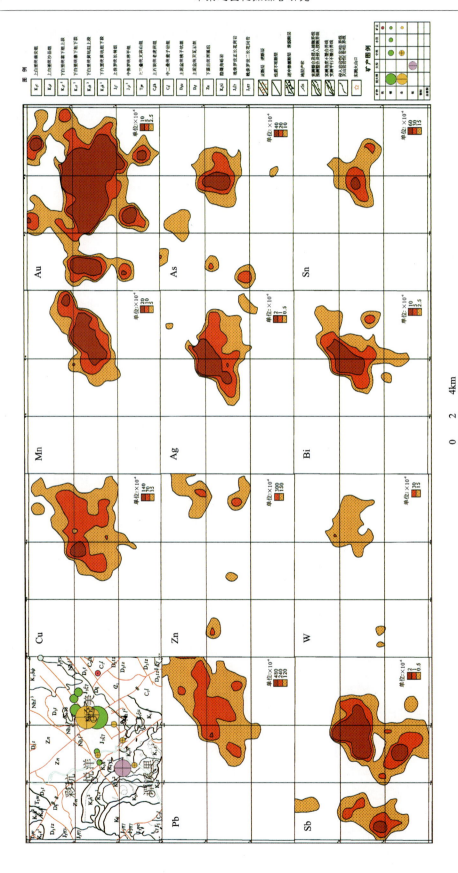

图 3-41 武平悦洋银矿 1:5 万化探异常剖析图

表 3-56　福建省武平悦洋银矿床地质-地球化学找矿模型表

分类		主要特征
地质成矿条件和标志	成矿时代	K_1？
	含矿岩系时代	J_3、K_1
	成因类型	初步认为属于与火山-次火山作用有成因联系的中高—中低温热液硫化矿床，即陆相火山岩型
	共生矿产	Au、Cu
	岩浆建造	早侏罗世的中粗粒花岗岩、中细粒花岗岩和细粒花岗岩建造
	成矿构造	成矿构造主要发育于中细粒、中粗粒花岗岩中，受"向型"基底控制，走向近东西，倾向南东或北西，倾角总体较缓，断裂中普遍有较强的硅化蚀变
	成矿特征 矿体形态	矿体形态呈不规则透镜状、透镜状
	成矿特征 矿物组合	金属矿物主要有自然银、自然金、辉银矿、黄铜矿，少量斑铜矿、方铅矿、闪锌矿等；非金属矿物主要有微晶石英、玉髓、水云母等
	成矿特征 结构构造	矿石结构主要有自形粒状结构、半自形粒状结构、他形粒状结构、交代熔蚀结构、包含结构等；矿石构造有斑杂状构造、浸染状构造、团块状构造、星点状构造以及稠密浸染状构造等
	围岩蚀变	主要蚀变为硅化、水云母化、黄铁矿化、绢云母化、绿泥石化、地开石化、冰长石化和碳酸盐化硅化、黄铁矿化、绿帘石化、叶蜡石化、褐铁矿化等
地球化学特征	区域地球化学特征	1. 矿床处于长汀-上杭被动陆缘V-3-4(Nh—O)地球化学高背景区内； 2. 元素组合：AgAuSbBiCuPbZn； 3. 分带（由南西往北东）：As-Sb—Ag-Au-Cu-Pb-Sn—Mo-Cu-Bi-W-Zn；悦洋处于南西段（矿田中的低温成矿部位）
	矿区地球化学特征	1. 元素组合：PbZnAgBiAuCu； 2. 水平分带（南西至北东）：PbZn—SbBi—AuCu—Ag； 3. 垂直分带（上至下）：PbZn—AuAgBiAsSb—CuAgBi—WMo

第五节　钨矿床

一、安徽省祁门县东源钨（钼）矿床

（一）矿床基本信息

安徽省祁门县东源钨（钼）矿床基本信息见表 3-57。

表 3-57 安徽省祁门县东源钨(钼)矿矿床基本信息表

序号	项目名称	项目描述
1	经济矿种	钨矿
2	矿床名称	安徽省祁门县东源钨(钼)矿
3	行政隶属地	安徽省祁门县
4	矿床规模	大型
5	中心坐标经度	117°37′49″
6	中心坐标纬度	29°58′05″
7	经济矿种资源量	WO_3资源量 $6.54×10^4$ t

(二)矿床地质特征

祁门东源钨矿床地处安徽南部,属扬子准地台江南隆起带东段,其区域构造位置属于障公山东西向构造带(即江南古陆的东段)的北缘。

区内基底地层出露上溪群牛屋组、大谷运组以及历口群镇头组、邓家组、铺岭组。前者属于弧后盆地沉积,后者属于前陆磨拉石盆地沉积。震旦纪至早古生代盖层为扩张盆地沉积,主要岩石类型为钙泥质-碳酸盐岩、含碳泥岩及黑色碳质硅质泥岩等,形成了区内广泛出露的蓝田组海相碳酸盐岩沉积和荷塘组黑色岩系。该套地层中相对富集 Ag、Cu、W、Mo、Ni、V、Zn 等金属元素,是区内重要的控矿赋矿层位。

中生代岩浆活动在区内十分发育,主要见有近东西向展布的深熔型花岗闪长岩-花岗岩带及受断裂控制的同熔型花岗闪长斑岩-石英闪长玢岩小岩株、小岩枝、小岩瘤等,它们与区内 Pb、Zn、Ag 及 Cu、Au 成矿作用关系十分密切,是区内重要的含矿岩体。

矿区出露的地层主要有中元古界木坑组和牛屋组,青白口系邓家组,南华系休宁组,震旦系蓝田组。其中,牛屋组下段与成矿较密切。

矿区构造发育,主要由牛屋组、木坑组组成的复式褶皱及断层组成。区内褶皱为古溪-朱家尖倒转背斜和花子岭似短轴褶皱。古溪-朱家尖倒转背斜褶皱轴线呈 80°～85°延伸,但在朱家尖附近逐渐折向西南(为西反射弧的北部显示处)。全长约 20km,东宽 5km,西宽 3km,分别向东和西、西南倾伏。北部尚有一小分支背斜。由木坑构成轴部,牛屋组下段为翼部。花子岭似短轴褶皱平面形态呈长卵形,长轴呈北东东向延伸,分别向两端倾伏,轴部地层为木坑组,翼部为牛屋组,但南北两侧均被断层破坏。区内断裂构造比较发育,有一系列互相平行的逆断层、逆掩断层、挤压片理带和近乎垂直前弧的正断层。

区内岩浆岩发育,共有 3 个小岩体,分别为东源岩体、西源岩体和江家岩体,其中东源岩体周边还有几个小的卫星岩体出露,可以推断,在东源岩体边缘还有隐伏岩体分布。几个岩体的岩性特征基本相似,主要为花岗闪长斑岩,东源岩体从蚀变特征分析,具有多期活动的特征。区内东源花岗闪长斑岩岩体与成矿关系较密切。

矿区矿体主要发育在东源花岗闪长斑岩体内,白钨矿体呈面状或带状产于岩体中—浅部。矿床类型为斑岩型。矿石类型主要有两种,即细脉浸染状和浸染状矿石。据钻孔资料验证,整个东源岩体为全岩矿化,同时存在带状富集的特征,从已有的钻孔成果分析,白钨矿矿化在浅部比深部更加富集。

除白钨矿外,区内还存在辉钼矿化。且白钨矿与辉钼矿是共生或伴生关系,随深度变化,它的富集程度与白钨矿矿化主要呈现互为消长关系,一般钻孔深部比浅部更加富集。

(三)地球化学特征

1∶20万水系沉积物各元素含量与中国水系沉积物元素含量相比,祁门东源钨矿区1∶20万水系沉积物明显富集 Sn、W、Ag、Mo、Bi、Hg、Cd、Zn、As、Cu、Mn、Li、Be、Ba、Nb、Ti 等元素,其富集系数大于1.20。即祁门县东源钨(钼)矿区水系沉积物在高温成矿元素中明显富集 Sn、W、Mo、Bi;在中温成矿元素中明显富集 Cu、Zn;在低温成矿元素中明显富集 Ag、Hg、As 等。在东源矿区存在 W、Mo、Bi、Ag、As、Zn 等元素地球化学异常(图3-42),其中 W、Mo、Bi 内、中、外带异常明显,Ag、As 存在中带、外带异常。

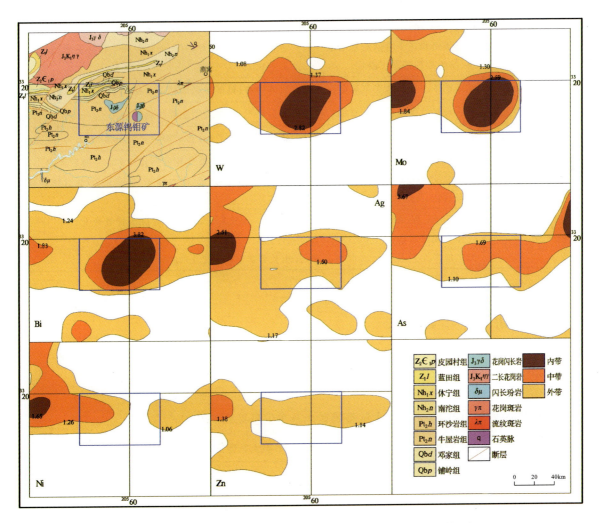

图 3-42　安徽省祁门县东源钨(钼)矿 1∶20 万区域化探异常剖析图

(四)地质-地球化学找矿模型

综合上述矿床地质特征和地球化学特征,安徽省祁门县东源钨(钼)矿床的地质-地球化学找矿模型可简化如表 3-58 所示。

表 3-58　安徽省祁门县东源钨(钼)矿床地质-地球化学找矿模型表

分类	项目名称	项目描述
地质特征	矿床类型	热液型
	矿区地层与赋矿建造	矿区出露的地层主要有中元古界环沙组和牛屋组,青白口系邓家组,南华系休宁组,震旦系蓝田组。其中,牛屋组下段与成矿关系较密切
	矿区岩浆岩	区内岩浆岩发育,共有3个小岩体,分别为东源岩体、西源岩体和江家岩体,其中东源岩体周边还有几个小岩株出露,可以推断,在东源岩体边缘还有隐伏岩体分布。几个岩体的岩性特征基本相似,主要为花岗闪长斑岩,东源岩体从蚀变特征分析,具有多期活动的特征。区内东源花岗闪长斑岩岩体与成矿关系较密切
	矿区构造与控矿要素	矿区构造发育,主要由牛屋组、环沙组组成的复式褶皱及断层组成。区内褶皱为古溪-朱家尖倒转背斜和花子岭似短轴褶皱。区内断裂构造比较发育,有一系列互相平行的逆断层、逆掩断层、挤压片理带和正断层
	矿体空间形态	矿区矿体主要发育在东源花岗闪长斑岩体内,白钨矿体呈面状或带状产于岩体中—浅部
	矿石类型	矿石自然类型包括细脉浸染状和浸染状钨矿石;工业类型主要为钨矿石
	矿石矿物	矿石矿物主要为白钨矿、含铜白钨矿、辉钼矿、黄铁矿;脉石矿物主要为石英、绢云母、绿泥石等
	矿化蚀变	区内主要的围岩蚀变是角岩化,分布在岩体的周边,但蚀变宽度变化较大。东源岩体中主要的围岩蚀变是绢云母化、硅化和黄铁矿化,其次是钾长石化、白云母化、碳酸盐化,还有绿泥石化、绿帘石化、高岭土化等
地球化学特征	区域地球化学异常特征	1. 处于 Sn,W,Ag,Mo,Bi,Hg,Cd,Zn,As,Cu,Mn,Li,Be,Ba,Nb,Ti 高背景带上; 2. 异常元素组合:W,Mo,Bi,Ag,As,Zn 等; 3. 主成矿元素 W,Mo 具明显异常,并相互套合于矿床之上

二、江西省西华山钨矿床

(一)矿床基本信息

江西省大余西华山内接触带石英大脉型钨矿床基本信息见表 3-59。

表 3-59　江西省大余西华山内接触带石英大脉型钨矿床基本信息表

序号	项目名称	项目描述
1	经济矿种	钨
2	矿床名称	大余西华山内接触带石英大脉型钨矿床
3	行政隶属地	江西省大余县
4	矿床规模	大型
5	中心坐标经度	114°26′3″
6	中心坐标纬度	25°20′41″
7	经济矿种资源量	WO_3 77 342t,平均品位:WO_3 1.086%

(二)矿床地质特征

西华山钨矿床为产于西华山复式花岗岩株内接触带的大脉型大型钨矿床,其矿区及外围均为寒武系,地层中 W、Sn、Mo、Bi 和稀土元素含量,均高于维氏平均值,其中 W 平均含量为 6.26×10^{-6}。

西华山钨矿区处于西华山花岗岩株(矿田)的南部(图 3-43),岩株侵入于寒武系中,岩体北部与围岩接触面向外倾斜,倾角平缓;南部接触面为陡倾斜,并有超覆现象。花岗岩具高硅、富碱、贫铁、钙、钛的特点,成矿元素丰度高于华南含钨花岗岩。岩体上部钨的含量为深部的 7.1 倍。

石英大脉型钨矿脉(体),赋存于斑状中粒黑云母花岗岩(γ_5^{2-1})和中粒黑云母花岗岩(γ_5^{2-2})内,当矿脉延伸至寒武纪变质岩地层时,多数矿脉迅速尖灭,仅展示矿化标志带。"两层矿化"是西华山钨矿床独特的矿化分带现象。在两个阶段花岗岩上下叠置部位,存在有各自矿体或矿化带,在两种花岗岩接触带部位,为无矿或贫矿地段,当上下有矿脉贯通时,上层矿脉往往形成复合矿脉,矿化更为富集,沿两个阶段花岗岩接触带,有时存在双层矿化富集现象(图 3-44)。

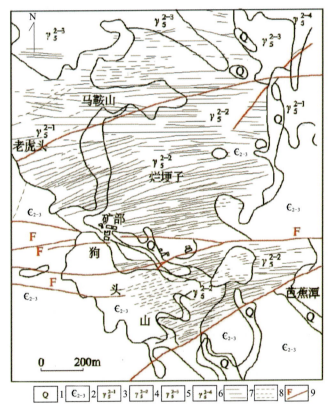

图 3-43 江西省大余西华山钨矿区地质平面简图

1.第四系;2.中上寒武统;3.燕山早期第一阶段斑状中粒黑云母花岗岩;4.燕山早期第二阶段中粒黑云母花岗岩;5.燕山早期第三阶段斑状中细粒黑云母花岗岩;6.燕山早期第四阶段斑状细粒黑云母花岗岩;7.含矿石英脉;8.隐伏含矿石英脉;9.断层

矿脉呈平行或侧幕状成组展布,按矿脉走向、排列格式及地理分布,可分南、中、北 3 个区段。矿脉呈密集脉带状产出,主要有 3 组:①走向 65°~75°,倾向北北西为主,倾角 80°~85°;②走向 80°~90°,倾向北,倾角 75°~85°;③走向 95°~105°,倾向北北东,倾角 80°左右。

矿区内共有 615 条工业矿脉,单条矿脉长一般 200~600m,最长达 1075m,脉幅多在 0.2~0.6m,最厚的达 3.6m,矿化深度多为 60~200m,最深达 350m 以上。

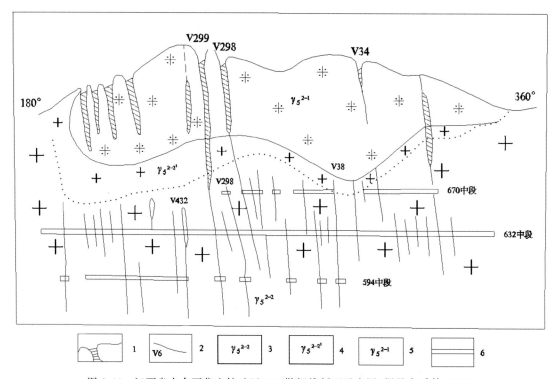

图 3-44　江西省大余西华山钨矿区 508 勘探线剖面示意图(据吴永乐等,2012)
1.采空区;2.矿脉及编号;3.中粒黑云母花岗岩;4.细粒黑云母花岗岩;5.斑状中粒黑云母花岗岩;6.坑道

(三)地球化学特征

1. 区域岩石地球化学特征

与成矿有关的复式西华山花岗岩体各阶段岩石中主要微量元素与世界酸性岩(维氏值)和华南花岗岩相比较,有以下特点:W、Sn、Mo、Bi、Be、Y、Nb 等元素,原始丰度值均高于世界酸性岩和华南花岗岩平均值的 2~33 倍,其中 W 高于华南花岗岩平均值数十倍。这不仅反映了区域地球化学的高背景,也说明了矿床赋存的复式花岗岩中重要成矿元素的高丰度是成矿作用的重要物质基础。

2. 区域地球化学异常特征

1∶20 万水系沉积物测量显示,矿区有 W、Mo、Bi、Sn、Cu、Pb、Zn、Ag、As、Sb、Be 等元素异常,其中 W、Mo、Bi、Sn、Be 等高温元素,异常具强度高、面积大、相互叠合好,且呈同心状分布。异常组分显示一定的水平分带,即由岩体至围岩的接触带,出现 W、Mo、Bi、Be-W、Sn、Cu、Pb、Zn 的分带特征。

3. 矿床地球化学异常特征

1∶1 万土壤地球化学测量显示,矿床分布区内 W、Cu、Zn、F、Sn、Bi、Mo 等异常组成,组合好、规模大、强度高。R 型聚类分析表明 W 与 Bi、Mo、Cu、Zn、F、Sn 相关性好。其余元素地球化学异常主要反映元素在岩体、地层中的分布特征。虽在异常图上可见 Au、Sb、Hg、Ag 的微弱异常,但主要反映这是岩体高背景特征。

(四)地质-地球化学找矿模型

根据综合结果,建立西华山钨矿床地质-地球化学模型,见表3-60。

表 3-60　江西省大余县西华山钨矿床地质-地球化学找矿模型表

预测要素		描述内容
特征描述		西华山式内接触带石英大脉型钨矿床
地质环境	地层	寒武纪浅变质杂碎屑岩
	岩浆岩	燕山早期酸性岩浆多次侵入的复式花岗岩体,主要为中粒黑云母花岗岩、斑状细粒黑云母花岗岩、花岗斑岩等
	成矿时代	燕山期(晚侏罗世—早白垩世),同位素年龄 148~139Ma
	成矿环境	复式花岗岩体及其内外接触带附近
	构造背景	西华山-塘下近南北向复式褶皱的南端。区域北东向与北西向深大断裂带交会部位
成矿特征	矿物组合	金属矿物:黑钨矿,并普遍含有白钨矿、辉钼矿、辉铋矿、绿柱石,局部锡石含量较多;次要矿物主要为黄铁矿、磁黄铁矿、黄铜矿、斑铜矿、闪锌矿、毒砂、方铅矿及重稀土矿物
	结构构造	矿石结构:主要有自形晶粒状结构、半自形晶粒状结构、他形晶粒状结构、交代溶蚀结构、固溶体分离(乳滴状结构)结构。矿石构造:主要有块状构造、梳状构造、对称条带状构造、晶簇及晶洞构造、角砾状构造、浸染状构造等
	蚀变	有云英岩化、硅化、钾长石化、黄玉化、电气石化、黑云母化、绢云母化及绿泥石化
	控矿条件	1.北北东向构造是基础,控制岩浆矿化带展布,北东向与北西向构造结点,控制矿床定位。北西西向和东西向断裂是控制矿体构造; 2.围岩物理化学性质的差异,不同岩性组合,特别是中粒黑云母花岗岩的侵入对成矿有利; 3.酸性侵入岩多次侵入,是成矿内因
地球物理特征	磁法	矿区位于航磁平稳弱正磁异常场正场抬低压。ΔZ显示有南西部-北东部稍强,中部、北西-南东部稍弱的异常格局,平面上与西华山岩体、矿床的展布相吻合
	重力	位处漂塘-焦里重力负异常的南端,重力异常Δg值为-45mgl,往南东方向过渡为信丰局部重力正异常。平面上与西华山-漂塘矿田分布的花岗岩体对应较好
	遥感	区域显示北东—北北东向断裂构造为主体,东西向、北西向断裂构造互相交错,西华山-漂塘环形构造与西华山、漂塘环形构造构成大环套小环的构造格局
地球化学特征	区域地球化学特征	1.异常元素组合:W、Sn、Bi、Mo、Zn、Pb、Ag、Au; 2.异常组分显示一定的水平分带,即由岩体至围岩的接触带,出现 W、Mo、Bi、Be-W、Sn、Cu、Pb、Zn 的变化

续表 3-60

预测要素		描述内容
	特征描述	西华山式内接触带石英大脉型钨矿床
地球化学特征	矿床地球化学特征	1. 异常元素组合：W、Sn、Bi、Cu、Mo、Pb、Zn、As、Mn、Co、Ni、V、Cd、B、Hg、F 等； 2. 主成矿元素 W 浓度分带明显，异常规模大； 3. W、Sn、Bi、Cu、Mo 异常平面上呈环状分布
	其他	地表风化沉积砂钨矿等

三、福建省清流行洛坑钨钼矿床

(一) 矿床基本信息

福建省清流行洛坑钨钼矿床基本信息见表 3-61。

表 3-61　福建省清流行洛坑钨钼矿床基本信息表

序号	项目名称	项目描述
1	经济矿种	钨、钼
2	矿床名称	清流行洛坑钨钼矿
3	行政隶属地	福建省清流县
4	矿床规模	特大型
5	中心坐标经度	116°30′00″
6	中心坐标纬度	26°15′00″
7	经济矿种资源量	保有资源储量 29.2981×10^4 t，达特大型；伴生钼资源储量 3.0646×10^4 t

(二) 矿床地质特征

行洛坑钨矿区位于闽西北隆起带南西部，浦城-武平北东向断裂带与罗源-明溪东西向构造带、永安-晋江北西向断裂带交会地段。

行洛坑钨（钼）矿是一个产于燕山中期斑状花岗岩体内的低品位大型细网脉状为主的斑岩矿床。区内为一复式背斜，由次一级呈北北东向展布的行洛坑、北坑-国母洋倒转背斜及上地-延祥倒转向斜组成，轴面倾向南东。出露地层有震旦纪—早古生代火山-沉积类复理石建造特征的浅变质岩系；晚泥盆世滨海相碎屑沉积岩，不整合于其上。矿床近侧出露上震旦统上部变质凝灰岩、变质凝灰质砂岩、变质长石石英砂岩、千枚岩夹硅质岩、大理岩及下寒武统下部千枚岩、变质砂岩夹硅质岩等。

行洛坑钨（钼）矿体主要位于复式岩体早期侵入的南岩体内及外接触带围岩中，有细网脉型黑（白）钨矿、钼矿和黑钨矿石英大脉两类矿体，其次在外接触带围岩中产有矽卡岩型的钨矿体。主要矿体：细网脉型黑（白）钨矿体（即斑岩型矿体），产于南岩体中，全岩式矿化，由无数含钨、钼石英微脉、线脉、小脉组成的网脉状、浸染状矿体，矿体与岩体没有明显界线（图 3-45）。矿体在剖面上呈 3~4 个锯齿状分支尖灭的楔形体，总长 636.2m，地表出露长 490m，倾向南南东，倾角 51°~85°，最大厚度为 336m，平均厚度为 158.8m,最大延伸 525m,平均 297.7m,出露标高 242~835m。WO₃ 富集标高为 300~800m,而 Mo 富集区在标高 150~500m 之间,具有显示上钨、下钼的垂直分带特征。黑(白)钨石英大脉型矿体,呈脉组、脉带形成于岩体内和外接触带中,大于 10cm 大脉有 70 多条,总体走向北东 50°,工业矿脉有 10 条,主要为硫化矿物、黑(白)钨石英大脉和含锡石、绿柱石黑钨矿石英脉,多集中分布于南岩体的南部内外接触带 50~60m 范围内,走向 60°~70°,倾向南东,倾角 50°~88°,长 71~477m,脉幅 0.08~1.33m,平均 0.17~0.57m,延深 64~429m,沿走向有膨大收缩、分支复合、尖灭侧现、追踪转折现象。WO₃ 为 0.01%~44.65%,平均 0.557%~3.27%,常见砂包富矿。

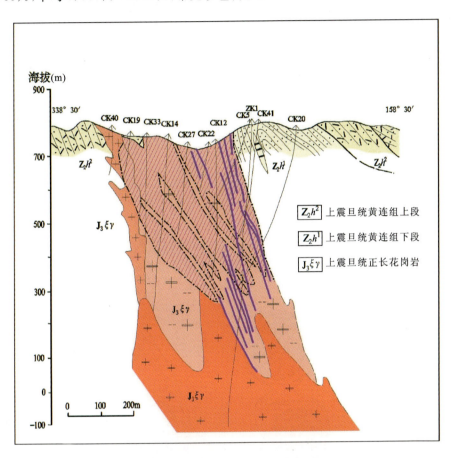

图 3-45 行洛坑钨矿 0 线地质剖面图

Z_2h^2. 上震旦统黄连组上段;Z_2h^1. 上震旦统黄连组下段;$J_3\xi\gamma$. 晚侏罗世正长花岗岩

矽卡岩型钨矿体,产于南岩体外接触带含钙岩石围岩中,1~5 层单层,厚几米至 14m,总厚度 6~20m,普遍有矽卡岩钨矿化。矿体呈扁豆状,走向北东东,倾向南南东,倾角 50°~80°,离接触面 70~80m,已控制长 300m,厚 4~14m,平均 7.35m。

(三)地球化学特征

1. 区域地球化学异常特征

1∶20 万区域化探异常元素组合 Cu-Pb-Zn-W-Mo-Au-Sn-Ag-Cd-Sb-Mn-As-Bi 等(图 3-46),其中 W、Sn、Bi、Mo 等高温成矿元素异常规模较大,浓度分带明显,其中:W 平均含量 76.5×10^{-6},极大值 454.0×10^{-6},面积 114.03km²(表 3-62),浓度分带明显,异常规模大;W、Sn、Bi、Mo、Cu、Ag、As、Cd 等多元素具异常套合程度高、规模大的特征。

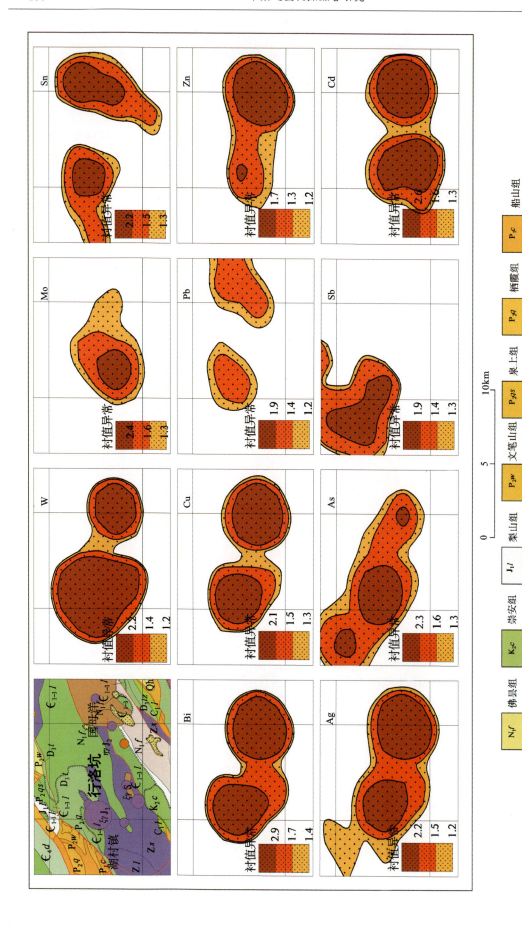

图 3-46 清流行洛坑钨钼矿 1:20万区域化探异常剖析图

表 3-62 清流行洛坑钨钼矿区域化探元素含量特征表

元素	异常面积（km²）	平均值	极大值
Cu	96.27	67.2	388
Pb	50.46	56.2	96.4
Zn	84.50	200	1050
W	114.03	76.5	454
Mo	59.93	1.69	10.3
Au	65.51	12.5	103
Sn	57.10	19.1	100
Ag	127.79	695	4500
Cd	106.78	2429	25 500
Sb	148.41	0.533	1.37
Mn	71.31	805	1640
As	121.29	18.6	95.5
Bi	102.04	19.2	147

注：Au、Ag、Cd 含量单位为 $\times 10^{-9}$，其他为 $\times 10^{-6}$。

2. 矿区地球化学异常特征

1∶5 万化探土壤地球化学测量异常元素组合有 W-Mo-Cu-Pb-Zn-Ag-Bi-Sn 等（图 3-47），与区域化探异常有相似特征。W 异常平均含量 776.1×10^{-6}，极大值 $80\,000.0\times 10^{-6}$，面积 $45.6\,\mathrm{km}^2$。区内 W-Bi 异常分布范围大（表 3-63），Mo-Cu-Pb-Zn-Ag 规模小，主要位于矿体部位以及 W-Bi 异常中心分布，可能反映浅部 Cu-Pb-Zn-Ag 等前缘异常已剥蚀，残留局部于矿床之上，显示一定组分分带。

表 3-63 清流行洛坑钨钼矿 1∶5 万化探元素含量特征表

元素	异常面积（km²）	平均值（$\times 10^{-6}$）	极大值（$\times 10^{-6}$）
W	45.6	776.1	80 000
Sn	9.98	64.4	600
Mo	9.0	18.2	150
Bi	25.9	36.7	300
Cu	14.6	91.2	500
Pb	0.85	100	200
Zn	5.55	191	600
Ag	13.9	1.01	5.0

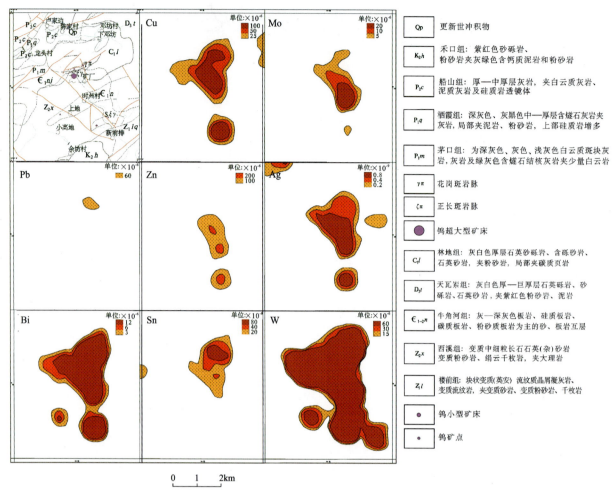

图 3-47 行洛坑钨钼矿 1∶5 万化探异常剖析图

(四) 地质-地球化学找矿模型

通过典型矿床地球化学特征分析研究,初步建立地质-地球化学找矿模型,见表 3-64。

表 3-64 清流行洛坑钨钼矿床地质-地球化学找矿模型表

分类		主要特征
地质成矿条件和标志	大地构造背景	闽西北隆起带西南部
	主要控矿构造	以北东东向、北东向断裂构造等为主,北西向断裂次之
	主要赋矿地层	震旦系三溪寨组和寒武系东坑口组、林田组
	侵入岩建造	燕山中期(晚侏罗世)正长花岗岩、黑云母二长花岗岩。燕山中期 U-Pb 同位素年龄为 150.5Ma,Rb-Sr 同位素年龄为 145.6Ma。燕山中期岩体为中深成壳幔混合源和壳源
	区域变质作用及建造	区域变质程度较低,主要为变质杂砂岩、变质粉砂岩、千枚岩、硅质岩,属砂泥质岩变质建造
	围岩蚀变	主要有钾长石化、蒙脱石-绢云母化、云英岩化、绢云母化、硅化

续表 3-64

分类		主要特征
成矿特征	矿体形态	斑岩型钨矿体主要分布于成矿岩体、岩株、岩脉内接触带,常以网脉状、细脉状形式成群、成带分布;或者岩体呈隐伏状,矿体产于岩体之上的三溪寨组、林田组浅变质岩中
	矿物组合	矿石主要以黑钨矿、白钨矿、辉钼矿,次有绿柱石、锡石、黄铜矿、黄铁矿、毒砂、铁闪锌矿、硫铅铋矿、自然铋等组合为特征
	结构构造	矿石结构主要为自形—半自形粒状结构、他形粒状结构、不等粒状结构、蚀变斑状结构、花岗变晶交代结构等;矿石构造主要有带状构造,其次有网格状构造、块状构造、浸染状构造
地球化学特征	区域地球化学异常特征	1. 为 W-Mo-Cu-Pb-Zn-Au-Ag-Bi-Sn-As-Sb-Cd-Mn 等多元素组合异常; 2. 主成矿元素 W 以及 Au-Ag-Cu 异常规模大,具明显三级浓度分带; 3. 元素区域异常分带不明显,元素异常套合程度高
	矿区地球化学异常特征	1. 主要为 W-Mo-Cu-Pb-Zn-Ag-Bi-Sn 多元素组合异常; 2. 主成矿元素 W 异常规模大,具明显三级浓度分带; 3. W-Bi 异常分布范围大,Mo-Cu-Pb-Zn-Ag 规模小,主要位于矿体部位以及 W-Bi 异常中心分布

四、福建省建瓯上房钨矿床

(一)矿床基本信息

福建省建瓯上房矽卡岩型钨矿床基本信息见表 3-65。

表 3-65　建瓯上房矽卡岩型钨矿床基本信息表

序号	项目名称	项目描述
1	经济矿种	钨
2	矿床名称	建瓯上房矽卡岩型钨矿
3	行政隶属地	福建省建瓯县
4	矿床规模	中型
5	中心坐标经度	118°33′30″
6	中心坐标纬度	27°00′30″
7	经济矿种资源量	探明资源储量 WO_3 5 0016t,平均品位 WO_3 0.236%

(二)矿床地质特征

该矿区位于政和-大埔断裂带与浦城-永泰南北向断裂带、宁化-南平北东东向断裂带交会处。

区域上出露的地层主要有古元古界大金山组(Pt_1d)黑云斜长变粒岩、黑云(二云)石英片岩夹斜长角闪岩,含石墨;中—新元古界龙北溪组($Pt_{2-3}l$)云母石英片岩、透辉(磁铁)石英岩夹大理岩、斜长角闪片岩,地层呈北北东向展布,分布范围较广。上述层位与区内的铜、铅、锌、银等成矿关系密切。

区内岩浆活动频繁,发育有晚侏罗世正长花岗岩($J_3\xi\gamma$)及晚侏罗世二长花岗岩($J_3\eta\gamma$)等,岩体多呈北北东向、北东向展布。在岩浆末期多形成各种斑岩体(脉),并对钨矿形成提供热源和矿源。

北北东向、近南北向断裂构造发育,并以北东向断裂为主,控制区域岩体的空间展布。断裂具多期次活动特点,切割了变质岩地层和岩体。

矿区地层出露古元古界大金山组(Pt_1d),其特征如下:广泛分布于矿区南部,总体呈北北东向展布,片理多倾向南东,倾角15°~70°。主要岩性为灰—深灰色黑云斜长变粒岩、黑云石英片岩、石英云母片岩,夹数层斜长角闪(片)岩。变质程度为低—高角闪岩相。原岩以富碳高铝的砂质岩类为主夹基性火山岩。大金山组(Pt_1d)是区内钨钼矿的赋矿围岩,受晚侏罗世花岗岩体侵入的影响,岩体的接触带附近岩石强烈硅化、云英岩化并发生挤压破碎等现象,形成同化混染带。

矿区位于近南北向和北东向大断裂带交会附近,断裂构造较发育。矿区主体为南北向、北东向构造,花岗斑岩体等脉岩主要沿断裂呈北东向展布,少量呈北西向展布,并控制地层及岩体的分布。

矿区侵入岩主要为晚侏罗世浅肉红色黑云母花岗岩及晚期花岗斑岩体等,前者呈岩株状,后者主要为隐伏或半隐伏岩体,在地表多呈北北东向、北东向脉状断续出露。晚侏罗世浅肉红色黑云母花岗岩,分布于矿区西南部,具似斑状中细粒花岗结构,块状构造。矿物成分为钾长石45%~57%,斜长石10%~26%,石英30%~35%。在接触带上硅化、绢英岩化等蚀变强烈,局部地段形成构造角砾岩、碎粉岩等压碎岩,形成宽30~100m不等的蚀变带。

目前上房矿区下房矿段内发现两个钨矿化带,均呈北东向展布,其中Ⅰ号矿带是主矿带,工作程度相对较高,两个矿带分别对应不同的异常浓集中心。

钨矿体呈近平行的似层状展布(图3-48),赋存在肉红色含斑中细粒花岗岩外接触带之大金山组斜长角闪岩中,矿体总体走向约北东40°,倾向南东,倾角15°~35°。根据目前的工作成果,已发现的10余条钨矿体中有主矿体3条(编号Ⅲ、Ⅳ、Ⅴ):Ⅲ号矿体长1192m,沿倾向延伸可达450m,平均厚12.40m,平均品位WO_3 0.26%;Ⅳ号矿体长1130m,沿倾向延伸可达490m,平均厚7.85m,平均品位WO_3 0.233%;Ⅴ号矿体长932m,沿倾向延伸可达420m,平均厚5.62m,平均品位WO_3 0.233%。

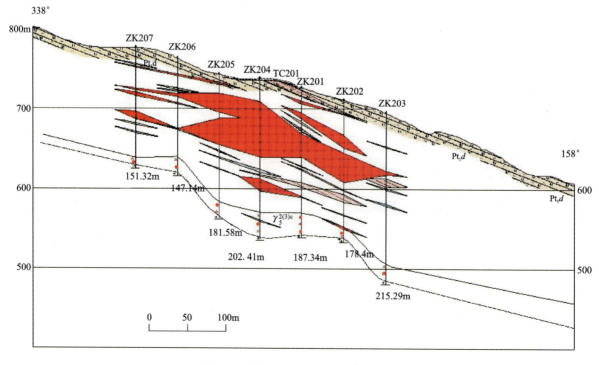

图3-48 建瓯上房钨矿2线地质剖面图

Pt_1d. 古元古界大金山组;$\gamma_5^{2(3)c}$. 燕山早期第三阶段花岗岩

(三)地球化学特征

1. 区域地球化学异常特征

区域化探显示为 W、Mo、Bi、Sn、Cu、Zn、Ag 异常元素组合,分布面积近 $100km^2$(表 3-66)。上房异常组合元素为 W、Bi、Cu、Mo、Ag、Pb、Zn 等,以 W、Bi 为主成矿元素,Cu、Pb、Zn、Ag 等元素为伴生元素;异常呈近等轴状展布,长约 5.0km,宽约 3.5km。W、Bi 异常套合好,具共同浓集中心,异常浓度梯度变化显著,异常强度高、规模大,W、Bi 最高值分别为 $357.6×10^{-6}$、$12.2×10^{-6}$。异常可进一步分为南、北两个浓集中心,北部异常浓集中心由 Cu、Zn、Mo、Sn、Bi 内带构成;南部异常浓集中心由 W、Bi 内带构成(图 3-49)。

表 3-66 建瓯上房钨矿 1∶20 万区域化探异常特征表

元素	异常面积(km^2)	平均值	极大值
W	89.15	13.0	77.5
Cu	60.61	48.3	237
Zn	62.90	128	190
Mo	42.42	4.45	11.0
Ag	32.08	166	210
Sn	71.02	11.5	40.0
Bi	102.76	2.04	4.45

注:Ag 含量单位为 $×10^{-9}$,其他为 $×10^{-6}$。

2. 矿区地球化学异常特征

1∶5 万水系沉积物地球化学测量主要异常元素组合有 W-Mo-Bi-Ag-Cu-Zn 等。W 异常面积约 $6.0km^2$,极大值 $357.6×10^{-6}$(表 3-67),具明显浓度分带特征,作为主成矿元素异常特征明显(图 3-50)。其中 W-Mo-Bi 异常中心叠合好,异常浓度分带明显;Ag-Cu-Zn 异常主要分布在 W-Mo-Bi 异常外侧。

表 3-67 建瓯上房钨矿 1∶5 万化探异常特征表

元素	异常面积(km^2)	平均值($×10^{-6}$)	极大值($×10^{-6}$)
W	6.0	25.0	357.6
Cu	2.0	40	100
Zn	4.0	150	300
Mo	3.0	7.0	17.5
Ag	1.5	0.3	0.69
Bi	5.0	4.0	12.2

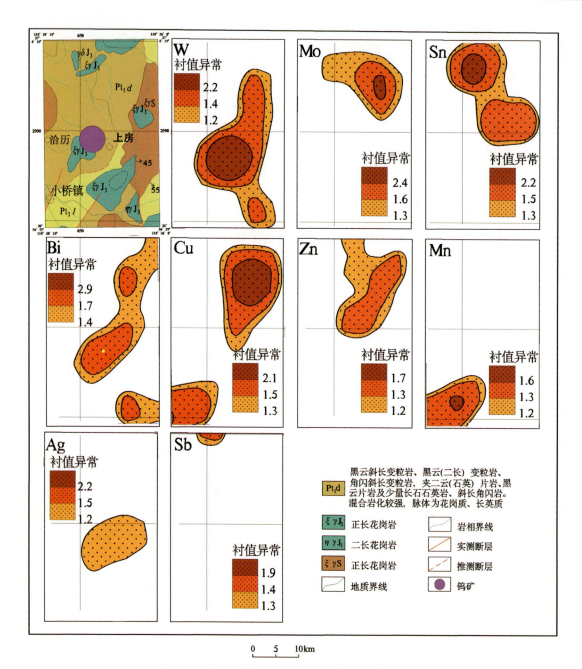

图 3-49 建瓯上房钨矿 1∶20 万区域化探异常剖析图

3. 矿床地球化学异常特征

上房矿区 1∶1 万土壤地球化学测量完成 4.8km², 发现以 W、Mo、Bi 为主的综合异常。异常规模大, 长宽约 1.2km×2.0km, 面积约 2.1km², 呈近等轴状; 各元素异常套合好且具共同的浓集中心, 表明为集中矿化。W 异常强度最高规模最大, 最高值 $5200×10^{-6}$, 浓度梯度变化显著。以 $25×10^{-6}$ 圈定异常, 异常面积近 1.4km², 大于 $200×10^{-6}$ 面积约 0.45km², 大于 $400×10^{-6}$ 面积约 0.22 km², 大于 $800×10^{-6}$ 面积约 0.1 km²; 伴随的 Mo、Bi 异常规模也较大, 最高值分别为 $158×10^{-6}$、$200×10^{-6}$。

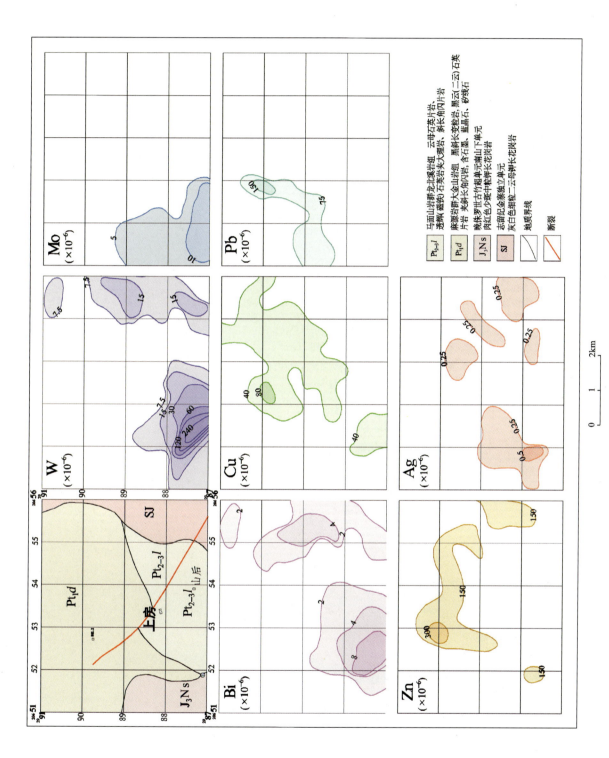

图 3-50 建瓯上房钨矿 1:5 万水系沉积物地球化学测量异常剖析图

(四)地质-地球化学找矿模型

通过典型矿床地球化学特征的分析研究,进行归纳总结,可建立建瓯上房矽卡岩型钨矿典型矿床的地质-地球化学模型,见表3-68。

表3-68 建瓯上房钨矿床地质-地球化学找矿模型表

分类		主要特征
地质成矿条件和标志	大地构造背景	政和-大埔断裂带与浦城-永泰南北向断裂带、宁化-南平北东东向断裂带交会处
	岩浆建造/岩浆作用	晚侏罗世花岗岩侵入
	成矿构造	与钨矿相关的主要是北东向断裂
	围岩蚀变	主要有硅化、阳起石化、绿帘石化及磁黄铁矿化
	成矿特征 矿体形态	呈似层状产出,倾角缓,为15°～35°
	成矿特征 矿物组合	白钨矿、辉钼矿、磁黄铁矿、黄铁矿
	成矿特征 结构构造	半自形粒状结构,细脉-浸染状构造、条带状构造
地球化学特征	区域地球化学特征	1.处于W的地球化学高背景带上; 2.元素组合:W-Bi-Cu-Mo-Ag-Pb-Zn; 3.异常元素相互套合于矿床之上,分带不明显; 4.W具主成矿元素特征明显
	矿床地球化学特征	1.元素组合:W-Mo-Bi-Ag-Cu-Zn; 2.组分分带:W-Mo-Bi(内)—Ag-Cu-Zn(外) 3.W含量值极高,规模大,具明显主成矿元素异常特征

第六节 钼矿床

一、安徽省金寨县沙坪沟钼矿床

(一)矿床基本信息

安徽省金寨县沙坪沟钼矿矿床基本信息见表3-69。

表3-69 安徽省金寨县沙坪沟钼矿床基本信息表

序号	项目名称	项目描述
1	经济矿种	钼
2	矿床名称	安徽省金寨县沙坪沟钼矿
3	行政隶属地	安徽省金寨县
4	矿床规模	超大型

续表 3-69

序号	项目名称	项目描述
5	中心坐标经度	115°29′30″
6	中心坐标纬度	31°33′00″
7	经济矿种资源量	矿石量 127 514.4×10⁴ t

(二)矿床地质特征

该矿区位于秦岭-大别山钼成矿带东段,北西西向桐柏-磨子潭深大断裂与北东向商麻断裂的次级银山-泗河断裂交会部位的北东侧。

沙坪沟矿区出露地层较简单,主要为呈"孤岛状"出露的新元古界庐镇关岩群,向西与河南境内的苏家河岩群相对应,据地质、地球物理资料分析,其属北西向基底隆起带的被岩基吞噬后的残留部分(图3-51)。根据1∶5万区域地质调查工作成果,该岩群被解体为变形变质侵入体和变质表壳岩两部分。受中生代燕山期岩浆强烈活动影响,地层已被侵蚀、肢解,在地表零星分布,岩性主要为黑云斜长片麻岩、角闪斜长片麻岩和花岗片麻岩等。

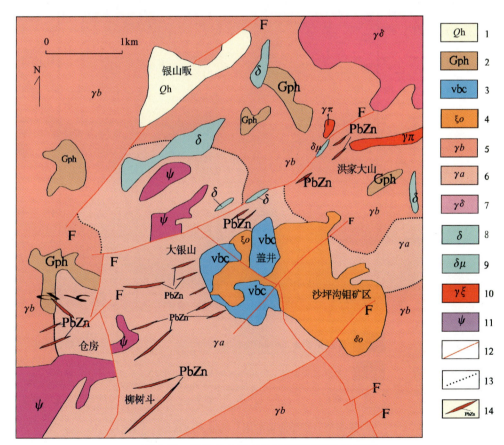

图 3-51　安徽省金寨县沙坪沟钼矿床地质简图

1.第四系;2.角闪斜长片麻岩;3.爆破角砾岩;4.石英正长岩;5.中粒花岗岩;6.细粒花岗岩;7.花岗闪长岩;8.闪长岩;9.闪长玢岩;10.花岗斑岩;11.角闪岩;12.断层;13.岩相界线;14.铅锌矿脉

区内因大面积岩浆岩侵入,残留地层零星分布,褶皱构造不发育,主要发育断裂构造,以北西向和北东向(60°左右)断裂最为发育,其中北西向断裂为主要的控矿构造。

区内岩浆岩发育,以燕山期岩浆活动最为强烈。根据岩体相互关系及岩性特征,区内岩浆岩被划分为4个独立单元,即银沙畈独立单元、达权店超单元(主要为吴老湾单元)、金刚山单元和银山复式杂岩体。

沙坪沟钼矿床共圈定钼体142个,钼矿体主矿体只有1个,即M-1矿体(图3-52),是本矿床中规模最大的矿体,占总金属资源量的99.97%;数量众多的零星小矿体多围绕M-1号钼矿体分布,以分布在M-1号钼矿体两侧边部的居多。

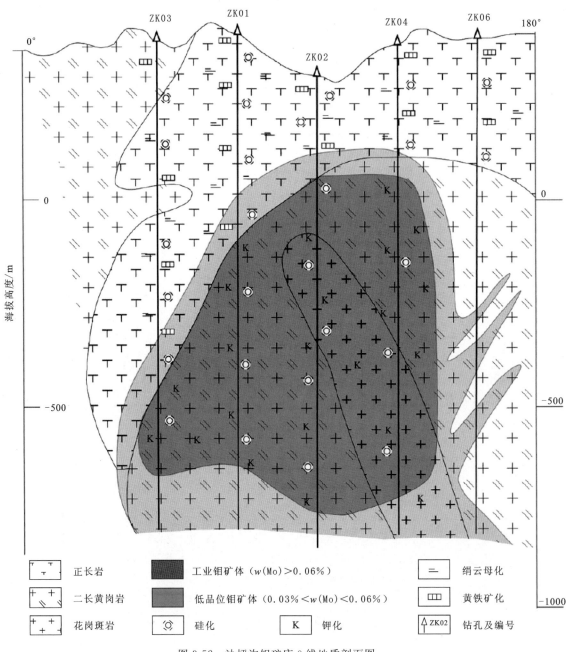

图3-52 沙坪沟钼矿床0线地质剖面图

(三) 地球化学特征

1. 区域地球化学异常特征

区内1:20万区域化探统计结果与中国水系沉积物元素含量平均值相比,沙坪沟钼矿区明显富集Sr、Na_2O、Ba、Zr、Ag、P、Pb、Cd、Bi、Zn、La、Co、V、Fe_2O_3、W、MgO、Ti等元素或氧化物,其富集系数大于1.20。即沙坪沟钼矿区水系沉积物中Co、V、Fe_2O_3、MgO、Ti等亲铁元素或氧化物富集,又有Na_2O等亲石元素或氧化物富集;成矿元素中Bi、W、Pb、Zn、Ag等也显示了富集特征,表明了其复杂的成因特征。在沙坪沟矿区存在明显异常的元素有Mo、Bi、Pb、W、Zn、Mn、Ag、Cd等(图3-53),其中Mo、Bi、Pb、W、Zn显示内、中、外带都有分布的特征。

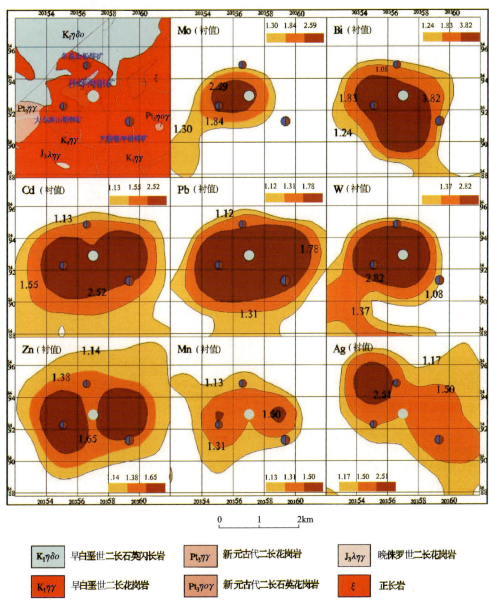

图3-53 金寨县沙坪沟钼矿1:20万区域化探衬值异常剖析图

2. 矿区地球化学异常特征

1:5万水系沉积物测量圈出的银山畈异常位于沙坪沟、洪家大山仓房、石门寨一带,面积约40km²。异常形态似椭圆状,长轴北西西向展布(图3-54)。其元素由内到外分带如下:Mo—Cu—Zn—Pb—Ag,高—中—低温元素水平分带明显,整体异常套合较好。在沙坪沟钼矿床外围,Pb、Zn等中温元素异常范围较大,整体亦似椭圆状分布,且长轴呈北西向展布,与Mo套合较好,为矿区外围寻找铅锌等中温矿床提供了一定的指示作用;在矿区东南部As、Sb低温元素有零星异常出现,结合矿区地形(汇水盆地),表明矿区东南部地表剥蚀程度较弱,可以推测矿区东南部地区深部有发现新的钼矿(化)体的潜力。

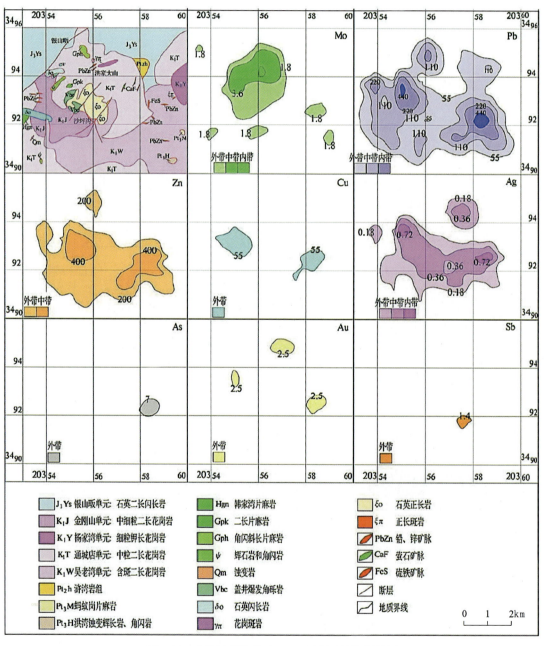

图3-54 金寨沙坪沟钼矿1:5万化探异常剖析图

(四)地质-地球化学找矿模型

综合上述矿床地质特征和地球化学特征,安徽省金寨县沙坪沟钼矿矿床的地质-地球化学找矿模型可简化如表 3-70 所示。

表 3-70　安徽省金寨县沙坪沟钼矿床地质-地球化学找矿模型表

分类	项目名称	项目描述
地质特征	矿床类型	斑岩型
	矿区地层与赋矿建造	中元古界卢镇关岩群变火山-沉积岩
	矿区岩浆岩	区内大面积分布燕山晚期中酸性偏碱性岩浆岩,岩石种类有石英(黑云母)正长岩、中细粒二长花岗岩及斜长角闪岩,中心出露爆破角砾岩
	矿区构造与控矿要素	矿区内构造主要表现为浅层次的压性、张扭性断裂,主要有北东向和北西向两组。区内断层、节理发育,大体由 3 部分组成,其一为由区域构造派生的断层及对应的节理;其二为与岩体主动侵入有关的挤压、剪切构造,如挤压面理、节理、断层;其三为岩体原生节理。赋矿岩体——银山杂岩体受区域断裂控制,矿体主要赋存于岩体内的原生节理与构造作用形成的节理中
	矿体空间形态	主矿体总体呈厚大的筒状,空间上表现为穹状形态特征,与花岗斑岩穹隆相对应。钼矿体在平面上投影呈北西-南东走向的近似椭圆形的形态,四周边界较规则
	矿石类型	矿石类型较简单,主要分为两大类,即正长岩和花岗岩型,主矿体上部和边部为正长岩型,中心部分为花岗岩型,矿体间无明显界线或标志层
	矿石矿物	矿石矿物主要为辉钼矿、黄铁矿,少量钛铁矿、磁铁矿等,含微量的方铅矿等;脉石矿物主要是钾长石、石英、斜长石,次为绢云母、黑云母、少量白云母、萤石、石膏、方解石等
	矿化蚀变	按蚀变矿物组合特征可分为 3 个大带,即绿泥石-碳酸盐化带、黄铁绢英岩化带、钾长石-钠长石化带
地球化学特征	区域地球化学异常特征	1. 处于 Sr、Na_2O、Ba、Zr、Ag、P、Pb、Cd、Bi、Zn、La、Co、V、Fe_2O_3、W、MgO 高背景带上; 2. 元素组合:Mo、Pb、Zn、Cu、Ag、Au、Sb,相互套合于矿床之上
	矿区地球化学异常特征	1. 元素组合:Mo、Pb、Zn、Cu、Ag、Au、Sb; 2. Mo、Pb、Zn、Ag 异常规模较大,相互套合于矿床之上

二、安徽省池州市黄山岭铅锌钼矿床

(一)矿床基本信息

安徽省池州市黄山岭铅锌钼矿床基本信息见表 3-71。

表 3-71　安徽省池州市黄山岭铅锌钼矿床基本信息表

序号	项目名称	项目描述
1	经济矿种	铅锌钼
2	矿床名称	安徽省池州市黄山岭铅锌钼矿

续表 3-71

序号	项目名称	项目描述
3	行政隶属地	安徽省池州市
4	矿床规模	大型
5	中心坐标经度	117°38′01″
6	中心坐标纬度	30°27′02″
7	经济矿种资源量	钼金属量 151 606.79t，铅金属量 103 179.45t，锌金属量 35 375.76t

(二)矿床地质特征

黄山岭铅锌钼矿床区域上位于扬子准地台下扬子台坳，东至-青阳深断裂呈北东向贯穿该区(梅村-牛背脊)，成为沿江拱断褶带与皖南陷断带的分界线。区域地层属扬子地层区下扬子地层分区贵池地层小区，地层发育良好，除侏罗系、第三系缺失外，自寒武系至第四系均有出露(图 3-55)。

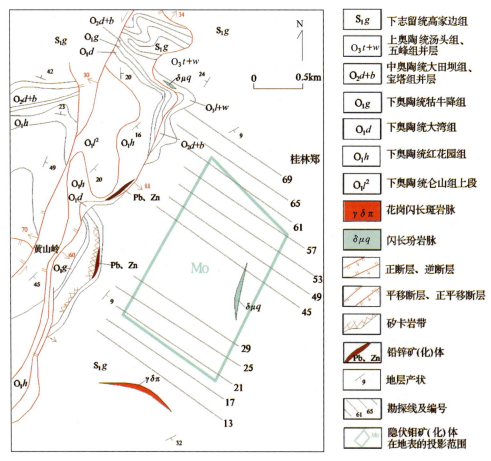

图 3-55　黄山岭铅锌钼矿床矿区地质简图

矿区自下奥陶统仑山组至下志留统高家边组地层均有出露。矿区内主要发育黄山岭背斜构造，属于大佛堂-安子山背斜的中段，轴迹走向 40°～60°，南西端开阔仰起，北东端收敛倾伏，区内长约 3km。核部地层为下奥陶统仑山组下段，两翼自仑山组上段至下志留统高家边组依次分布。南东翼倾向 130°左右，倾角 15°～25°，产状稳定。本矿田内 6 个主矿体中的 5 个(Ⅰ、Ⅱ、Ⅲ、Ⅳ、Ⅴ号矿体)均分布在该翼上奥陶统汤头组顶部矽卡岩带中。背斜北西翼倾向320°左右,倾角30°左右,该翼仅局部位于矿区内,地层出露不全。

区内断裂较简单,仅发育F₁断层。该断层总体走向30°,倾向南东,倾角45°左右。区内出露长约1km。具先压后张的性质,对矿体无破坏作用。

区内岩浆岩以岩脉和隐伏岩基两种形式产出。岩石类型主要为酸性岩、中酸性岩。

矿体主要赋存在上奥陶统汤头组、下统仑山组中,少量赋存在五峰组碳质硅质页岩或花岗岩中(图3-56)。

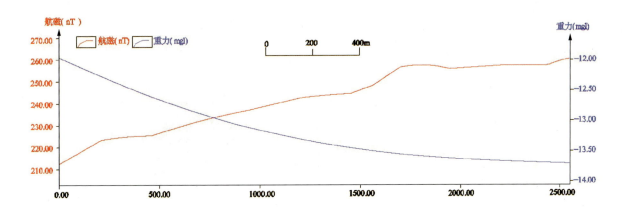

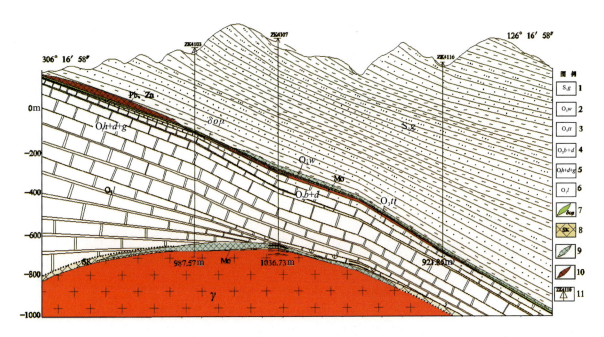

图3-56 黄山岭矿区41线剖面简图

1.志留系高家边组;2.上奥陶统五峰组;3.奥陶系汤头组;4.奥陶系宝塔组、大田坝组;5.下奥陶统红花园组;
6.下奥陶统仑山组;7.石英闪长玢岩;8.花岗岩;9.矽卡岩;10.钼矿(化)体;11.实测、推测地质界线

Ⅴ号矿体:矿体赋存在上奥陶统汤头组(透辉石)石榴子石矽卡岩带中,极个别赋存于五峰组碳质硅质页岩或石英闪长玢岩中。

Ⅶ号矿体:矿体赋存于深部隐伏的花岗(斑)岩与仑山组下段白云质灰岩(白云岩)接触蚀变的透辉石石榴子石矽卡岩带中,少量赋存于花岗岩中。

小矿体主要赋存于下奥陶统仑山组下段的白云质大理岩裂隙(或矽卡岩)中,少量赋存于花岗岩内。

(三) 地球化学特征

区域地球化学异常特征

区内 1∶20 万水系沉积物中元素平均值与中国水系沉积物元素含量平均值相比，池州黄山岭铅锌钼矿区明显富集 Au、Bi、Sb、Ag、Cd、Hg、Cu、Mo、Pb、As、Zn、W、Sn、Mn、Nb、La、Th、F、Ni、Zr、Ti 等元素，其富集系数大于 1.20。即池州黄山岭铅锌钼矿区水系沉积物中亲石元素 La、Th、Zr、Ti 等，亲铜元素 Au、Bi、Sb、Ag、Cd、Hg、Cu 等都有富集。表明其成因与岩体关系密彻。1∶20 万水系沉积物地球化学测量异常显示：在黄山岭矿区存在 Pb、Zn、Mo、W、Sn、Ag、As、Cd 等明显异常（图 3-57）。

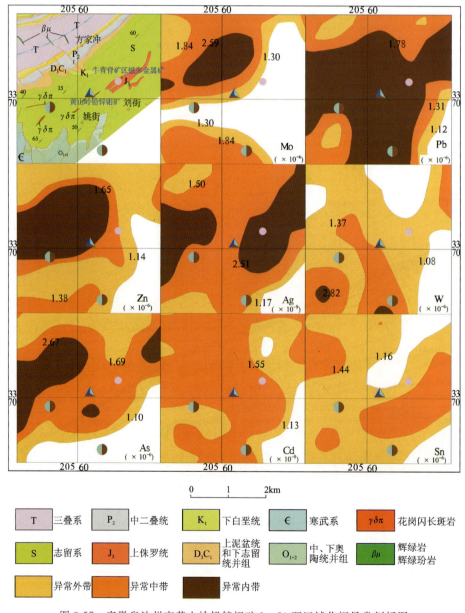

图 3-57 安徽省池州市黄山岭铅锌钼矿 1∶20 万区域化探异常剖析图

(四)地质-地球化学找矿模型

综合上述矿床地质特征和地球化学特征,安徽省池州市黄山岭铅锌钼矿矿床的地质-地球化学找矿模型可简化如表 3-72 所示。

表 3-72 安徽省池州市黄山岭铅锌钼矿床地质-地球化学找矿模型表

分类	项目名称	项目描述
地质特征	矿床类型	层控矽卡岩型
	矿区地层与赋矿建造	出露地层主要为下奥陶统仑山组至下志留统高家边组。矿区志留系高家边组(或五峰组)中含 Mo、Cu、Pb、Zn(特别是 Mo)等元素含量较高,形成良好的原始"矿胚层",作为矿体的顶板,含硅质成分的岩性孔隙度小、塑性强,裂隙不发育,渗透性差,又形成了良好的屏蔽层
	矿区岩浆岩	矿区内岩浆岩主要以岩(席)脉和岩基两种形态产出,在距地表 500m 以下有隐伏岩基。岩石类型为花岗斑岩、石英闪长玢岩(或闪长玢岩)、正长斑岩、钾长岩、辉绿玢岩 5 种类型,均为燕山期侵入体,其中花岗斑岩和石英闪长玢岩与矿化关系密切
	矿区构造与控矿要素	矿区内主要发育黄山岭背斜构造,属于大佛堂-刘街背斜的中段,轴迹走向 40°~60°,南西端开阔仰起,北东端收敛倾伏,区内长约 3km,核部地层为下奥陶统仑山组下段,两翼自仑山组上段至下志留统高家边组依次分布。其南东翼为本矿床所处位置,倾向 130°左右,倾角 15°~25°,产状稳定
	矿石类型	矿石自然类型:1. V 号矿体以含钼石榴子石矽卡岩为主,其次为含钼(透辉石化)大理岩,少量含钼碳质硅质页岩、含钼石英闪长玢岩。2. Ⅷ号矿体以含钼磁铁矿化矽卡岩为主(含钼石榴子石矽卡岩),其次为含钼花岗岩,少量含钼透辉石化大理岩
	矿石矿物	矿石矿物主要为辉钼矿、磁铁矿、白钨矿、闪锌矿等;脉石矿物主要为石榴子石、方解石、白云石等
	矿化蚀变	主要蚀变有大理岩化、矽卡岩化、磁铁矿化、角岩化、碳酸盐化、绿泥石化、绿帘石化、绢云母化
地球化学特征	原生晕特征	Pb、Zn、Ag、Ba 含量较高部位对应着矿体富集地段
	次生晕特征	Pb、Zn、Cu、Mn、Ag 等元素土壤异常带能较好地反映矿化露头
	区域化探特征	1. 处于 Au、Bi、Sb、Ag、Cd、Hg、Cu、Mo、Pb、As、Zn、W、Sn、Mn、Nb、La、Th、F、Ni、Zr、Ti 高背景带上; 2. 异常元素组合 Pb、Zn、Mo、W、Sn、Ag、As、Cd; 3. Pb、Zn、Mo 异常规模大,主成矿元素异常特征明显

三、浙江省青田石平川钼矿床

(一)矿床基本信息

浙江省青田石平川钼矿床基本信息见表 3-73。

表 3-73 青田石平川钼矿床基本信息表

序号	项目名称	项目描述
1	经济矿种	钼矿
2	矿床名称	浙江省青田石平川钼矿
3	行政隶属地	浙江省青田县
4	矿床规模	中型
5	中心坐标经度	120°18′30″
6	中心坐标纬度	28°15′45″
7	经济矿种资源量	钼矿资源储量达 40 423t

(二) 矿床地质特征

青田石平川钼矿典型矿床处于丽水-余姚断裂带与温州-镇海断裂带之间,所属大地构造位置为东南沿海岩浆弧温州-舟山俯冲型火山岩带(沿海外带)(J—K)。区域位置及矿区地质见图 3-58。

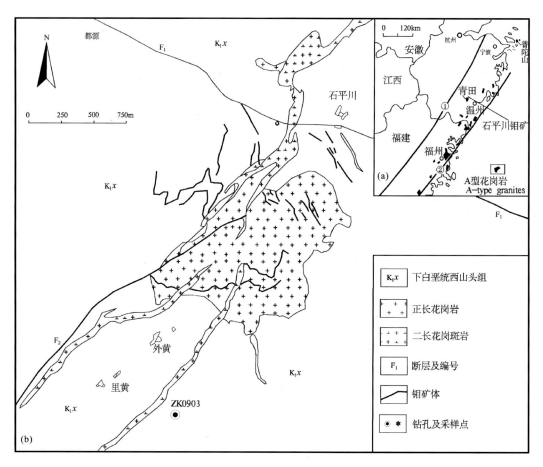

图 3-58 石平川矿区地质略图(据李艳军等,2009,略作修改)
①丽水-余姚断裂;②长乐-南澳断裂

矿区内及其外围主要出露下白垩统磨石山群西山头组火山碎屑岩和火山碎屑沉积岩,其中赋矿岩石为流纹质玻晶屑凝灰岩、流纹质玻屑凝灰岩、流纹质含角砾晶玻屑凝灰岩。成矿侵入体主要为石平川正长花岗岩($K_1\xi\gamma$),总出露面积约 1.5km²,呈岩株状产出,平面上呈椭圆形,长轴走向北东。岩体与围岩呈侵入接触，接触面产状外倾，具波状起伏，并有分支现象。岩体成岩年龄为 102.5 ± 1.2Ma(LA-ICP-MS 锆石 U-Pb)，属早白垩世晚期岩浆活动的产物。

矿区位于石平川火山穹隆中心部位，北东向、北西向和近南北向 3 组断裂构造交接复合的一个构造软弱带岩浆侵入而形成穹隆，其中心部位大致在水牛塘附近，向四周倾伏，石平川岩体位于火山穹隆中部。含矿围岩及岩体接触带总体围斜外倾，其中东、西、北侧与岩体接触面总体较陡，南缘相对较缓。火山穹隆构造裂隙是矿床主要容矿构造。

区内后期断裂构造十分发育，根据产状和其相互切割关系，大致可分 3 组：北西向、北东—北北东向、北东东向断裂。断裂具多次活动，早期具有张性结构面特征，晚期具有压(扭)性结构面特点。断裂带矿化蚀变局部较强，次级断裂局部成为容矿构造，与成矿关系密切。

矿区内共有大小矿脉百余条，主要有 1 号、2 号、3 号、5 号、9 号、13 号、14 号、19 号、25 号以及 85 号、86 号、87 号(隐伏)等主要矿脉，其中以 1 号、3 号、5 号、25 号、85 号、86 号矿体的工业意义最大。矿体一般分布于岩体内外接触带距岩体顶面上下约 100~200m 范围内，围绕岩体呈不完整的环状分布。矿体的产状及其变化与岩体顶面产状及变化基本一致，具波状起伏或波状扭曲的形态特征。

矿体形态主要有两类，一类是倾角 20°~30° 的缓倾角似层状矿脉，如 5 号、25 号、85 号等矿脉，分布于岩体西侧、南侧和南西侧，在走向或倾向方向上具较明显的波状起伏；另一类是倾角 40°~70° 的陡倾角矿脉，如 1 号、3 号等矿脉，分布于岩体北东侧，常由数条平行分布的矿脉组成脉带，呈雁行排列，倾向上常具波状扭曲。

矿区内矿体的规模大小相差悬殊，一般长 90~500m，厚 1.37~3.90m，最大的矿体如 25 号矿体长可达 1020m，最厚 8.86m，规模小的如 68 号矿体长仅 5m，厚 0.2m；矿体平均品位 Mo 一般为 0.2%~0.4%，最高如 85 号矿体 Mo 品位达 1.84%，而贫者如 69 号矿体 Mo 品位仅为 0.135%。

(三)地球化学特征

根据石坪川式岩浆热液型钼矿典型矿床矿石矿物成分与化学组分特征，选取与钼矿床密切相关的成矿元素和指示元素 Mo、W、Sn、Bi、Be 五个指标，按照数据累频的 85%、95%、98% 截取异常下限和异常分级，异常特征见表 3-74。

表 3-74 青田石平川钼矿所在区地球化学异常参数特征表

异常分带	外带(下限)	中带	内带
元素	85%累频	95%累频	98%累频
Mo($\times 10^{-6}$)	2.3	3.5	5.1
Be($\times 10^{-6}$)	3.0	3.9	4.9
W($\times 10^{-6}$)	3.9	5.0	6.6
Sn($\times 10^{-6}$)	9.7	14.3	19.9
Bi($\times 10^{-6}$)	0.7	1.1	1.7

典型矿床研究区 Mo、W、Bi、Be 等指标元素均有不同程度异常反映，但与矿体对应性较好的是 Mo、W、Bi 三元素(图 3-59)。

Mo 异常特征：矿区内除青田县叶山钼矿外，其余青田县石平川钼矿、青田县坳外钼矿、永嘉县上坑钼矿、永嘉县坑里钼矿、永嘉县西岙钼矿均分布在 Mo 异常中，其中前 3 处钼矿位于异常内带，青田县石平川钼矿位于异常内带中心位置。

W 异常特征：与 Mo 异常相类似，除青田县叶山钼矿外，其余矿床均在异常内，石平川地区的异常面积大，强度高，石平川钼矿位于异常中心位置。

Bi 异常特征：整体呈北东向，与区域构造保持一致。青田县石平川钼矿、青田县坳外钼矿等 4 处已知矿床位于异常区北部。青田县石平川钼矿、青田县坳外钼矿位于 Bi 异常内带；永嘉县上坑钼矿、永嘉县坑里钼矿位于 Bi 异常外带。

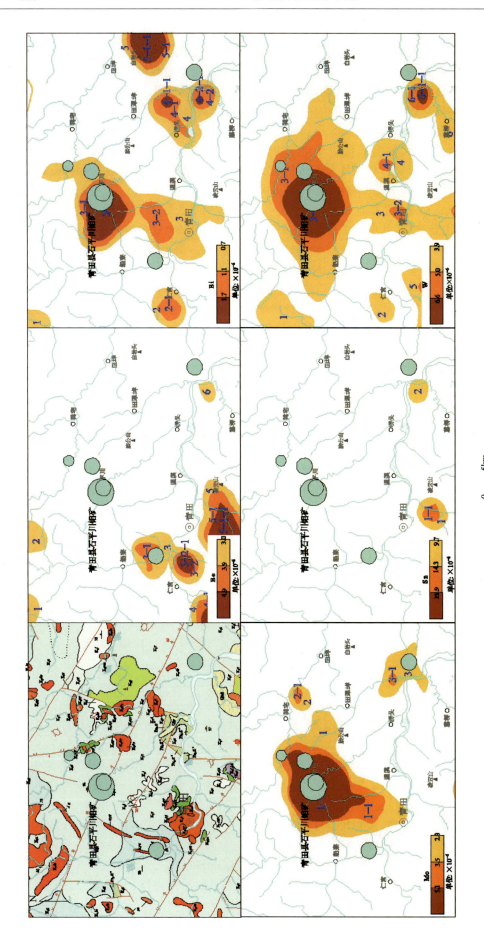

图 3-59 浙江省青田石平川钼矿区域化探异常剖析图

Qh zh.镇海组:灰黑色亚黏土;Qh y.鄞江桥组:砂、砾石、砂砾石、砂砾石、泥岩;K₁j.九里坪组:以酸性熔岩为主;K₁c.茶湾组:含凝灰质的沉积岩;K₁x.西山头组:酸性火山碎屑岩夹沉积岩;K₁g.馆头组:灰绿色、黄绿色、灰红色等杂色砂岩;K₁αμ.早白垩世安山玢岩;K₁γγ.早白垩世辉长辉绿岩;K₁β.早白垩世辉长辉绿岩;K₁λπ.早白垩世流纹斑岩;K₁γγ.早白垩世二长花岗岩

(四)地质-地球化学找矿模型

综合上述矿床地质特征和地球化学特征,浙江省青田石平川式岩浆热液型钼矿床的地质-地球化学找矿模型可简化如表 3-75 所示。

表 3-75　浙江省青田石平川钼矿地质-地球化学找矿模型表

成矿要素		描述内容		
探明钼资源量(t)		18 861	平均品位(%)	0.244
特征描述		岩浆热液钼矿		
地质环境	岩浆岩条件	类型:浅部为细粒斑状碱性长石花岗岩,深部渐变为斑状黑云母钾长花岗岩。均属二氧化硅过饱和、过碱性岩石。 岩石地球化学:Mo 丰度高为 32×10^{-6},为本区同类岩石的 2~3 倍,维氏值的 30 倍。岩体钾长石用 K-Ar 法测定,同位素年龄值为 116.3Ma。 晚期(83.3Ma)钾长花岗斑岩斜贯矿区,切穿钼矿脉		
	围岩条件	上侏罗统磨石山群(下部)流纹质晶屑凝灰岩,局部夹熔结凝灰岩;同位素年龄值为 147.6Ma		
	成矿年代	116.3~83.3Ma		
	构造背景	浙东南隆起区温州-临海坳陷带中之泰顺-青田坳断束		
矿床特征	矿物组合	辉钼矿、黄铁矿为主,少量磁铁矿,白钨矿		
	结构构造	石英辉钼矿石他形、隐粒状结构,条带状、浸染状、网脉状构造;绢云母石英辉钼矿石显微花岗鳞片结构,浸染状构造		
	蚀变	绢英岩化、绿泥石化为主,伴黄铁矿化,硅化、钠长石化、黑云母化、碳酸盐化;分带不明显		
	矿化特征	石英脉型钼矿化		
	控矿条件	火山穹隆构造;花岗岩类岩株穹状侵入体;冷缩虚脱构造软弱带和不同方向的断裂构造		
	矿体形态	脉状		
地球化学特征	矿田地球化学水平分带	Mo-W、Bi-Sn(Be)		
	预测地球化学要素	Mo、W、Bi 综合异常		
探明钼资源量(t)		40 423t		

四、福建省漳平北坑场钼矿床

(一)矿床基本信息

福建省漳平北坑场斑岩型钼矿床基本信息见表 3-76。

表 3-76　漳平北坑场斑岩型钼矿床基本信息表

序号	项目名称	项目描述
1	经济矿种	钼
2	矿床名称	福建漳平北坑场斑岩型钼矿
3	行政隶属地	福建省漳平市

续表 3-76

序号	项目名称	项目描述
4	矿床规模	大型
5	中心坐标经度	117°41′45″
6	中心坐标纬度	25°37′15″
7	经济矿种资源量	累计探明钼金属量 11.75×10^4 t

（二）矿床地质特征

北坑场矿区位于Ⅵ-3 华夏地块（闽西南坳陷）东侧，处于北东向政和-大埔断裂带与北西向永安-晋江大断裂带交会处，太华-长塔背斜的轴部。

北坑场钼矿是一个主要成矿于早白垩世由燕山晚期中—细粒黑云母花岗岩体侵入所形成的以钼矿为主伴生有褐铁矿的斑岩型矿床。其中钼矿床为细脉、网脉状矿床，铁矿属矽卡岩风化淋滤型褐铁矿。地层出露时代主要有晚泥盆世—石炭纪、二叠纪—三叠纪、白垩纪。

漳平市北坑场矿区钼铁矿是由钼矿体和异体共生铁矿体两部分组成。靠近北坑场的花岗岩体西部的外接触带翠屏山组砂岩、细砂岩中发育规模较大的钼矿体（全岩蚀变矿化）。地表由于氧化作用破坏了矿体的完整，钼矿多已流失，仅保留部分低品位矿体和局部工业矿体，矿体分叉呈树枝状，深部可连成一体。地表已全部氧化为褐铁矿。矿体产于翠屏山组与溪口组断裂接触带中，呈长条带状，走向从南到北由近南北向转向北东向，倾向东—南东，倾角 25°～48°，分布标高为 1025～1215m（图 3-60）。

它总体是一个长 1170m、宽 140～280m、厚 68.13～334.66m 的似层状钼矿化体。

（三）地球化学特征

1. 区域地球化学异常特征

1∶20 万区域化探在该地区发现长 40km、宽约 5km、元素组合为 Cu-Pb-Zn-Mo-W-Sn-Bi-Au-As-Sb-Mn 的地球化学异常带。异常带包括两处局部异常，北部北坑场异常，南部漳平新炉异常。异常规模大，元素组合复杂，套合程度高，尤其主成矿元素 Mo 具相当异常规模（表 3-77）。其中 Mo-W-Sn-Bi-Cu-Pb-Zn-Mn 组合异常分布于矿床之上，Au-As-Sb 零散分布其外围地区（图 3-61）。

表 3-77　漳平北坑场斑岩型钼矿 1∶20 万区域化探异常特征表

元素	异常面积（km²）	平均值	极大值
Cu	81.25	36.6	76.0
Pb	101.04	116	341
Zn	85.60	159	343
W	90.63	10.5	33.1
Ag	107.50	323	700
Sn	80.19	15.9	44.0
Mo	160.96	5.17	19.9
Bi	86.31	6.84	20.4
Sb	43.51	1.03	1.53
Mn	123.39	1648	3380

注：Ag 含量单位为 $\times 10^{-9}$，其他为 $\times 10^{-6}$。

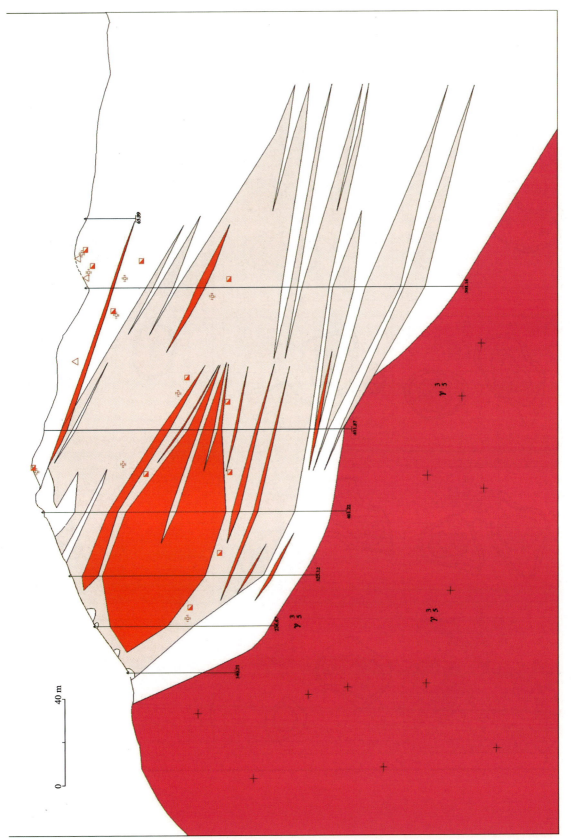

图 3-60 漳平北坑场矿区钼矿00线地质剖面图

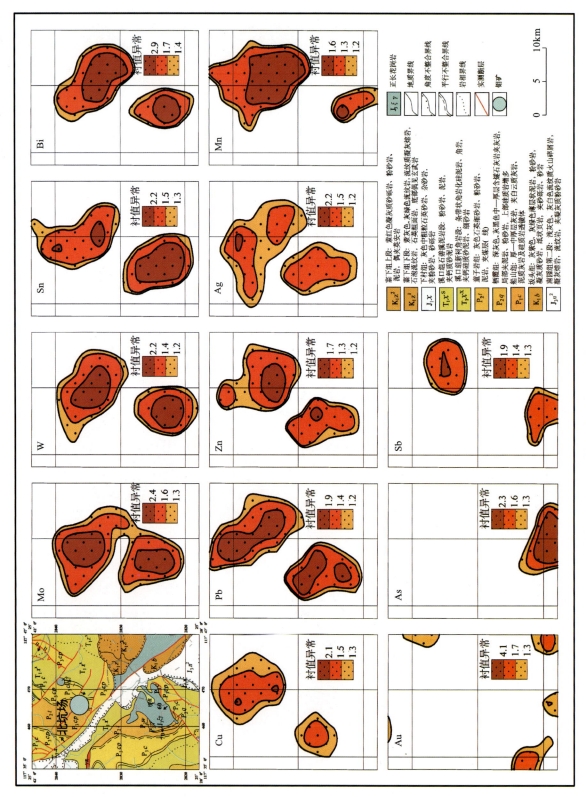

图 3-61 漳平北坑场斑岩型钼矿 1:20万区域化探异常剖析图

2. 矿区地球化学异常特征

在异常带北部的漳平北坑场地区开展的1∶5万水系沉积物地球化学测量工作结果,发现异常面积6.0km² 的 Mo-W-Pb-Zn-Sn 等元素的地球化学组合异常。Mo 异常面积 4.5km²,平均 100×10^{-6},极大值 500×10^{-6},浓度分带明显,呈同心环状展布。W-Pb-Zn-Sn 异常也有较大规模分布,元素套合程度高(表 3-78)。

表 3-78　漳平北坑场斑岩型钼矿 1∶5 万水系沉积物地球化学测量异常特征表

元素	异常面积(km²)	平均值($\times10^{-6}$)	极大值($\times10^{-6}$)
Mo	4.5	100	500
Sn	3.0	30	120
Pb	2.0	150	300
Zn	6.0	600	1000
W	4.0	30	70

3. 矿床地球化学异常特征

1∶1万土壤地球化学测量,在北坑场发现异常面积近 3km² 的 Mo、W、Ag、Pb、Zn 等元素的地球化学异常(图 3-62)。主成矿元素 Mo 异常含量高,平均 200×10^{-6},极大值 750×10^{-6}(表 3-79),异常面积 1.0km²,并具明显浓度分带特征。

表 3-79　漳平北坑场斑岩型钼矿 1∶1 万化探土壤测量异常特征表

元素	异常面积(km²)	平均值($\times10^{-6}$)	极大值($\times10^{-6}$)
Mo	1.0	200	750
Ag	0.5	0.5	1.1
Pb	1.0(未封闭)	200	346
Zn	1.0(未封闭)	250	399
W	1.0	150	660
Cu	1.0(未封闭)	80	115
Bi	0.3(未封闭)	15	38
Mn	1.0(未封闭)	3000	4868

矿区异常元素组合主要为 Mo-W-Bi-Sn-Cu-Pb-Zn-Ag-Mn 等,并具明显组分分带,由内向外具 Mo-Bi(Ag-Pb)—W-Mo—Pb-Zn-Ag-Cu-Bi 的组分分带特征。

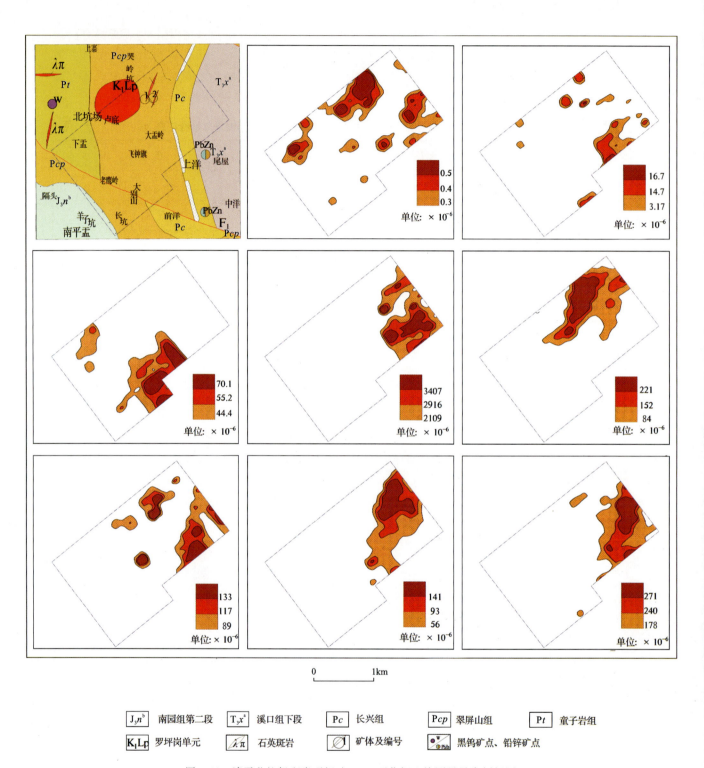

图 3-62 漳平北坑场斑岩型钼矿 1∶1 万化探土壤测量异常剖析图

(四)地质-地球化学找矿模型

通过典型矿床地球化学特征的分析研究,归纳总结漳平北坑场斑岩型钼矿典型矿床地质-地球化学模型,见表 3-80。

表 3-80　漳平北坑场钼矿床地质-地球化学找矿模型表

分类		主要特征
地质成矿条件和标志	成矿时代	早白垩世
	大地构造背景	北坑场矿区处于北东向政和-大埔断裂带与北西向永安-晋江大断裂带交会处,太华-长塔背斜的轴部
	岩浆建造/岩浆作用	燕山晚期中—细粒黑云母花岗岩体侵入
	成矿构造	燕山晚期侵入岩内外接触带,以北东向为主,次为北西向和近南北向,裂隙为储矿构造
	成矿特征 矿体形态	矿体分叉呈脉状、树枝状、条带状
	成矿特征 矿物组合	金属矿物以辉钼矿为主,含少量的闪锌矿、黄铜矿、黄铁矿、磁铁矿等。脉石矿物成分较复杂,且矿物结晶均较细小
	成矿特征 结构构造	矿石结构:矿石主要呈他形—半自形粒状结构、半自形片状结构或半自形粒状变晶结构。矿石构造:以细脉状、网脉状构造为主,少数为星散浸染状、条带状、角砾状构造
	赋矿地层	上二叠统翠屏山组至下三叠统溪口组
	围岩蚀变	主要的围岩蚀变有硅化、绢英岩化、碳酸盐岩化、萤石化等
地球化学特征	区域地球化学特征	1.异常元素组合:Mo、W、Sn、Bi、Be; 2.元素组分分带:Mo-W、Bi-Sn(Be); 3.主成矿元素 Mo-W 异常规模较大,具浓集中心并相互套合
	矿床地球化学特征	1.元素组合:Mo、W、Bi、Sn、Cu、Pb、Zn、Ag,与区域地球化学异常组合类似; 2.组分分带(由内向外):Mo、Bi(Ag、Pb)—W、Mo—Pb、Zn、Ag、Cu、Bi; 3.异常呈长椭圆面状展布,形态规则,Mo 异常具明显浓度分带,内带异常面积达 $0.3km^2$

第七节　锡矿床

一、江西省会昌岩背锡矿床

(一)矿床基本信息

江西省会昌岩背锡矿床基本信息见表 3-81。

表 3-81 会昌岩背锡矿床基本信息表

序号	项目名称	项目描述
1	经济矿种	锡
2	矿床名称	会昌岩背矿床
3	行政隶属地	江西省会昌
4	矿床规模	大型
5	中心坐标经度	115°40′15″
6	中心坐标纬度	25°15′40″
7	经济矿种资源量	锡 91 159t,平均品位 Sn 0.8433%

(二)矿床地质特征

岩背锡矿床处于武夷山隆断带南段西部武夷山环形构造的南西侧,北北东向光泽-寻乌推(滑)覆断裂带和东西向南雄-周田断裂带的复合部位及武夷山环形构造的南西侧;矿床产于横向叠加北北东向基底隆起之上的近东西向晚侏罗世火山盆地内,即蜜坑山火山穹隆(锡坑迳锡矿田)的东南部(图 3-63)。

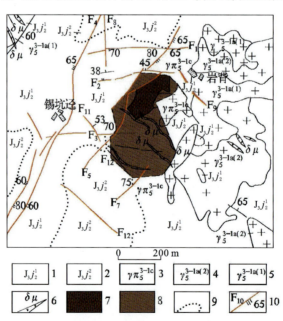

图 3-63 会昌岩背锡矿区地质略图

1.上侏罗统鸡笼嶂组火山岩第二岩性段下部;2.上侏罗统鸡笼嶂组火山岩第二岩性段中部;3.燕山晚期第一阶段补充侵入期花岗斑岩;4.燕山晚期第一阶段主体侵入期中细粒花岗岩;5.燕山晚期第一阶段主体侵入期中粗粒花岗岩;6.闪长玢岩脉;7.地表出露矿体;8.隐伏矿体;9.岩性段界线;10.断层及产状

矿区出露地层为上侏罗统鸡笼嶂组以流纹岩为主的火山岩,其 Rb-Sr 等时线年龄为 138Ma,其中厚层晶屑凝灰熔岩夹石泡凝灰岩层含锡等成矿元素丰度较高,其锡平均含量 46×10^{-6},局部峰值可高达 848×10^{-6},为主要赋矿层位。

岩背次火山花岗杂岩处于蜜坑山花岗杂岩株南东侧,均属紧随晚侏罗世火山喷发(138Ma)之后的次火山浅成—超浅成相,Rb-Sr 等时线年龄为 123.3～103.9Ma,黑云母 K-Ar 年龄为 128Ma,系燕山晚期第一阶段(早白垩世)岩浆活动的产物;可分为主体侵入期中粗粒似斑状黑云母花岗岩($\gamma_5^{3-1a(2)}$)、中细粒似斑状黑云母花岗岩($\gamma_5^{3-1a(1)}$)和补充侵入期花岗斑岩($\gamma\pi_5^{3-1c}$)。

岩背锡矿床具体受北北东向压扭性断裂 F_5、F_7 与东西向挤压性断裂 F_2、F_3 以及北西向断裂或裂隙带复合控制。北北东向压扭性断裂局部偏转为近南北向,并与东西向挤压性断裂共同形成"井"字形复合封闭构造;在所圈闭的地段内,主体侵入期次火山花岗杂岩株形成"碗形凹谷",其内补充期超浅成花岗斑岩及其形成的矿体四周边界均受两组挤压或压扭性断裂严格限制,显示出复合构造的控制斑岩体及其矿体就位。

矿体产于花岗斑岩的内、外接触带,其中 2/3 矿体位于外接触带厚层晶屑凝灰熔岩夹石泡凝灰岩层火山岩中。矿体平面呈椭圆状,纵剖面为扁平透镜状,在横剖面上,矿体东南侧翘起,西侧分支尖灭。整个矿体形态为簸箕状,总体走向 NE17°,倾向北西西,倾角 18°左右。矿体长 450m,宽 30～250m,最大厚度约 100m。

(三)地球化学特征

1. 区域地球化学异常特征

区内 1:20 万水系沉积物测量发现有 Sn、Cu、Zn、Pb、Ag、W、Mo 等元素异常,其中 Sn、Cu、Pb、Mo 等元素具三级浓度分带,浓集中心明显(图 3-64)。元素的水平分带明显,Sn、W 为矿体中心地带的异常,Cu、Zn、Pb 均为边缘带的异常。

2. 矿区地球化学异常特征

区内 1:5 万土壤地球化学测量发现有 Sn、Cu、Zn、Pb、Ag、W、Be、Bi、Li 等多元素组合的土壤地球化学异常,且与锡石等多种矿物重砂异常相叠加。土壤锡异常的衬度大于 5,而钨异常的衬度小于 2,其主成矿元素(锡)含量出现峰值,最大衬度可达 50 以上;异常形态规则清晰,均匀性和连续性好,浓度衰减呈有规律变化,且一般可划分出 2～3 个以上的不同浓度的异常带;各种元素异常之间呈现明显的水平分带,从中心到边缘,依次呈现 W、Sn—Be、Pb(Sn)、Zn、Cu—Bi、Ni、Co(Cu)—Ag、As、Mo 的元素异常组合分带;土壤地球化学异常元素衬度值累乘参数$(Pb \times Be)/(Cu \times Bi \times Ag)$为 1～5,$Sn/(Pb \times Be)$为 1～2,$Sn/(Cu \times Bi \times Ag)$为 2～5。衬度值累乘参数是指示在地表下 100m 范围内可能有隐伏矿体存在的重要判别指标。

3. 岩石地球化学异常特征

矿床原生地球化学分带,根据岩背锡矿床系统的化学分析资料和光谱定量分析资料,利用格里戈元素分带计算法进行计算,得出该矿床从矿体顶部到矿体下部的元素分带依次为 Ba—Pb—Be—As—Zn—Sn—Sb—Li—W—Mn—Ag—Cu—Bi—Mo—Nb,其 Ba、Pb、Be、As 为前缘(矿上)元素;而 Ag、Cu、Bi、Mo、Nb 为尾部(矿下)元素。

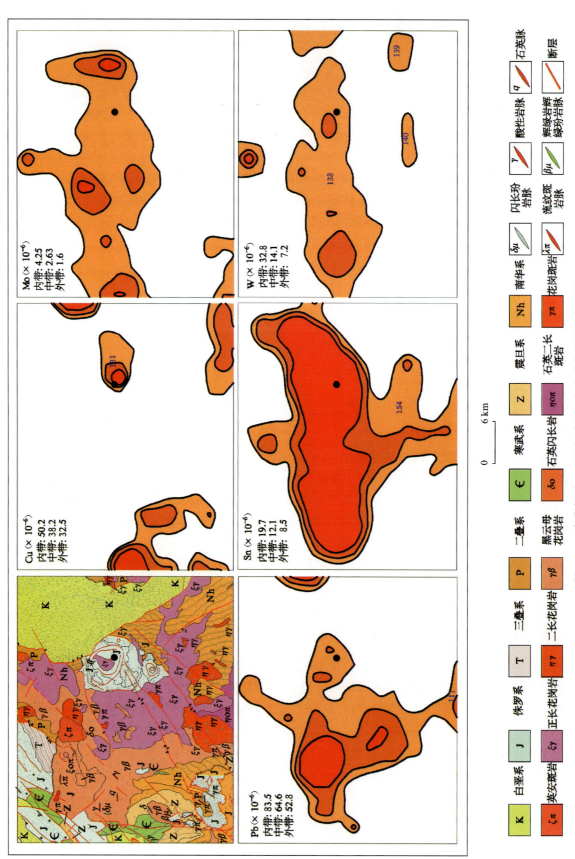

图 3-64 岩背锡矿 1:20 万水系沉积物地球化学异常剖析图

由表 3-82 列出的岩背锡矿床的原生地球化学元素分带指数可以看出,从矿体上部围岩→矿体上部→矿体中部,(Pb×Be)/(Cu×Bi×Ag)与 Sn/(Cu×Bi×Ag)分带指数呈现十分明显的规律性递降,而 Sn/Pb×Be 分带指数呈现十分明显的规律性递增。各元素分带指数的关系,无疑可作为判别该类型矿体剥蚀程度的指标而应用于隐伏矿预测。

表 3-82 会昌岩背锡矿床原生地球化学分带指数表

原生地球化学分带	钻孔	累乘值		分带指数		
		Pb×Be	Cu×Bi×Ag	Pb×Be / Cu×Bi×Ag	Sn / Pb×Be	Sn / Cu×Bi×Ag
矿体顶部蚀变火山岩（Ⅰ带）	ZK65	0.409	5.29×10⁻⁶	77 000	0.171	13 200
	ZK66	1.395	8.61×10⁻⁵	16 200	0.141	2800
矿体上部（Ⅱ带）	ZK65	1.773	8.03×10⁻²	22.08	0.827	18.27
	ZK66	2.074	8.61×10⁻³	241	0.642	155
矿体下部（Ⅲ带）	ZK65	0.392	2.025	0.160	51.70	9.29
	ZK66	0.211	3.051	0.069	35.68	2.47

（四）地质-地球化学找矿模型

综合上述矿床地质特征和地球化学特征,会昌岩背锡矿床的地质-地球化学找矿模型可简化如表 3-83 所示。

表 3-83 江西会昌岩背锡矿床地质-地球化学找矿模型表

找矿要素		描述内容			
资源储量		锡 91 159t		平均品位	Sn 0.8433%
特征描述		为次火山花岗杂岩发展演化到花岗斑岩形成的斑岩型锡矿床			
地质环境	岩石类型	上侏罗统鸡笼嶂组厚层晶屑凝灰熔岩夹石泡凝灰岩层为主的火山岩为主要赋矿层位（Rb-Sr 年龄 138Ma）。燕山晚期第一阶段（早白垩世）次火山浅成-超浅成花岗杂岩与成矿有关,其补充侵入期超浅成花岗斑岩"无根"瘤系高硅、富钾花岗质岩浆分异晚期残余熔浆的产物,与成矿有直接的成因联系			
	矿岩组构	矿体产于花岗斑岩的内、外接触带,其中 2/3 矿体位于外接触带厚层晶屑凝灰熔岩夹石泡凝灰岩层火山岩中			
	成矿时代	燕山晚期,成矿花岗斑岩瘤 Rb-Sr 年龄为 103.95±1.69Ma			
	成矿环境	岩背锡矿床具体受北北东向压扭性断裂与东西向挤压性断裂以及北西向断裂或裂隙带所圈闭形成的"井"字形封闭"碗形凹谷"复合构造控制,其内补充侵入超浅成花岗斑岩及其形成的矿体四周边界均受两组挤压或压扭性断裂严格限制,显示出复合构造的控制斑岩体及其矿体就位			
	构造背景	北北东向光泽-寻乌推（滑）覆断裂带和东西向南雄-周田断裂带的复合部位及武夷山环形构造的南西侧;矿床产于横向叠加北北东向基底隆起之上的近东西向晚侏罗世火山盆地内			

续表 3-83

找矿要素		描述内容
矿床特征	矿物组合	岩背斑岩型锡矿床中已发现矿物 36 种。其中金属矿物 16 种，以锡石、黄铜矿、黄铁矿为主，其次为闪锌矿、方铅矿、黑钨矿，此外还有少量的辉银矿、含银辉铋矿、硫铋银矿等
	结构构造	矿石以浸染状构造、细脉浸染状构造及角砾状构造为主，其结构类型有鳞片变晶结构、斑状变晶结构及乳滴状结构等
	蚀变	与花岗斑岩有关的面型蚀变，其蚀变类型有黄玉石英化、绢云母化、绿泥石化、硅化碳酸盐化和高岭土化；锡(铜)矿化与绢云母化、绿泥石化蚀变关系密切，为浸染状矿化的主要矿化期。裂隙型蚀变，可分为高温热液蚀变(黄玉石英化)、中温热液蚀变(绢云母化、绿泥石化)和低温热液蚀变(萤石、碳酸盐化)3 种。该矿床内大量的裂隙型锡(铜)矿化，与该期黄玉化、绿泥石化关系极为密切
	控矿条件	北北东向推(滑)覆断裂带旁侧上侏罗统鸡笼嶂组上段下岩组晶屑凝灰熔岩夹石泡凝灰岩火山岩赋矿层位及角砾岩化地段，是矿床形成的首要前提；含矿次火山花岗质岩浆分异演化的晚期产物——高位超浅成高硅高钾的花岗斑岩，是矿床形成的必要条件；多组断裂复合构造所圈闭的"碗形凹谷"是控制花岗斑岩岩瘤及矿体产出的重要构造条件
	风化剥蚀	矿床剥蚀程度浅，多为隐伏或半隐伏矿体
地球化学特征	区域地球化学特征	1. 元素组合：Sn、Cu、Zn、Pb、Ag、W、Mo； 2. 浓度分带：Sn、Cu、Pb、Mo 等元素具三级浓度分带，浓集中心明显。元素的水平分带明显，Cu、Zn、Pb 均为边缘带的异常，Sn、W 为矿体中心带的异常
	矿床地球化学特征	1. 元素组合：Sn、Cu、Zn、Pb、Ag、W、Be、Bi、Li； 2. 组分分带：水平分带，从中心到边缘，依次呈现 W、Sn—Be、Pb(Sn)、Zn、Cu—Bi、Ni、Co(Cu)—Ag、As、Mo；垂直分带(上至下) Ba、Pb、Be、As 为前缘(矿上)元素，Ag、Cu、Bi、Mo、Nb 为尾部(矿下)元素

二、江西省德安曾家垅锡矿床

(一)矿床基本信息

江西省德安曾家垅锡矿床基本信息见表 3-84。

表 3-84 德安曾家垅锡矿床基本信息表

序号	项目名称	项目描述
1	经济矿种	锡
2	矿床名称	德安曾家垅锡矿床
3	行政隶属地	江西省德安
4	矿床规模	中型
5	中心坐标经度	115°40′25″
6	中心坐标纬度	29°27′12″
7	经济矿种资源量	锡 34 085t，平均品位 Sn 0.78%

(二)矿床地质特征

德安曾家垄锡矿床处于下扬子地块江南东部隆起带与下扬子坳陷带南端,星子变质核杂岩南西,为一系列近北北东向弧形滑脱断裂带所围绕的彭山伸展穹隆构造北段近轴部的转折位置(图3-65)。

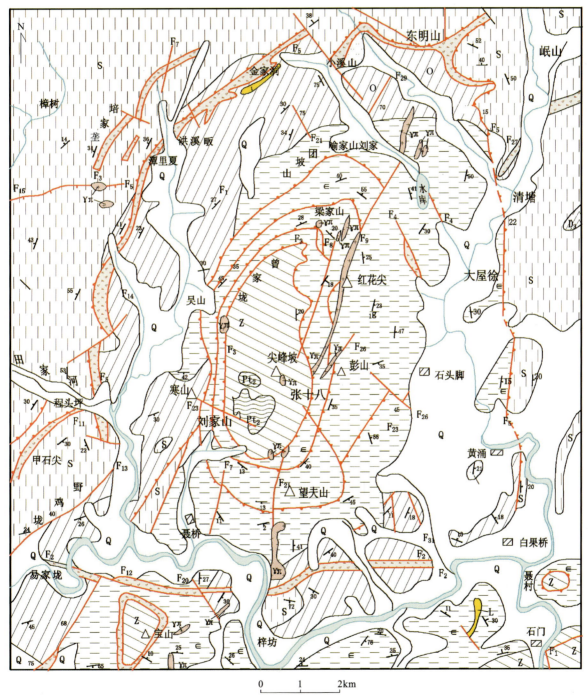

图 3-65　德安曾家垄地区地质构造图

1.第四系;2.上泥盆统;3.志留系;4.奥陶系;5.寒武系;6.震旦系;7.中元古代基底;8.细晶岩脉;9.花岗斑岩脉;10.构造角砾岩;11.产状;12.逆冲推覆断层

矿区地层由东到西、北西依次出露南华系莲沱组及南沱组、震旦系陡山沱组及灯影组、下寒武统王音铺组、观音堂组以及中寒武统杨柳岗组等地层，双桥山群只在钻孔中见到。

区内成矿岩体为彭山隐伏岩体，侵入于伸展穹隆构造的核部，由早白垩世二云母花岗岩瘤及黑云母花岗岩瘤组成，岩体大部分埋藏于地表50m以下，呈北东向展布，平面呈橄榄状，北西侧略呈舌状，长5000m，宽3500m，控制深度达650m。

矿区主要构造为彭山伸展穹隆核部及其下部滑脱断裂系。彭山伸展穹隆核部为中元古界双桥山群低绿片岩相绢云钠长石变质岩、中酸性火山角砾岩、中酸性火山熔岩和酸性花岗岩形成的岩浆-变质杂岩，核部周围是南华系、震旦系和寒武系。滑脱剥离断层及层间滑脱破碎带是控制曾家垅锡矿床成矿系列（矿带、体分布，矿体结构构造及矿化蚀变分带，矿化富集规律与成矿环境等）的重要构造类型。

矿区大多数矿体均为环绕隐伏花岗岩体北峰东南侧外接触带的层状、似层状或透镜状矿体，一般离地面50～200m，共有大小矿体60余个，分别赋存于10个矿带中。矿体形态与地层产状一致，总体倾向北西320°～340°，倾角平缓，一般13°～25°。矿体连续性较好，最主要的有3个矿体：Ⅳ-1、Ⅵ-1、Ⅶ-1，产于震旦系陡山沱组岩性变异的层间滑脱破碎带中，矿体长500～800m，延伸280～750m。

（三）地球化学特征

1. 区域地球化学异常特征

1∶20万水系沉积物地球化学测量圈出Sn、Cu、Zn、Pb、W、Mo、As、Ag等元素异常，其中Sn、Cu、Zn、Mo等元素具三级浓度分带，浓集中心明显（图3-66）。异常具有明显的水平分带，Zn、Pb均为边缘带的异常，Sn、W、Cu为矿体中心带的异常。

2. 矿区地球化学特征

德安曾家垅锡矿床与Sn、Cu、Zn、Mo、W等异常吻合较好，矿床位于Sn、Zn元素的异常内带，Cu、Mo元素的异常中带，W元素的异常外带上，可见德安曾家垅锡矿床的剥蚀程度：Sn、Zn剥蚀程度最强，Cu、Mo的剥蚀程度次之，W的剥蚀程度最弱。各元素异常参数见表3-85。

表3-85 德安曾家垅锡矿床元素异常参数表

元素名称	异常面积(km^2)	异常平均值($\times 10^{-6}$)	衬度值	异常规模(km^2)	变异系数	异常解释
Sn	130.1	23.41	2.75	358.30	5.71	异常呈不规则椭圆状分布在区域的中心，南北向展布。三级浓度分带，浓集中心明显。异常分带较陡。异常与成矿岩体吻合，且与已知矿点吻合程度高，为矿致异常
Mo	33.50	3.34	2.09	69.93	5.06	异常呈不规则椭圆状分布在区域的中心，南北向展布。三级浓度分带，浓集中心明显。异常与成矿岩体吻合，且与已知矿点吻合程度高，为矿致异常
W	19.90	10.47	1.45	28.94	3.75	异常呈不规则椭圆状分布在区域的中心，南北向展布，异常只有外带。异常与成矿岩体吻合，且与已知矿点吻合程度高，为矿致异常
Cu	12.48	76.55	2.36	29.40	3.87	异常呈不规则圆状分布在区域的中心，异常三级浓度分带，浓集中心明显。异常与成矿岩体吻合，且与已知矿点吻合程度高，为矿致异常
Zn	19.70	161.37	1.67	32.91	2.48	异常呈不规则圆状分布在区域的中心，异常三级浓度分带，浓集中心明显。异常与成矿岩体吻合，且与已知矿点吻合程度高，为矿致异常

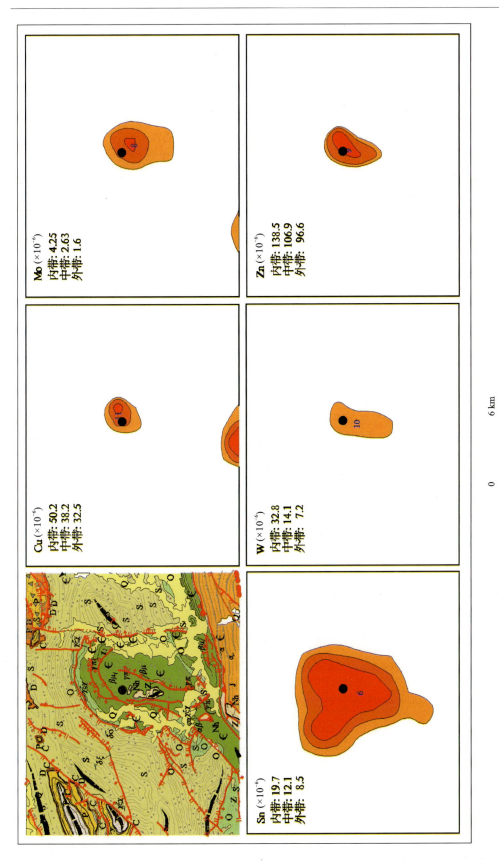

图 3-66 德安曾家垅锡矿床1:20万水系沉积物地球化学异常剖析图

3. 岩石地球化学异常特征

矿区北部为堇青石及红柱石斑点角岩、斑点板岩带，Sn 含量普遍较高，其中斑点角岩 Sn($150\sim500$)$\times10^{-6}$（31 个样品），斑点板岩 Sn($100\sim120$)$\times10^{-6}$（11 个样品），角岩化板岩 Sn($50\sim80$)$\times10^{-6}$（15 个样品），变质砂岩 Sn($5\sim40$)$\times10^{-6}$（83 个样品），有的斑点角岩化学分析 Sn 含量超过 0.1％。

矿区南部细粒含斑二云二长花岗岩，主体岩石化学成分具高硅富碱、低钙镁铁、高挥发分，铝过饱和及稀土铈亏损等特点。岩石中 Sn、W、Bi、Cu、Pb、Zn、Nb、Ta、F、P、B 等元素含量较高，其中 Sn、W 含量高达 36×10^{-6} 和 ($6\sim21$)$\times10^{-6}$。

（四）地质-地球化学找矿模型

根据德安曾家垅锡矿床地质-地球化学特征，归纳总结德安曾家垅锡矿床地质-地球化学找矿模型，见表 3-86。

表 3-86　江西省德安曾家垅锡矿床地质-地球化学找矿模型表

成矿要素		描述内容		
资源储量		Sn 34 085t	平均品位	Sn 0.78％
特征描述		曾家垅式锡石-硫化物型锡矿床		
地质环境	岩石类型	成矿岩体为彭山隐伏岩体，侵入于伸展穹隆构造的核部，为早白垩世二云母-黑云母花岗岩瘤，岩石化学成分具高硅富碱、低钙镁铁、高挥发分，铝过饱和及稀土铈亏损等特点；微量元素 W、Sn、Li、Be、Rb 等较高；全岩 ^{87}Sr/^{86}Sr 初始值 $0.7179\sim0.7327$，$\delta O18 14.1‰$（SMOW），属 S 型花岗岩		
	矿岩组构	矿体产于岩体外接触带，为层状、似层状或透镜状矿体，共有大小矿体 60 余个，分别赋存于 10 个矿带中，空间上总体自南东向北作叠瓦式排列，最主要的 3 个矿体产于震旦系陡山沱组岩性变异的层间滑脱破碎带中		
	成矿时代	燕山晚期，成矿二云母-黑云母花岗岩瘤 Rb-Sr 同位素年龄为 127Ma		
	成矿环境	多层次滑脱剥离断层及层间滑脱破碎带是控制矿带、矿体分布、矿体结构构造及矿化蚀变分带、矿化富集规律与成矿环境等的重要构造类型。极大多数矿体均顺层分布，锡石硫化物（矽卡岩）型矿体与地层中的碳酸盐夹层有关		
	构造背景	处于星子变质核杂岩西，为一系列近北北东向弧形滑脱断裂带所围绕的彭山伸展穹隆构造北段近轴部的转折位置。矿区主要构造为彭山伸展穹隆核部及其下部滑脱断裂系		
矿床特征	矿物组合	已有矿物达 40 多种，主要矿石矿物有锡石、磁黄铁矿、磁铁矿、闪锌矿、穆磁铁矿、黄铁矿、黄铜矿、毒砂、马来亚石等；主要脉石矿物有透辉石、透闪石、石榴子石、符山石、阳起石、硅灰石、绿泥石、电气石、石英、云母、萤石等		
	蚀变	蚀变类型主要为云英岩化、矽卡岩化、绿泥石化。从下往上依次为云英岩蚀变系列和矽卡岩蚀变系列。前者与基底滑脱断层中的构造裂隙关系密切，分别有云英岩化为主的毒砂矿床和绿泥石化为主的铅锌矿床；后者与次级滑脱断层及其派生的层间滑脱断层关系密切，主要为锡石矽卡岩等		
	控矿条件	伸展穹隆及其多层次滑脱剥离断层及层间滑脱破碎带是矿床形成的首要前提；早白垩世高硅富碱、低钙镁铁、高挥发分二云母-黑云母花岗岩，是矿床形成的必要条件		
	风化剥蚀	矿床剥蚀程度浅，多为隐伏或半隐伏矿体		

续表 3-86

成矿要素		描述内容
地球化学特征	区域地球化学特征	1. 异常元素组合：Sn、Cu、Zn、Pb、W、Mo、As、Ag； 2. Sn、Cu、Zn、Mo 等元素具三级浓度分带，浓集中心明显； 3. 元素具一定水平分带，Zn、Pb 均为边缘带的异常，Sn、W、Cu 为矿体中心部位的异常
	矿床地球化学特征	1. 异常元素组合：Sn、Cu、Zn、Mo、W； 2. 锡异常面积大、强度高，具主成矿元素特点； 3. 异常具垂向分带现象

第四章 地球化学找矿预测

第一节 地球化学异常特征

华东地区地球化学综合异常是在华东五省单矿种综合异常的基础上圈定的，全区共圈定综合异常339个（图4-1），对每一个综合异常从异常面积、元素组合、异常浓集中心、异常套合关系、地质背景（地层、岩浆岩、构造）、与矿床（点）的对应关系等方面进行了解释评价。通过异常解释评价可知，异常与已知矿床（点）、岩体、构造的关系非常密切。根据华东地区成矿地质背景和地球化学特征分析，区内可以分为Cu、Ag、PbZnAg、Mo、W、Sn、Sb为主成矿元素的7类异常。

一、以Cu为主的地球化学综合异常分布特征

以Cu为主的综合异常在全区都有分布，但主要分布在长江中下游成矿带沿江成矿亚带、钦杭东段北部成矿带怀玉山成矿亚带、钦杭东段北部成矿带广丰-诸暨成矿亚带、浙中-武夷隆起成矿带遂昌-建阳成矿亚带、永安-梅州-惠阳（坳陷）成矿带中、桐柏-大别-苏鲁成矿带桐柏-大别成矿亚带；其他成矿亚带仅有零星分布。

长江中下游成矿带沿江成矿亚带以Cu为主综合异常主要分布于江西省瑞昌市，安徽省潜山县—矾山县—当涂县、安徽省池州市—铜陵市—宣城市、江苏省南京市铜井—句容市安基山一带，呈北东向展布，异常元素组合主要以Cu-Au-Pb-Zn-Ag-Mo-Bi为主，其Z-67、Z-73、Z-78、Z-91、Z-99、Z-128综合异常，异常元素组合复杂、异常元素套合好、浓集中心明显、异常规模大、成矿地质条件优越，与已知矿对应关系较好，对扩大已知矿产远景具有一定意义。

钦杭东段北部成矿带怀玉山成矿亚带以Cu为主的综合异常主要分布于江西省上饶枫岭头—葛源一带，呈北北西向展布，异常元素组合主要为Cu-Au-Zn-Mo-Sn。

钦杭东段北部成矿带广丰-诸暨成矿亚带以Cu为主的综合异常主要分布于浙江省江山市—云溪—绍兴市一带，呈北东向展布，异常元素组合主要为Cu-Au-Pb-Zn-Ag-Mo，其Z-122、Z-125综合异常，异常元素组合复杂、套合好、浓集中心明显、成矿地质条件优越，有一定的找矿潜力。

浙中-武夷隆起成矿带遂昌-建阳成矿亚带以Cu为主的综合异常主要分布于福建省将乐—建阳大金山—武夷山龙井坑一带，呈北东向展布，异常元素组合为Cu-Pb-Zn-Ag-Au-W-Mo-Bi，其Z-211、Z-244综合异常，异常元素组合复杂、异常套合好、浓集中心明显、异常规模大、成矿地质条件优越、与已知矿对

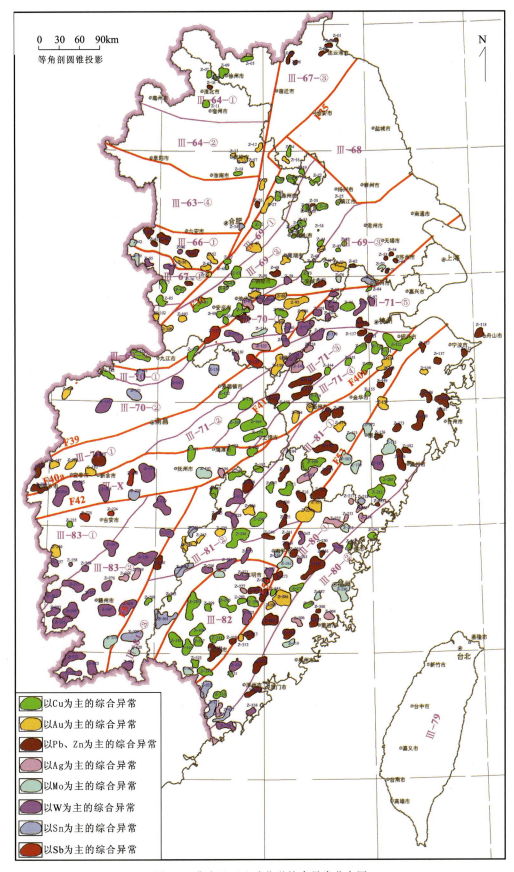

图 4-1 华东地区地球化学综合异常分布图

应关系好,有一定的找矿潜力。

永安-梅州-惠阳(坳陷)成矿带以 Cu 为主综合异常主要分布于上杭紫金山—连城庙前—大田银顶格一带,呈北东向展布,异常元素组合为 Cu-Au-Pb-Zn-Ag-W-Sn-Mo-Bi-As-Sb-Bi-Mn,其 Z-292、Z-311、Z-317 综合异常,异常元素组合复杂、异常套合好、浓集中心明显、异常规模大、成矿地质条件优越、与已知矿对应关系好,有一定的找矿潜力。

桐柏-大别-苏鲁(造山带)成矿带桐柏-大别成矿亚带以 Cu 为主的综合异常主要分布于太湖县枫树坳—岳西县一带,呈北东向展布,异常元素组合主要为 Cu-Pb-W-Mo。

二、以 Au 为主的地球化学综合异常分布特征

以 Au 为主的地球化学综合异常具有带状分布的特点,尤其是不同级别大地构造单元和成矿单元的分界(线)带上。主要沿郯庐断裂带两侧、北淮阳对接带两侧、江南隆起带边缘、政和-大埔断裂带、丽水-余姚断裂带等分布以 Au 为主的地球化学综合异常。

沿郯庐断裂带以 Au 为的主综合异常主要分布于五河县—凤阳县—滁州一带,呈北东东向展布,异常元素组合主要为 Au-Cu-Pb-Zn-Ag-Bi。该带金矿尚未形成较大的突破,具有较好的找矿前景。

北淮阳对接带两侧以 Au 为主的综合异常主要分布于霍山县—舒城县一带,呈近东西向展布,异常元素组合主要为 Au-Ag-Pb-Sn-Mo-W-Sb。

江南隆起带边缘深断裂以 Au 为主的综合异常主要分布于江西省修水县大椿、安徽省泾县—宁国市,异常元素组合主要为 Au-Pb-Zn-Mo-Sn-Sb,其中 Z-106 综合异常异常元素组合复杂,套合好、浓集中心明显,有一定扩大找矿远景的意义。

浙闽粤沿海成矿带以 Au 为主的综合异常主要分布于浙江省永康市千祥,福建省政和夏山、建瓯岭源等地,异常分带特征不明显,异常元素组合为 Au-Ag-Pb-Zn-Cu。

三、以 PbZnAg 为主的地球化学综合异常分布特征

以 PbZnAg 为主的地球化学综合异常具有带状分布的特点,又有面上分布的特点。带状分布与以 Au 为主的地球化学综合异常具有相似性,按断裂构造控制;面上分布的特点与火山构造密切相关。主要分布在苏州—宣城—芜湖—六安东西向基底构造分布区、钦杭东段、浙闽粤沿海火山岩分布区。

苏州—宣城—芜湖—六安东西向基底构造分布区以 PbZnAg 为主综合异常主要分布于金寨县(柳树沟、银水寺、汞洞冲)—霍山县—桐城市一带,池州市—繁昌市—宣州市、江苏省溧阳小梅岭—苏州市南阳山一带,异常元素组合主要为 Pb-Zn-Ag-Au-Cu-Mo-W-Sn-Sb,其中 Z-40、Z-42 综合异常,异常元素组合复杂、异常元素套合好、规模大、浓集中心明显,成矿地质条件优越,与已知矿对应关系较好,对扩大已知矿产远景具有一定意义;其 Z-68、Z-69、Z-92 综合异常,异常元素组合复杂、异常元素套合好、浓集中心明显、异常规模大、成矿地质条件优越,有一定的找矿潜力。

钦杭东段以 PbZnAg 为主的综合异常主要分布于江西省上栗县、湘东麻山、鹄山等地,异常元素组

合主要为 Pb-Zn-Ag-Cu-Sn-Sb；其中 Z-149、Z-149 异常元素组合复杂、异常元素套合好、浓集中心明显、异常规模大、成矿地质条件优越，有一定的找矿潜力。

浙闽粤沿海成矿带以 PbZnAg 为主的综合异常分布于沿海火山喷发带，主要位于福建省安溪—德化—古田、浙江省宜春市武功山—温州市—三门县，福建省建阳—松溪，浙江省龙泉市—玉岩—东白山一带，呈北东向展布，异常元素组合主要为 Pb-Zn-Ag-Cu-Au-Mo，其 Z-132、Z-170、Z-313、Z-314、Z-180、Z-198、Z-202、Z-216、Z-220 等综合异常，异常元素组合复杂、套合好、浓集中心明显、异常规模大、成矿地质条件优越、与已知矿对应关系较好，有一定的找矿潜力。

四、以 Mo 为主的地球化学综合异常分布特征

以 Mo 为主的地球化学综合异常主要分布于北秦岭成矿带北淮阳成矿亚带（Ⅲ-66-①）、钦杭东段南部成矿带（Ⅲ-X）、浙闽粤沿海成矿带（Ⅲ-80）。其中北秦岭成矿带北淮阳成矿亚带以 Mo 为主的综合异常主要分布于金寨县沙坪沟，异常元素组合为 Mo-Pb-Zn-Cu-Ag-Sb，异常元素组合复杂，异常套合好、异常规模大、浓集中心明显，对扩大已知矿产远景具有一定意义；钦杭东段南部成矿带以 Mo 为主的综合异常主要分布于江西省金溪县熊家山，呈近东西向展布，异常元素组合为 Mo-Pb-Zn-Cu-Au-Ag-W，异常元素组合复杂、异常套合好、浓集中心明显、异常规模大、成矿地质条件优越，与已知矿对应关系较好，有一定找矿潜力；浙闽粤沿海成矿带以 Mo 为主的综合异常主要分布于福建省南平下清风、长乐市—南安山溪，浙江省丽水银场—云和岗头庵、青田石平川等地区，呈北东向展布，异常元素组合为 Mo-W-Cu-Pb-Zn-Bi。

五、以 W 为主的地球化学综合异常分布特征

以 W 为主的地球化学综合异常主要分布于江南隆起东段成矿带（Ⅲ-70）、钦杭东段北部成矿带天目山成矿亚带（Ⅲ-71-⑤）、钦杭东段南部成矿带（Ⅲ-X）、浙中-武夷隆起成矿带南武夷成矿亚带（Ⅲ-81-③）、南岭成矿带雩山隆褶带成矿亚带（Ⅲ-83-②）。其中江南隆起东段成矿带以 W 为主的综合异常主要分布于江西省武宁县大湖塘—永修县邓家山—浮梁县茅棚店，安徽省芦溪—黄山乡莲花峰—绩溪县一带，呈北东向展布，异常元素组合主要为 W-Sn-Mo-Cu-Pb-Zn-Ag-Sb-Bi，其 Z-119、Z-161 综合异常，异常元素组合复杂、异常元素套合好、浓集中心明显、异常规模大、成矿地质条件优越、与已知矿对应关系较好，对扩大已知矿产远景具有一定意义；钦杭东段北部成矿带天目山成矿亚带其中以 W 为主的综合异常主要分布于安徽省绩溪县、宁国县，浙江省武康县、德清县一带，呈北东向展布，异常元素组合主要为 W-Sn-Sb-Cu-Au-Pb-Zn，其 Z-94、Z-96、Z-111、Z-115 综合异常，异常元素组合复杂、异常套合好、浓集中心明显、成矿地质条件优越、与已知矿对应关系较好，有一定的找矿潜力；钦杭东段南部成矿带其中以 W 为主的综合异常主要分布于江西省浒坑—砚溪—丰城县一带，呈北东向展布，异常元素组合为 W-Sn-Mo-Cu-Pb-Zn-Sb，其 Z-194、Z-205、Z-214 综合异常，异常元素组合复杂、异常套合好、浓集中心明显、异常规模大、成矿地质条件优越，与已知矿对应关系较好，有一定的找矿潜力；浙中-武夷隆起成矿带南武夷成

矿亚带以 W 为主的综合异常主要分布于寻乌县—周田—长汀濯田一带,呈北东向展布,异常元素组合主要为 W-Sn-Mo-Pb-Zn-Ag-Cu-Au-Bi;南岭成矿带零山隆褶带成矿亚带以 W 为主的综合异常遍布此成矿亚带,异常沿成矿带呈北东向展布,异常元素组合为 W-Sn-Mo-Pb-Zn-Ag-Cu-Au-Sb,其 Z-219、Z-237、Z-259、Z-275、Z-276、Z-282、Z-295、Z-296、Z-297、Z-298、Z-305、Z-322、Z-323 等综合异常,异常元素组合复杂、异常套合好、浓集中心明显、异常规模大、成矿地质条件优越、与已知矿对应关系好,有一定的找矿潜力。

六、以 Sn 为主的地球化学综合异常分布特征

以 Sn 为主的地球化学综合异常主要分布于江南隆起东段成矿带(Ⅲ-70)、浙闽粤沿海成矿带华安-浙东成矿亚带(Ⅲ-80-①)、浙中-武夷隆起成矿带南武夷成矿亚带(Ⅲ-81-③)。其中江南隆起东段成矿带以 Sn 为主的综合异常主要分布于江西省浮梁县茅棚店、德安县百福脑、永修县邓家山,异常元素组合主要为 Sn-W-Cu-Au-Pb-Ag,其 Z-138、Z-143 综合异常,异常元素组合复杂、异常元素套合好、浓集中心明显、异常规模大、成矿地质条件优越、与已知矿对应关系较好,对扩大已知矿产远景具有一定意义;浙闽粤沿海成矿带华安-浙东成矿亚带以 Sn 为主的综合异常主要分布于福建省平和湖丁、诏安龙伞嶂、云霄安吉等地区,异常呈北西向带状展布,异常元素组合为 Sn-Cu-Pb-Zn-Au-Sb-Bi,其 Z-337 综合异常,异常元素组合复杂、异常套合好、浓集中心明显、异常规模大、成矿地质条件优越、与已知矿对应关系好,有一定的找矿潜力;浙中-武夷隆起成矿带南武夷成矿亚带以 Sn 为主的综合异常主要分布于江西省会昌县岩背、福建省长汀濯田—宁化一带,呈北东向展布,异常元素组合主要为 Sn-W-Cu-Ag-Bi-Mo,其 Z-309 综合异常,异常元素组合复杂、异常规模大、与已知矿对应关系较好,有一定的找矿潜力。

七、以 Sb 为主的地球化学综合异常分布特征

以 Sb 为主的地球化学综合异常分带特征不明显,主要散布于安徽省东至县花山、流口镇,江西省新干县、洲湖—吉水县等地,异常元素组合为 Sb-Au-W-Pb-Zn,其 Z-113 综合异常,异常元素组合复杂、异常套合好、异常规模大、浓集中心明显,有一定扩大找矿远景的意义。

第二节 地球化学找矿预测区

一、地球化学预测区的确定方法

地球化学预测区主要是指依据地球化学综合异常特征,结合地质矿产背景条件所圈定的找矿预测区。地球化学预测区是在Ⅲ级成矿带范围内,根据成矿带内地球化学综合异常分布特点,综合区域成矿地质背景成果,包括地质、矿产、物探、自然重砂异常特征等研究成果,结合典型矿床地质-地球化学找矿

模型,提取与成矿有关的信息,圈定找矿预测区范围。地球化学预测区内一般应具有与预测矿床类型相同或相似的组合元素异常,且异常强度与规模较大;同样应具有已知的矿床(点)或具有与已知矿床或矿化点相同或相似的成矿地质条件。

(一)地球化学预测区分类

根据工作程度、地球化学异常特征、地质矿产背景有利程度,地球化学预测区可以分为A、B、C三类。

A类:成矿地质条件有利、矿化和物化探找矿标志明显且叠合好;或已知工业矿床的深部和外围有扩大储量的可能地区。

B类:成矿地质条件较好,主要赋矿部位、控矿构造、成矿母岩基本明确,地表蚀变、物化探找矿标志明显;预测矿种的地球化学异常均是甲、乙类,区内有希望找到工业矿体或小型矿床的地区。

C类:具有一定成矿地质条件,地表矿化蚀变、物化探异常较明显;预测矿种的异常均是乙、丙类,区内通过深入工作有希望找到工业意义的矿产。

(二)圈定方法

1. 单矿种地球化学找矿预测区的圈定

根据各矿种地质-地球化学找矿模型,分析主成矿元素及伴生元素地球化学异常特征,综合研究区域成矿地质背景;在Ⅲ级成矿带内圈定各矿种综合异常图,并结合主成矿元素异常图,确定各矿种地球化学找矿预测区。

2. 多矿种综合找矿预测区的圈定

在金、银、铜、铅、锌、钨、锡、钼、镍、锑、稀土11个单矿种地球化学找矿预测区的基础上,将各矿种预测区套合,并按单矿种预测区范围大小或强弱程度排序,确定主要成矿矿种组合,同时,按单矿种找矿预测区范围大小和覆盖范围程度等圈出综合找矿预测区范围,并形成多矿种综合地球化学找矿预测区。

由于受景观区限制,对不适宜采用水系沉积物测量地区,本次单矿种或综合找矿预测区等未进行圈定。

二、银矿找矿预测区

华东地区共圈定银矿地球化学找矿预测区84处,主要分布在安徽南部、江西东部、浙江西部、福建北部一带。大多为伴生银矿,主要有矽卡岩型、陆相火山岩型及斑岩型、岩浆热液型、层控热液型等。银矿预测区分布位置见图4-2,各预测区银异常地球化学参数详见表4-1。浙江省开化油溪口、龙泉下湾、安吉-杭垓、云和鹤溪,安徽省铜陵、青阳、伏岭、宁国墩、池州,江西省上犹-赣县、彭泽等29个预测区高含量特征明显,背景值是华东地区的2倍以上,富集明显,是寻找银矿的有利区域。

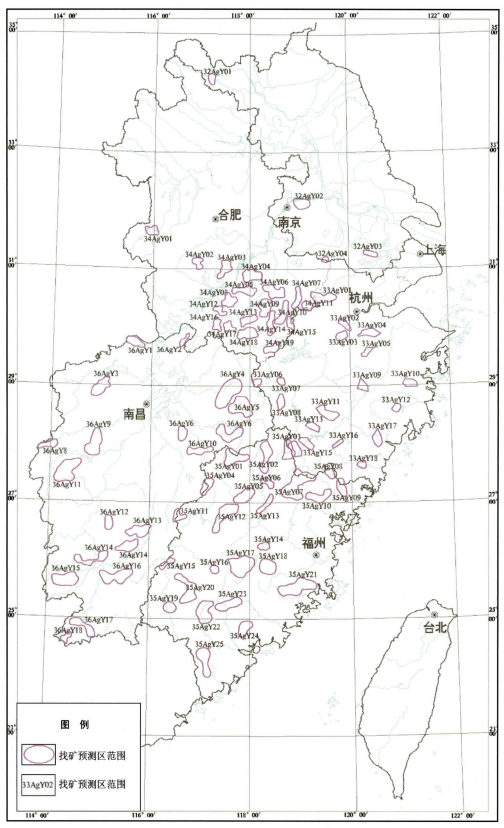

图 4-2 华东地区银地球化学找矿预测图

表 4-1 华东地区银找矿预测图地球化学参数表

序号	编号	省份	名称	面积（km²）	总样品数（个）	最大值（×10⁻⁹）	最小值（×10⁻⁹）	平均值（×10⁻⁹）	剔除2.5倍后 样品数（个）	剔除2.5倍后 平均值（×10⁻⁹）
1	32AgY01	江苏	徐州	189.74	31	1800	43	162.71	30	108.13
2	32AgY02		栖霞山-老人峰	397.04	97	2100	30	188.13	95	159.46
3	32AgY03		谭山-凤凰山	146.89	40	882.5	27	165.79	38	130.16
4	32AgY04		溧阳杨店	91.09	46	253	32.75	109.67	44	103.32
5	33AgY01	浙江	安吉-杭垓	719.46	216	2200	40	355.99	206	289.02
6	33AgY02		富阳	275.77	68	1000	60	171.59	65	142.89
7	33AgY03		桐庐	302.66	77	570	29	144.71	75	134.44
8	33AgY04		绍兴	480.65	113	440	62	154.01	108	142.16
9	33AgY05		诸暨璜山	249.66	52	860	35	129.88	51	115.57
10	33AgY06		开化油溪口	200.03	52	1800	58	384.33	51	356.57
11	33AgY07		常山岩前	180.95	42	1050	63	215.19	41	194.83
12	33AgY08		江山	330.86	83	550	34	133.01	77	107.53
13	33AgY09		永康方岩	548.25	76	910	50	139.74	73	117.67
14	33AgY10		临海市龙珠山	398.04	84	670	32	135.89	81	117.96
15	33AgY11		遂昌-松阳	637.95	162	3300	40	202.98	158	143.56
16	33AgY12		黄岩五部	192.99	50	5000	47	352.98	48	194.77
17	33AgY13		龙泉下湾	376.38	78	1500	52	377.35	74	323.42
18	33AgY15		龙泉下湾	376.38	96	2400	40	232.60	93	176.67
19	33AgY16		云和鹤溪	299.05	36	1200	72	291.86	35	265.91
20	33AgY17		青田-温州	617.45	100	400	45	125.09	96	116.34
21	33AgY18		平阳县三门	192.54	50	2700	50	189.34	48	113.90
22	34AgY01	安徽	金寨	360.07	92	1019	43	84.36	91	74.09
23	34AgY02		桐城	326.31	84	830	67	117.14	83	108.55
24	34AgY03		庐江	552.37	132	440	69	126.69	128	118.85
25	34AgY04		铜陵	681.12	172	5123	40	466.34	166	353.37
26	34AgY05		青阳	577.23	142	5100	32	361.38	138	275.09
27	34AgY06		泾县	738.06	184	1967	32	241.76	178	194.14
28	34AgY07		宁国	428.59	113	1414	50	253.05	108	208.85
29	34AgY08		池州	543.29	140	4350	58	324.27	136	244.40
30	34AgY09		茂林	680.61	172	3250	62	177.99	170	155.04

续表 4-1

序号	编号	省份	名称	面积 (km²)	总样品 数(个)	最大值 (×10⁻⁹)	最小值 (×10⁻⁹)	平均值 (×10⁻⁹)	剔除2.5倍后	
									样品数(个)	平均值 (×10⁻⁹)
31	34AgY10	安徽	绩溪	598.44	148	1818	68	187.25	147	176.16
32	34AgY11		宁国墩	272.41	84	3233	57	316.18	82	263.73
33	34AgY12		石台	273.23	69	697	51	174.70	66	153.91
34	34AgY13		焦村	435.18	108	856	70	141.89	104	125.24
35	34AgY14		歙县	507.97	127	2600	53	216.96	123	173.42
36	34AgY15		伏岭	219.32	63	2300	44	320.33	61	264.44
37	34AgY16		丁香	324.85	80	1297	52	278.08	76	230.08
38	34AgY17		牯牛降	303.7	76	814	79	169.05	73	147.40
39	34AgY18		黟县	672.94	168	1934	73	245.34	162	203.19
40	34AgY19		黄山	401.75	105	884	51	135.99	102	118.44
41	35AgY01	福建	光泽司前-武夷山洋庄	953.33	250	3920	30	225.08	247	199.19
42	35AgY02		浦城屏峰-武夷山龙井坑	872.06	225	1120	40	183.96	216	155.97
43	35AgY03		浦城官司坪-松溪半岭	634.9	215	3680	12	282.55	212	240.37
44	35AgY04		光泽上观-邵武金坑	507.91	170	1080	0.8	156.27	164	133.21
45	35AgY05		顺昌仁寿-建阳大金山	765.83	192	3000	50	224.84	190	202.47
46	35AgY06		建阳水吉-黄地	296.14	72	3500	50	199.03	71	152.54
47	35AgY07		政和锦屏-建瓯小坑	1828.27	537	2730	1	271.05	521	217.18
48	35AgY08		寿宁大安	255.93	66	2600	80	302.15	63	218.44
49	35AgY09		柘荣英山	478.08	136	11 500	42	345.07	134	236.04
50	35AgY10		周宁芹溪-桐岔	687.46	172	5200	70	278.72	168	178.81
51	35AgY11		建宁椒坑	362.87	125	680	0.8	145.81	120	128.05
52	35AgY12		将乐新路口-龙栖山	1139.21	287	4200	50	191.78	283	165.69
53	35AgY13		建瓯钟山-南雅	380.18	95	940	60	170.53	91	145.71
54	35AgY14		尤溪梅仙	268.62	70	1070	40	188.43	68	167.06
55	35AgY15		长汀张地-坝下	283.8	84	2700	60	225.17	82	179.44
56	35AgY16		永安洪田	220.09	53	33 700	40	790.38	52	157.50
57	35AgY17		大田龙凤场-银顶格	1479.28	371	6000	40	268.73	360	202.50
58	35AgY18		尤溪龙门场	765.8	192	1700	50	196.25	185	154.11
59	35AgY19		上杭紫金山	407.4	102	7160	30	338.53	99	206.36
60	35AgY20		连城坪上-庙前	1116.82	273	11 700	50	278.68	270	209.19

续表 4-1

序号	编号	省份	名称	面积（km²）	总样品数（个）	最大值（×10⁻⁹）	最小值（×10⁻⁹）	平均值（×10⁻⁹）	剔除2.5倍后	
									样品数（个）	平均值（×10⁻⁹）
61	35AgY21	福建	仙游修园-福清下溪底	1496.08	372	1320	30	223.02	363	206.32
62	35AgY22		龙岩马坑	1062.62	270	5300	20	365.85	261	239.77
63	35AgY23		漳平洛阳-安溪潘田	793.94	199	1570	50	218.24	191	177.12
64	35AgY24		安溪阳地-长泰钟魏	570.37	142	1550	30	164.72	138	141.01
65	35AgY25		平和黄帝殿-大望山	940.79	232	1800	40	202.97	222	158.87
66	36AgY01	江西	城门山	481.26	120	12 500	60	295.26	119	192.70
67	36AgY02		彭泽	188.78	46	3240	86	310.78	45	245.69
68	36AgY03		石门楼	780.74	197	3000	28	155.41	191	115.37
69	36AgY04		德兴银山	1736.25	432	35 136	6.4	311.26	428	181.09
70	36AgY05		上饶	1024.04	316	2416	24	241.93	309	210.35
71	36AgY06		港口-永平	840.27	330	4400	52	244.15	319	168.66
72	36AgY07		东乡	403.37	8	218	96	147.38	8	147.38
73	36AgY08		宜春	388.65	106	4658	0.8	203.12	105	160.69
74	36AgY09		新余-上高	1106.08	273	4247	0.8	211.55	267	173.56
75	36AgY10		金溪-贵溪	544.78	117	4600	40	171.01	116	132.83
76	36AgY11		安福-分宜	1683.64	368	9179	20.55	250.59	359	157.46
77	36AgY12		兴国小龙镇	359.36	86	15 500	30.14	343.13	85	164.82
78	36AgY13		兴国-宁都	801.55	204	9300	30	309.18	201	205.83
79	36AgY14		兴国-于都	656.09	332	2800	30	178.84	322	119.98
80	36AgY14		上犹-赣县	688.57	265	132 000	42	911.65	263	315.92
81	36AgY15		崇义-大余	1048.88	292	13 500	30	357.72	286	217.32
82	36AgY16		赣县-会昌	988.74	164	12 000	38	264.70	162	164.26
83	36AgY17		三南	671.78	64	3500	45	197.58	63	145.16
84	36AgY18		大吉山	228.38	12 530	132 000	0.8	256.91	12 478	215.27

三、金矿找矿预测区

华东地区共圈定金矿地球化学找矿预测区71处，主要分布于安徽南部、江西东部、浙江西部、福建北部地区。预测金矿主要类型为热液型、陆相火山岩型、矽卡岩型等。金矿预测区分布位置见图4-3，各预测区金异常地球化学参数等详见表4-2。江苏省苏州西部、铜井-陆郎-南山，浙江的萧山-绍兴，安徽

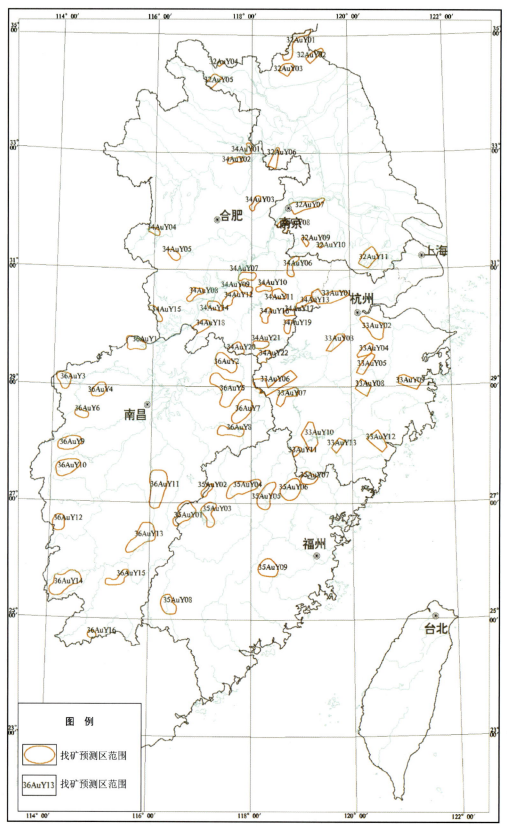

图 4-3 华东地区金地球化学找矿预测图

的铜陵、汪村、泾县、池州、休宁、青阳,福建的德化石头坂、上杭紫金山、建瓯党城、泰宁何宝山等 39 个预测区 Au 高含量特征明显,背景值是华东地区的 2 倍以上,其中安徽的铜陵、汪村、泾县、池州预测区内金背景值达 4 倍以上,富集特征明显,是寻找金矿的有利区域。

表 4-2　华东地区金矿找矿预测区地球化学参数表

序号	编号	省份	名称	面积 (km²)	总样品数(个)	最大值 (×10⁻⁹)	最小值 (×10⁻⁹)	平均值 (×10⁻⁹)	剔除2.5倍后	
									样品数	平均值 (×10⁻⁹)
1	32AuY01	江苏	禹山-石桥	701.75	80	2.85	0.43	1.09	78	1.05
2	32AuY02		云台山-东西连岛	412.92	70	44.05	0.31	1.83	68	0.98
3	32AuY03		安峰山	448.92	54	2.85	0.96	1.58	52	1.54
4	32AuY04		利国	84.14	13	525.00	1.40	43.94	12	3.85
5	32AuY05		班井	438.33	84	8.90	0.80	2.88	82	2.74
6	32AuY06		盱眙	433.59	87	6.20	0.49	1.16	83	1.00
7	32AuY07		宁镇	991.37	207	41.00	0.41	3.76	203	3.25
8	32AuY08		铜井-陆郎-南山	290.99	81	904.00	0.96	16.24	80	5.14
9	32AuY09		观山-芳山	135.25	26	27.50	1.00	3.56	25	2.60
10	32AuY10		土包山	61.96	11	8.15	0.87	2.59	11	2.59
11	32AuY11		苏州西部	883.77	96	93.30	1.50	6.82	94	5.58
12	33AuY01	浙江	安吉-德清	1257.16	364	333.53	0.20	3.24	362	1.95
13	33AuY02		萧山-绍兴	1181.9	244	602.90	0.35	8.27	242	4.89
14	33AuY03		桐庐-富阳	536.79	135	470.95	0.29	5.93	134	2.46
15	33AuY04		璜山	511.64	120	363.70	0.20	6.16	119	3.16
16	33AuY05		东阳	579.32	151	16.12	0.36	1.57	148	1.34
17	33AuY06		开化-玳瑁	1562.28	417	7729.60	0.25	23.00	416	4.47
18	33AuY07		衢州-江山	709.19	178	20.00	0.25	2.14	172	1.72
19	33AuY08		方岩	537.63	141	198.54	0.25	3.65	138	1.06
20	33AuY09		天台-三门	694.34	180	18.91	0.25	1.60	173	1.14
21	33AuY10		龙泉	1117.98	276	122.94	0.10	2.46	274	1.58
22	33AuY11		八都镇	225.18	63	20.57	0.30	1.73	62	1.43
23	33AuY12		青田-温州	846.26	192	794.00	0.10	8.17	189	2.13
24	33AuY13		鹤溪	343.09	90	16.56	0.41	1.90	86	1.50

续表 4-2

序号	编号	省份	名称	面积(km²)	总样品数(个)	最大值(×10⁻⁹)	最小值(×10⁻⁹)	平均值(×10⁻⁹)	剔除2.5倍后	
									样品数(个)	平均值(×10⁻⁹)
25	34AuY01	安徽	五河	218.04	42	13.00	0.80	2.73	40	2.32
26	34AuY02		凤阳	290.41	71	4.20	0.60	2.12	70	2.09
27	34AuY03		马厂	287.8	72	23.81	0.49	2.72	69	2.13
28	34AuY04		金寨	229.03	55	37.60	0.10	2.28	54	1.63
29	34AuY05		霍山	333.33	84	30.70	0.10	2.30	81	1.44
30	34AuY06		宣城	456.92	116	65.40	0.40	3.56	114	2.87
31	34AuY07		铜陵	442.61	110	288.00	1.00	19.72	106	14.07
32	34AuY08		怀宁	429.1	107	39.00	0.60	3.11	104	2.26
33	34AuY09		青阳	344.48	83	48.00	1.00	5.00	82	4.48
34	34AuY10		泾县	300.88	78	188.40	0.50	7.98	77	5.64
35	34AuY11		百棵树	383.2	98	86.00	0.20	4.64	95	3.13
36	34AuY12		池州	520.01	130	488.00	0.20	10.10	128	5.38
37	34AuY13		宁国墩	410.42	118	18.00	0.80	4.94	112	4.41
38	34AuY14		牌楼	378.96	85	204.00	0.20	6.08	84	3.72
39	34AuY15		宿松	347.86	90	5.60	0.20	1.58	87	1.44
40	34AuY16		谭家桥	367.55	91	133.20	0.20	5.93	87	2.84
41	34AuY17		胡乐	222.72	63	117.00	0.40	7.04	60	3.60
42	34AuY18		东至	524.02	140	232.00	0.40	7.63	137	4.29
43	34AuY19		伏岭	296.82	75	204.00	0.40	4.70	74	2.01
44	34AuY20		汪村	488.41	118	712.00	0.80	12.71	117	6.74
45	34AuY21		休宁	378.26	97	360.00	0.80	8.28	96	4.61
46	34AuY22		五城	484.58	135	106.00	0.10	3.80	131	1.83
47	35AuY01	福建	建宁椒坑	1174.66	356	232.00	0.05	4.26	349	2.23
48	35AuY02		邵武金坑	289.19	104	273.00	0.05	6.02	102	2.06
49	35AuY03		泰宁何宝山	811.72	202	736.00	0.10	9.98	200	4.56
50	35AuY04		建阳书坊-茶布	1363.6	344	424.00	0.10	5.23	339	1.97
51	35AuY05		建阳黄地-建瓯奖坑	1104.61	276	132.00	0.20	2.42	273	1.37

续表 4-2

序号	编号	省份	名称	面积 (km²)	总样品数(个)	最大值 (×10⁻⁹)	最小值 (×10⁻⁹)	平均值 (×10⁻⁹)	剔除2.5倍后	
									样品数(个)	平均值 (×10⁻⁹)
52	35AuY06	福建	建瓯党城	1199.89	300	315.00	0.01	6.76	296	4.62
53	35AuY07		政和锦屏	570.39	185	156.00	0.20	4.58	181	2.26
54	35AuY08		上杭紫金山	858.74	216	636.00	0.30	8.56	214	4.77
55	35AuY09		德化石头坂	1008.91	253	190.00	0.20	8.07	247	5.45
56	36AuY01	江西	九瑞	749.95	181	52.00	0.30	3.08	175	2.07
57	36AuY02		浮梁	382.19	248	540.00	0.30	7.53	245	4.40
58	36AuY03		修水马坳镇	650.88	161	56.00	0.30	3.01	156	2.06
59	36AuY04		石门楼镇	572.38	143	51.00	0.20	2.64	141	2.12
60	36AuY05		德兴	736.99	515	148.20	0.13	5.09	503	3.25
61	36AuY06		铜鼓三都镇	335.95	86	10.00	0.80	2.06	82	1.79
62	36AuY07		灵山	556.11	284	55.90	0.13	2.65	277	1.87
63	36AuY08		港口-永平	753.12	190	53.30	0.26	2.61	185	1.91
64	36AuY09		宜春	388.65	242	46.00	0.30	3.26	234	2.66
65	36AuY10		浒坑	361	287	98.00	0.50	3.30	283	2.46
66	36AuY11		乐安黄陂	1954.22	474	59.20	0.32	2.38	468	1.90
67	36AuY12		井冈山大垅镇	611.67	154	30.00	0.10	2.51	150	2.01
68	36AuY13		兴国-宁都	801.55	417	300.00	0.05	3.89	412	2.31
69	36AuY14		崇义-上犹	1743.4	436	34.00	0.50	2.51	429	2.20
70	36AuY15		盘古山	626.91	153	90.00	0.80	3.49	152	2.92
71	36AuY16		汶龙	199.97	48	16.00	0.90	3.46	44	2.48

四、铜矿找矿预测区

华东地区共圈定铜矿地球化学找矿预测区87处，主要分布在安徽长江沿江、江苏西南、江西东部、福建北部、浙江西部地区。预测铜矿类型主要为矽卡岩型、斑岩型、陆相火山岩型、火山热液型、层控热液叠改型等。铜矿预测区分布位置见图4-4，各预测区铜异常地球化学参数等详见表4-3。江苏省宝华山-九华山，浙江的建德、昌化-黄石潭、淳安潘家，安徽的铜陵、黟县、池州、矾山等19个预测区Cu高含量特征明显，背景值是华东地区的2倍以上，铜矿成矿条件十分有利。

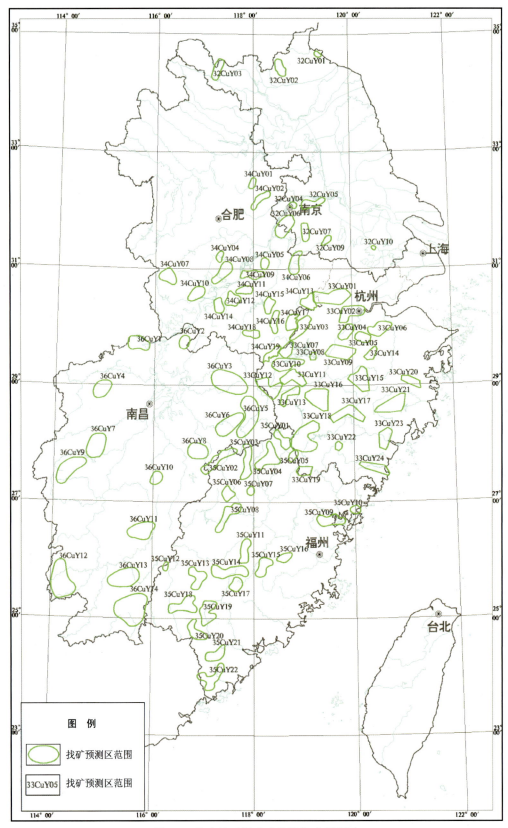

图 4-4 华东地区铜地球化学找矿预测图

表 4-3 华东地区铜矿找矿预测区地球化学参数表

序号	编号	省份	名称	面积（km²）	总样品数（个）	最大值（×10⁻⁶）	最小值（×10⁻⁶）	平均值（×10⁻⁶）	剔除2.5倍后	
									样品数（个）	平均值（×10⁻⁶）
1	32CuY01	江苏	朱东曹	74.29	20	472.57	3.83	40.84	19	18.12
2	32CuY02		桃林	381.72	78	35.20	11.05	20.31	77	20.11
3	32CuY03		徐州	459.78	71	966.40	18.50	43.31	70	30.12
4	32CuY04		紫金山	108.13	26	102.70	17.70	37.41	25	34.80
5	32CuY05		宝华山-九华山	525.38	122	898.00	16.20	66.70	118	47.46
6	32CuY06		宁芜-马鞍山	475.24	237	447.55	1.00	36.73	233	31.78
7	32CuY07		东岗-观山	329.56	55	105.50	14.70	28.33	53	25.69
8	32CuY09		土包山-函山	134.87	12	356.30	16.70	58.09	11	30.98
9	32CuY10		南阳山	32.46	10	49.20	18.80	31.80	10	31.80
10	33CuY01	浙江	安吉-杭垓	1504.04	434	365.90	3.70	25.51	426	23.09
11	33CuY02		临安-余杭	1041.57	189	316.10	8.80	25.40	186	22.50
12	33CuY03		昌化-黄石潭	892.87	259	262.10	7.20	51.99	250	47.22
13	33CuY04		富阳-桐庐	561.89	154	1176.00	6.60	33.16	152	18.88
14	33CuY05		诸暨	466.74	121	187.10	7.10	36.18	119	33.69
15	33CuY06		绍兴	847.53	170	656.80	6.10	36.35	168	31.78
16	33CuY07		淳安潘家	559.89	175	208.40	7.50	48.96	167	43.32
17	33CuY08		建德	144.32	35	3534.50	10.60	202.08	34	104.07
18	33CuY09		建德-浦江	1151.98	290	208.10	4.90	16.43	286	14.93
19	33CuY10		马金-石门村	1049.24	263	513.00	5.00	43.07	255	36.92
20	33CuY11		芳村-玳瑁	884.24	224	144.50	6.00	25.09	217	22.79
21	33CuY12		油溪口-常山	1082.27	310	340.20	7.50	39.22	300	33.89
22	33CuY13		衢州-江山	577.16	147	302.10	5.50	28.42	144	24.42
23	33CuY14		陈蔡	348.51	88	148.40	9.10	32.60	87	31.27
24	33CuY15		东阳-方岩	1208.79	302	2427.00	2.30	26.67	298	14.70
25	33CuY16		遂昌北部	1470.23	364	88.50	3.00	16.62	350	14.62
26	33CuY17		松阳-丽水-缙云	1086.24	284	761.90	0.70	17.37	282	12.87
27	33CuY18		龙泉市	2234.59	534	324.00	0.05	14.38	527	13.11
28	33CuY19		庆元	457.33	165	75.50	2.30	12.79	160	11.42
29	33CuY20		天台-三门	526.76	126	163.50	4.20	17.41	124	15.80
30	33CuY21		英坑-临海	1305.89	316	579.20	4.60	13.87	315	12.07
31	33CuY22		鹤溪	176.53	47	49.40	1.80	15.47	46	14.73
32	33CuY23		青田-永嘉-瑞安	740.43	175	265.00	4.30	17.38	172	14.78
33	33CuY24		文成-苍南	746.01	123	386.00	2.80	17.67	122	14.65

续表 4-3

序号	编号	省份	名称	面积(km²)	总样品数(个)	最大值(×10⁻⁶)	最小值(×10⁻⁶)	平均值(×10⁻⁶)	剔除2.5倍后	
									样品数(个)	平均值(×10⁻⁶)
34	34CuY01	安徽	池河	210.54	53	59.00	5.00	22.21	50	20.28
35	34CuY02		滁州	495.06	129	122.00	15.00	28.84	125	26.70
36	34CuY04		庐江	213.36	55	133.00	1.00	24.65	54	22.65
37	34CuY05		繁昌	286.91	75	75.00	12.00	31.47	72	29.75
38	34CuY06		宣城-漕塘	619.76	174	437.00	11.00	26.94	173	24.56
39	34CuY07		岳西	707.14	177	59.00	6.00	23.36	172	22.56
40	34CuY08		矾山	837.97	209	260.00	8.00	46.73	204	43.14
41	34CuY09		铜陵	591.63	145	771.00	17.00	78.12	140	60.94
42	34CuY10		怀宁	624.68	152	275.00	14.00	35.26	148	31.45
43	34CuY11		青阳	401.27	97	540.00	10.00	35.49	95	28.19
44	34CuY12		池州	584.46	143	1650.00	20.00	58.53	141	44.30
45	34CuY13		宁国墩	747.6	180	95.00	3.00	37.87	176	36.79
46	34CuY14		牌楼	440.82	110	1306.00	12.00	45.79	109	34.23
47	34CuY15		茂林	465.56	115	61.00	10.00	32.52	113	32.04
48	34CuY16		旌德	504.18	125	350.00	11.00	39.69	121	32.40
49	34CuY17		伏岭	579.98	166	160.00	8.50	39.72	162	37.32
50	34CuY18		黟县	386.91	97	183.00	25.00	50.90	95	48.47
51	34CuY19		五城	459.8	129	240.00	9.00	32.70	125	28.48
52	35CuY01	福建	浦城九牧	559.37	160	43.00	3.70	18.66	155	17.96
53	35CuY02		光泽太银-司前	1064.52	296	65.50	0.25	11.54	287	10.60
54	35CuY03		武夷山星村	916.68	236	66.80	3.10	17.18	232	16.48
55	35CuY04		浦城管查	1132.57	279	311.00	3.60	21.05	275	18.32
56	35CuY05		松溪半岭	281.33	91	588.00	5.90	40.02	88	27.51
57	35CuY06		邵武大埠岗	468.69	117	58.10	3.50	17.89	115	17.27
58	35CuY07		建阳大金山	190.82	48	106.00	17.80	40.30	47	38.90
59	35CuY08		顺昌黄梓厂	959.78	238	121.00	4.60	19.09	233	17.73
60	35CuY09		宁德九曲岭	889.36	200	530.00	3.50	32.20	197	28.40
61	35CuY10		霞浦霞山	247.16	60	113.00	6.30	33.92	57	30.55
62	35CuY11		大田龙凤场	714.72	176	188.00	4.90	17.34	173	15.49

续表 4-3

序号	编号	省份	名称	面积（km²）	总样品数（个）	最大值（×10⁻⁶）	最小值（×10⁻⁶）	平均值（×10⁻⁶）	剔除2.5倍后 样品数（个）	剔除2.5倍后 平均值（×10⁻⁶）
63	35CuY12	福建	长汀坝下	139.34	44	55.30	10.20	25.31	43	24.61
64	35CuY13	福建	连城张地	855.73	213	254.00	1.40	14.38	207	10.37
65	35CuY14	福建	大田银顶格	1259.61	313	668.00	2.20	29.90	306	22.91
66	35CuY15	福建	尤溪湖美溪	727.58	186	172.00	1.70	18.68	179	15.15
67	35CuY16	福建	闽清池园	380.92	95	77.90	2.90	10.33	93	9.20
68	35CuY17	福建	漳平厚德	501.01	125	76.00	1.40	21.74	123	20.91
69	35CuY18	福建	上杭太山头	1118.95	280	343.00	2.20	27.66	270	19.94
70	35CuY19	福建	龙岩赤坑	1064.49	265	366.00	3.30	30.42	260	26.27
71	35CuY20	福建	南靖梅林	737.61	181	128.00	2.20	20.70	173	17.97
72	35CuY21	福建	钟腾及外围	692.74	176	119.00	2.50	17.91	170	16.10
73	35CuY22	福建	云霄安吉	1064.47	254	50.30	2.50	10.60	244	9.64
74	36CuY01	江西	瑞昌	648.3	221	1324.00	17.70	54.50	218	41.05
75	36CuY02	江西	彭泽	294.48	127	102.00	11.00	28.23	124	27.05
76	36CuY03	江西	朱砂红	484.77	582	1615.00	4.00	39.12	576	31.64
77	36CuY04	江西	大湖塘	759.38	226	810.40	6.40	44.44	220	31.55
78	36CuY05	江西	灵山	1760.32	524	784.00	3.80	30.07	520	26.47
79	36CuY06	江西	铁砂街-永平	1015.41	343	470.00	5.80	22.33	340	20.19
80	36CuY07	江西	钱山-七宝山	1075.54	352	322.50	0.25	28.35	341	24.52
81	36CuY08	江西	金溪	1006.25	216	151.10	3.70	17.73	212	16.31
82	36CuY09	江西	武功山	2447.16	403	382.50	2.10	22.15	391	16.24
83	36CuY10	江西	乐安	408.49	113	314.30	4.70	38.07	108	26.57
84	36CuY11	江西	青塘	2003.25	340	180.00	1.00	22.49	332	20.35
85	36CuY12	江西	余崇犹	2135.1	587	960.00	1.50	35.46	578	29.09
86	36CuY13	江西	祁禄山	1330.44	437	1300.00	1.60	31.52	431	24.86
87	36CuY14	江西	安远-红山	1551.46	769	140.00	1.00	15.69	752	14.24

五、钼矿找矿预测区

华东地区共圈定钼矿地球化学找矿预测区76处，主要分布在安徽南部、安徽大别山地区、浙江西部、福建以及江西省南部等地区。预测主要钼矿类型主要为矽卡岩型、斑岩型、热液脉型等。钼矿预测区分布位置见图4-5，各预测区钼地球化学参数等详见表4-4。浙江省青田、开化马金、昌化-顺溪，安徽省伏岭、仙霞、石台，福建省云霄常山、漳浦旧镇、长泰福顶尾、平和下际-官陂、龙岩马坑、周宁等43个预测区Mo背景值是华东地区的2倍以上，是钼矿成矿条件有利区。

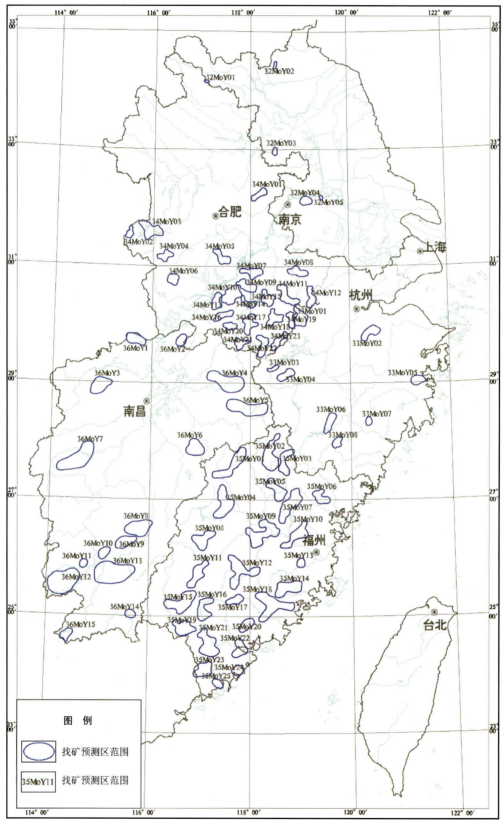

图 4-5 华东地区钼地球化学找矿预测图

表 4-4 华东地区钼矿找矿预测区地球化学参数表

序号	编号	省份	名称	面积 (km^2)	总样品数(个)	最大值 ($\times 10^{-6}$)	最小值 ($\times 10^{-6}$)	平均值 ($\times 10^{-6}$)	剔除2.5倍后 样品数(个)	剔除2.5倍后 平均值 ($\times 10^{-6}$)
1	32MoY01	江苏	班井	42.27	15	0.88	0.46	0.56	14	0.54
2	32MoY02	江苏	东海桃林	63.53	14	1.34	0.37	0.86	14	0.86
3	32MoY03	江苏	盱眙李家岗	111.77	12	1.70	0.80	1.15	12	1.15
4	32MoY04	江苏	安基山-铜山	311.74	71	54.00	0.36	2.21	70	1.47
5	32MoY05	江苏	镇江谏壁	37.9	5	2.40	0.60	1.22	5	1.22
6	33MoY01	浙江	昌化—顺溪	651.75	189	49.00	0.71	4.88	186	4.41
7	33MoY02	浙江	绍兴-诸暨璜山	500.6	126	24.34	0.60	3.18	120	2.37
8	33MoY03	浙江	开化马金	126.22	32	40.20	0.75	7.85	31	6.80
9	33MoY04	浙江	开化白马-球川	425.82	107	32.00	0.36	3.55	103	2.84
10	33MoY05	浙江	天台-三门	327.5	80	13.80	0.30	1.88	78	1.66
11	33MoY06	浙江	松阳-云和	427.14	107	21.80	0.40	2.18	103	1.70
12	33MoY07	浙江	青田	138.84	33	522.00	1.30	30.20	32	14.83
13	33MoY08	浙江	云和县鹤溪	261.44	66	10.60	0.60	2.62	63	2.28
14	34MoY01	安徽	滁州	343.49	88	1.60	0.38	0.58	82	0.52
15	34MoY02	安徽	汤汇	224.09	55	3.40	0.20	0.64	52	0.51
16	34MoY03	安徽	金寨	917.17	226	19.04	0.20	1.34	221	1.14
17	34MoY04	安徽	佛子岭	400.01	98	4.80	0.25	0.87	97	0.83
18	34MoY05	安徽	庐江	501.43	116	3.80	0.03	1.23	113	1.17
19	34MoY06	安徽	岳西	376.79	93	7.49	0.30	1.66	90	1.51
20	34MoY07	安徽	铜陵	551.1	138	20.00	0.30	1.83	136	1.62
21	34MoY08	安徽	宣城	501.03	124	19.37	0.40	1.66	121	1.37
22	34MoY09	安徽	青阳	537.5	129	11.70	0.30	2.20	124	1.87
23	34MoY10	安徽	池州	913.1	231	13.70	0.50	2.39	226	2.24
24	34MoY11	安徽	胡乐	748.56	185	27.10	0.30	1.69	182	1.46
25	34MoY12	安徽	仙霞	477.53	183	37.00	0.35	4.72	178	4.00
26	34MoY13	安徽	牌楼	453.48	114	6.70	0.45	1.58	111	1.46
27	34MoY14	安徽	陵阳	304.76	77	63.10	0.30	2.54	76	1.75

续表 4-4

序号	编号	省份	名称	面积 (km²)	总样品数(个)	最大值 ($\times 10^{-6}$)	最小值 ($\times 10^{-6}$)	平均值 ($\times 10^{-6}$)	剔除 2.5 倍后 样品数(个)	平均值 ($\times 10^{-6}$)
28	34MoY15	安徽	茂林	515.04	134	6.60	0.30	1.41	125	1.12
29	34MoY16		石台	405.61	102	13.20	0.54	3.63	98	3.28
30	34MoY17		黟县	658.52	166	10.10	0.40	1.65	158	1.30
31	34MoY18		绩溪	567.06	138	11.70	0.30	1.91	131	1.47
32	34MoY19		伏岭	327.16	98	20.40	0.50	5.89	96	5.58
33	34MoY20		牯牛降	285.76	71	8.87	0.54	1.55	67	1.17
34	34MoY21		汪村	362.76	91	15.39	0.41	1.38	88	1.03
35	34MoY22		休宁	552.7	138	2.30	0.40	0.83	135	0.80
36	34MoY23		歙县	435.89	114	14.10	0.69	1.81	107	1.32
37	35MoY01	福建	光泽司前-武夷山洋庄	1299.7	325	19.00	0.05	1.95	320	1.79
38	35MoY02		武夷山坪地-浦城	1282.75	325	18.90	0.36	2.33	316	2.06
39	35MoY03		浦城上厂-松溪大林坑	733.8	194	16.30	0.20	2.08	185	1.71
40	35MoY04		邵武大埠岗-将乐万安	1312.36	332	20.70	0.10	2.16	325	1.89
41	35MoY05		建阳井后-建瓯上房	804.81	204	12.00	0.20	2.20	199	2.01
42	35MoY06		周宁	564.5	139	73.00	0.80	4.47	136	3.31
43	35MoY07		建瓯罗山	1324.23	328	25.00	0.64	3.52	318	3.09
44	35MoY08		宁化行洛坑	907.41	223	17.20	0.20	1.36	219	1.16
45	35MoY09		南平卓坑-巨口	1648.95	408	47.60	0.02	2.94	398	2.57
46	35MoY10		闽侯延坪-闽清斜湾	985.64	243	17.90	0.68	2.67	236	2.33
47	35MoY11		永安水南-连城南坂	900.9	228	23.60	0.40	2.84	221	2.51
48	35MoY12		大田汤泉-漳平北坑场	1517.18	380	78.40	0.18	2.86	372	2.20
49	35MoY13		永泰银场	231.72	57	26.20	0.64	2.93	54	2.07
50	35MoY14		仙游历山	1089.87	268	22.50	0.44	3.38	259	3.02
51	35MoY15		连城庙前-上杭太山头	1431.2	361	33.20	0.20	2.85	350	2.22
52	35MoY16		龙岩马坑	843.49	212	128.00	0.10	4.31	210	3.44
53	35MoY17		漳平洛阳-潘田	436.93	111	30.60	0.10	2.76	106	1.99
54	35MoY18		永春五里街-仙游郊尾	1765.21	440	19.80	0.40	2.89	429	2.64

续表4-4

序号	编号	省份	名称	面积(km²)	总样品数(个)	最大值(×10⁻⁶)	最小值(×10⁻⁶)	平均值(×10⁻⁶)	剔除2.5倍后样品数(个)	剔除2.5倍后平均值(×10⁻⁶)
55	35MoY19	福建	上杭岗背-永定山口	881.69	221	16.00	0.52	2.79	210	2.28
56	35MoY20		长泰福顶尾	480.97	119	29.80	0.68	3.99	116	3.52
57	35MoY21		南靖梅林-平和锦溪	1317.18	329	45.20	0.34	3.54	320	2.93
58	35MoY22		龙海东边洋-官浔	662.49	158	31.00	0.86	3.51	154	3.01
59	35MoY23		平和下际-官陂	774.84	184	16.50	0.72	3.75	179	3.49
60	35MoY24		漳浦旧镇	356.03	87	31.90	0.62	4.20	86	3.88
61	35MoY25		云霄常山	266.39	69	46.40	1.20	5.23	67	4.04
62	36MoY01	江西	城门山	626.37	149	56.00	0.10	1.16	148	0.79
63	36MoY02		彭泽	354.07	109	10.41	0.10	1.33	105	1.03
64	36MoY03		武宁	906.48	228	32.00	0.10	1.68	218	0.93
65	36MoY04		德兴	1735.36	433	56.20	0.10	1.19	428	0.82
66	36MoY05		上饶葛源	1664.19	419	59.00	0.20	3.23	407	2.36
67	36MoY06		金溪-资溪	851.65	186	12.50	0.30	1.29	179	1.02
68	36MoY07		分宜-上高	2066.23	514	150.00	0.05	1.91	504	0.91
69	36MoY08		兴国青塘	1257.61	313	145.00	0.30	2.59	310	1.93
70	36MoY09		兴国银坑	678.03	170	21.00	0.30	1.35	166	1.08
71	36MoY10		南康	368.02	92	27.00	0.30	1.89	89	1.27
72	36MoY11		南康	195.59	47	29.50	0.30	1.79	45	0.63
73	36MoY12		崇义-大余	2213.34	556	350.00	0.30	5.07	548	3.16
74	36MoY13		赣县-于都	2535.98	635	2800.00	0.10	7.48	634	3.07
75	36MoY14		安远-寻乌	260.18	63	21.00	0.30	1.54	61	1.01
76	36MoY15		全南-大吉山	373.39	94	185.00	0.30	3.41	93	1.46

六、铅矿找矿预测区

华东地区共圈定铅矿地球化学找矿预测区83处,主要分布在安徽南部、江西东部、浙江、福建以及江西省南部等地区。预测铅矿主要为热液型、陆相火山岩型、矽卡岩型、斑岩型等。铅矿预测区分布位置见图4-6,各预测区铅地球化学参数等详见表4-5。安徽铜陵、池州,福建永定大排、平和大望山、武夷

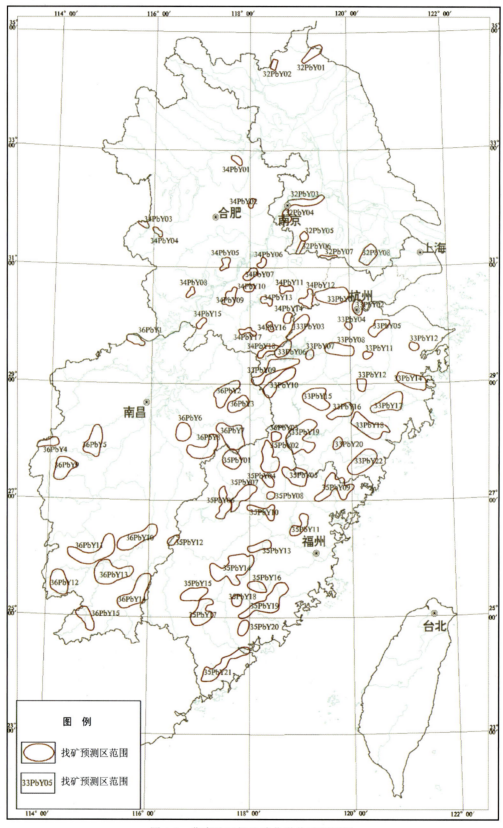

图 4-6 华东地区铅地球化学找矿预测图

山三港、连城珠地、政和夏山-庆元、古田银场、永春外碧、浦城九牧-金竹坑、浦城铁场-濠村、大田龙凤场、寿宁斜滩,浙江英坑-临海、龙泉市、海溪-青田-永嘉等 18 个预测区 Pb 背景值是华东地区的 2 倍以上,显示为铅矿成矿条件有利区。

表 4-5　华东地区铅矿找矿预测区地球化学参数表

序号	编号	省份	名称	面积(km²)	总样品数(个)	最大值(×10⁻⁶)	最小值(×10⁻⁶)	平均值(×10⁻⁶)	剔除2.5倍后 样品数(个)	剔除2.5倍后 平均值(×10⁻⁶)
1	32PbY01	江苏	锦屏山-云台山	620.81	81	84.90	6.80	18.73	79	17.47
2	32PbY02		桃林	192.43	46	45.93	14.98	28.90	46	28.90
3	32PbY03		宁镇	798.29	174	375.70	18.10	38.27	170	32.65
4	32PbY04		梅山-凤凰山	210.41	50	101.70	20.58	32.57	47	29.52
5	32PbY05		观山	213.59	38	183.00	18.60	46.96	37	43.28
6	32PbY06		红石山-木竹山	318.81	45	84.80	1.50	27.90	44	26.60
7	32PbY07		小梅岭-省庄	152.35	66	129.18	12.70	32.08	64	29.65
8	32PbY08		苏州西部	885.79	94	205.78	13.85	45.63	91	41.38
9	33PbY01	浙江	安吉-杭垓	1620.03	368	263.60	13.50	30.95	362	29.51
10	33PbY02		杭州	372.78	27	324.40	12.20	48.75	26	38.15
11	33PbY03		昌化-黄石潭	912.12	264	320.00	17.60	39.29	257	34.75
12	33PbY04		富阳	133.52	34	78.70	21.20	32.07	32	29.17
13	33PbY05		绍兴	747.64	138	9526.20	8.00	117.01	137	48.33
14	33PbY06		淳安潘家	566.5	172	227.80	18.80	42.03	164	37.24
15	33PbY07		建德	172.21	36	533.20	17.00	55.96	34	31.04
16	33PbY08		梅城-陈塘坞	894.61	229	56.90	13.30	26.20	222	25.46
17	33PbY09		油溪口-马金-石门村	1516.89	379	185.30	13.50	36.28	365	32.93
18	33PbY10		常山-玳瑁	1245.68	327	1235.00	8.00	45.30	324	38.80
19	33PbY11		陈蔡	197.2	44	333.70	10.10	56.82	42	44.52
20	33PbY12		奉化	192.36	132	337.80	19.80	56.40	127	49.86
22	33PbY14		天台-三门	1230.55	309	1240.00	17.00	57.39	304	48.74
23	33PbY15		遂昌北部	1448.22	352	583.40	24.00	60.41	344	53.23
24	33PbY16		松阳-丽水-缙云	861.59	202	1059.10	22.90	65.99	199	57.97
25	33PbY17		英坑-临海	1367.67	255	7640.00	21.00	108.27	254	78.61
26	33PbY18		海溪-青田-永嘉	1648.31	427	2314.00	17.00	69.42	424	60.79
27	33PbY19		龙泉市	2279.57	611	3145.30	20.20	75.63	607	67.42
28	33PbY20		鹤溪	292.02	71	237.80	22.10	58.55	69	54.40
29	33PbY22		文成-苍南	1596.47	400	290.00	9.70	54.22	391	50.69

续表 4-5

序号	编号	省份	名称	面积（km²）	总样品数(个)	最大值(×10⁻⁶)	最小值(×10⁻⁶)	平均值(×10⁻⁶)	剔除2.5倍后 样品数(个)	平均值(×10⁻⁶)
30	34PbY01	安徽	凤阳	256.07	63	41.90	20.80	30.76	63	30.76
31	34PbY02		马厂	159.56	39	49.00	20.00	26.90	38	26.32
32	34PbY03		金寨	181.49	45	79.00	15.00	38.69	44	37.77
33	34PbY04		鲜花岭	197.04	52	73.00	15.00	32.46	51	31.67
34	34PbY05		矾山	313.59	72	244.00	1.50	42.63	69	36.30
35	34PbY06		繁昌	219.07	55	331.00	14.00	48.76	54	43.54
36	34PbY07		铜陵	421.23	105	2160.00	26.00	163.87	103	135.50
37	34PbY08		怀宁	202.86	48	138.00	18.00	43.73	47	41.72
38	34PbY09		池州	610.73	150	860.00	25.10	78.94	145	61.29
39	34PbY10		青阳	248.68	61	408.00	14.00	60.42	59	49.15
40	34PbY11		百棵树	297.59	72	145.00	21.00	43.16	71	41.72
41	34PbY12		宁国墩	542.01	186	138.00	22.00	32.78	182	31.19
42	34PbY13		茂林	274.55	68	96.40	21.50	42.38	65	40.16
43	34PbY14		伏岭	265.99	68	178.00	21.10	45.08	67	43.10
44	34PbY15		东至	251.99	65	47.00	14.00	27.83	64	27.53
45	34PbY16		歙县	192.39	48	150.00	17.60	36.36	46	32.37
46	34PbY17		黟县	298.88	77	81.90	21.80	37.54	75	36.37
47	34PbY18		五城	434.16	112	134.00	22.20	41.24	109	39.17
48	35PbY01	福建	武夷山三港	1064.46	276	377.00	24.10	75.72	271	72.17
49	35PbY02		浦城铁场-濠村	1434.64	358	480.00	17.40	68.74	349	62.97
50	35PbY03		浦城九牧-金竹坑	1247.62	71	372.00	22.20	67.95	70	63.61
51	35PbY04		建阳水吉	367.68	93	1260.00	16.50	67.47	92	54.51
52	35PbY05		政和夏山-庆元	1249.9	372	967.00	13.80	79.11	364	70.83
53	35PbY06		将乐万安	959.95	240	501.00	9.70	55.14	237	52.35
54	35PbY07		建阳大金山	1141.94	284	304.00	17.60	64.01	275	59.38
55	35PbY08		建瓯钟山	182.31	47	352.00	12.30	61.19	44	44.07
56	35PbY09		寿宁斜滩	1828.13	473	2210.00	18.60	67.03	471	61.91
57	35PbY10		顺昌山后-八外洋	725.16	181	504.00	8.00	39.56	177	34.53
58	35PbY11		古田银场	766.27	189	236.00	14.90	75.59	181	69.90
59	35PbY12		宁化溪源	285.18	100	250.00	0.40	55.38	94	43.90
60	35PbY13		尤溪梅仙	607.61	154	1230.00	12.90	73.91	151	60.40
61	35PbY14		大田龙凤场	2847.98	709	3270.00	7.50	78.94	697	62.50
62	35PbY15		连城珠地	1040.68	264	1460.00	14.60	87.35	258	70.96
63	35PbY16		德化上姚	577.67	142	293.00	13.90	66.28	138	60.59

续表 4-5

序号	编号	省份	名称	面积（km²）	总样品数（个）	最大值（×10⁻⁶）	最小值（×10⁻⁶）	平均值（×10⁻⁶）	剔除 2.5 倍后 样品数（个）	剔除 2.5 倍后 平均值（×10⁻⁶）
64	35PbY17	福建	永定大排	1456.2	359	2090.00	1.10	176.79	344	113.63
65	35PbY18		安溪潘田	371.83	94	1900.00	18.90	87.27	92	60.42
66	35PbY19		永春外碧	2240.16	563	570.00	24.60	72.07	549	66.70
67	35PbY20		长泰钟魏	492.56	124	187.00	20.60	55.50	120	51.98
68	35PbY21		平和大望山	1685.02	411	1930.00	1.10	76.86	410	72.34
69	36PbY01	江西	瑞昌	481.29	120	300.00	19.00	38.27	117	33.87
70	36PbY02		德兴	1316.19	331	420.00	2.20	37.48	323	30.51
71	36PbY03		华坛山镇	874.7	220	200.00	4.20	41.13	216	38.98
72	36PbY04		金瑞镇	558.74	144	2000.00	0.40	57.56	142	39.01
73	36PbY05		新余	1106.1	354	690.00	0.40	49.79	345	39.44
74	36PbY06		东乡	403.38	210	424.00	7.70	37.44	205	31.94
75	36PbY07		铁砂街-永平	914.32	483	1600.00	8.50	63.26	477	56.31
76	36PbY08		金溪	544.78	336	780.00	16.00	53.98	335	51.81
77	36PbY09		浒坑镇	1483.65	331	78.00	14.50	37.38	324	36.62
78	36PbY10		银坑	1610.11	465	340.00	12.00	55.66	455	51.50
79	36PbY11		社溪-南塘	693.57	578	209.00	12.00	51.87	571	50.62
80	36PbY12		崇义	1703.35	323	900.00	10.00	69.39	315	55.72
81	36PbY13		盘古山	663.79	561	295.00	6.30	52.83	549	49.54
82	36PbY14		安远	628.73	515	520.00	11.20	59.72	506	56.25
83	36PbY15		三南	2005.36	227	165.00	15.50	51.56	223	50.11

七、锌矿找矿预测区

华东地区共圈定锌矿地球化学找矿预测区 86 处，锌矿预测区分布相对均匀，在华东大部分地区都有分布。预测锌矿主要类型为矽卡岩型、斑岩型、热液型、碳酸岩型、陆相火山岩型、海相火山岩型等。锌矿预测区分布位置见图 4-7，各预测区锌地球化学参数等详见表 4-6。安徽铜陵、池州，福建永定大排锌、政和夏山-庆元锌、浙江昌化-黄石潭、淳安潘家 6 个预测区 Zn 背景值是华东地区的 2 倍以上，为锌矿成矿条件有利区。

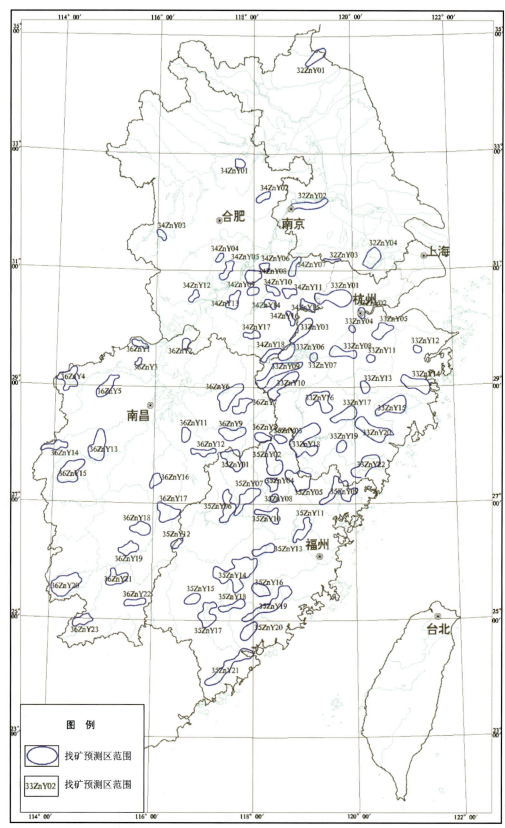

图 4-7　华东地区锌地球化学找矿预测图

表 4-6 华东地区锌矿找矿预测区地球化学参数表

序号	编号	省份	名称	面积 (km²)	总样品数(个)	最大值 (×10⁻⁶)	最小值 (×10⁻⁶)	平均值 (×10⁻⁶)	剔除2.5倍后	
									样品数(个)	平均值 (×10⁻⁶)
1	32ZnY01	江苏	锦屏山-云台山	620.81	81	879.0	1.0	64.55	80	54.37
2	32ZnY02		宁镇	798.29	174	691.7	33.4	89.42	170	78.26
3	32ZnY03		小梅岭-省庄	152.35	66	211.9	33.8	68.85	64	64.83
4	32ZnY04		苏州西部	885.79	94	1532.8	24.7	93.84	92	66.39
5	33ZnY01	浙江	安吉-杭垓	1620.03	344	815.0	39.1	113.73	332	101.38
6	33ZnY02		杭州	372.78	11	330.4	49.9	103.42	10	80.72
7	33ZnY03		昌化-黄石潭	912.12	246	907.6	27.0	173.68	238	158.22
8	33ZnY04		富阳	133.52	28	1444.0	56.5	199.75	26	112.23
9	33ZnY05		绍兴	747.64	128	1123.0	53.3	131.55	125	116.60
10	33ZnY06		淳安潘家	566.5	172	762.6	53.7	161.78	166	148.36
11	33ZnY07		建德	172.21	32	5105.0	53.5	265.14	31	109.01
12	33ZnY08		梅城-陈塘坞	894.61	121	743.4	46.8	107.02	119	98.51
13	33ZnY09		油溪口-石门村	1516.89	365	1356.0	37.1	145.98	355	132.95
14	33ZnY10		常山-珧琈	1245.68	293	1734.0	0.4	129.01	283	107.58
15	33ZnY11		陈蔡	197.2	33	1302.7	53.6	200.96	31	136.98
16	33ZnY12		余姚-奉化	192.36	34	332.3	59.1	140.25	33	134.43
17	33ZnY13		方岩	333.45	62	2287.0	42.0	147.19	61	112.11
18	33ZnY14		天台-三门	1230.55	235	1619.5	26.0	127.35	231	110.05
19	33ZnY15		英坑-临海	1367.67	224	738.0	58.0	154.77	214	135.96
20	33ZnY16		遂昌北部	1448.22	278	944.7	31.8	132.88	274	127.24
21	33ZnY17		松阳-丽水-缙云	861.59	190	577.8	23.0	100.74	185	93.53
22	33ZnY18		龙泉市	2279.57	556	5453.2	28.0	135.88	554	124.67
23	33ZnY19		鹤溪	292.02	74	380.5	25.0	105.16	71	95.91
24	33ZnY20		海溪-青田-永嘉	1648.31	350	1647.0	29.0	118.19	346	107.76
25	33ZnY22		文成-苍南	1596.47	322	510.0	36.4	123.45	314	117.46
26	34ZnY01	安徽	凤阳	283.74	70	111.6	31.5	47.94	68	46.28
27	34ZnY02		滁州	341.56	84	312.0	44.0	74.64	82	70.65
28	34ZnY03		鲜花岭	244.41	61	184.0	33.0	77.15	59	73.63
29	34ZnY04		庐江	175.1	43	124.0	36.0	58.81	41	55.85
30	34ZnY05		矾山	501.37	117	372.0	42.0	101.51	115	98.10
31	34ZnY06		繁昌	224.89	55	398.0	46.0	119.27	53	110.53
32	34ZnY07		宣城	419	103	240.0	27.0	81.01	102	79.45
33	34ZnY08		铜陵	636.22	156	1340.0	5.0	222.71	152	199.25
34	34ZnY09		青阳	291.73	72	368.0	36.0	132.95	69	123.20

续表 4-6

序号	编号	省份	名称	面积 (km²)	总样品数(个)	最大值 (×10⁻⁶)	最小值 (×10⁻⁶)	平均值 (×10⁻⁶)	剔除2.5倍后 样品数(个)	平均值 (×10⁻⁶)
35	34ZnY10	安徽	泾县	318.52	77	388.7	11.5	99.98	76	96.18
36	34ZnY11		百棵树	366.97	94	222.4	37.7	100.33	93	99.01
37	34ZnY12		怀宁	266.28	67	163.5	38.0	68.48	65	65.92
38	34ZnY13		池州	608.87	155	738.6	74.8	158.39	151	147.01
39	34ZnY14		茂林	308.45	79	203.9	61.3	100.69	76	97.28
40	34ZnY15		宁国墩	422.52	121	531.0	54.0	137.11	117	126.59
41	34ZnY16		伏岭	239.61	61	410.3	50.2	134.74	59	127.16
42	34ZnY17		黟县	367.75	92	486.8	66.0	145.41	88	134.55
43	34ZnY18		五城	431.7	117	328.5	0.4	109.32	113	105.79
44	35ZnY01	福建	武夷山三港	1103.77	294	475.0	0.4	135.17	287	129.76
45	35ZnY02		浦城铁场-濠村	1327.11	332	828.0	26.0	147.67	322	135.74
46	35ZnY03		浦城九牧-金竹坑	1209.12	74	285.0	62.2	141.64	73	139.68
47	35ZnY04		建阳水吉	450.85	111	413.0	60.1	143.60	106	132.91
48	35ZnY05		政和夏山-庆元	1333.84	388	10500.0	39.9	186.70	385	151.06
49	35ZnY06		将乐万安	1023.26	254	757.0	28.6	102.38	248	95.25
50	35ZnY07		建阳大金山	1054.86	259	750.0	44.8	138.01	250	127.38
51	35ZnY08		建瓯钟山	203.82	53	955.0	51.5	129.93	52	114.06
52	35ZnY09		寿宁斜滩	1497.49	394	970.0	41.9	107.41	387	101.71
53	35ZnY10		顺昌山后-八外洋	634.9	156	536.0	38.8	88.36	154	83.40
54	35ZnY11		古田银场	744.8	188	369.0	47.5	130.68	184	126.25
55	35ZnY12		宁化溪源	284.27	100	340.0	0.4	93.67	97	88.12
56	35ZnY13		尤溪梅仙	570.21	138	524.0	38.1	100.36	132	87.07
57	35ZnY14		大田龙凤场	2821.74	712	1410.0	20.1	99.65	697	91.89
58	35ZnY15		连城珠地	483.81	122	2810.0	29.3	145.40	120	111.24
59	35ZnY16		德化上姚	641.56	157	893.0	31.9	133.89	153	120.37
60	35ZnY17		永定大排	1096.97	272	2770.0	15.2	236.72	261	165.93
61	35ZnY18		安溪潘田	610.15	149	471.0	33.3	103.38	144	92.70
62	35ZnY19		永春外碧	1682.36	416	446.3	35.0	112.56	404	106.15
63	35ZnY20		长泰钟魏	702.77	173	374.0	24.3	95.99	167	88.28
64	35ZnY21		平和大望山	1590.98	390	1140.0	31.2	115.75	384	109.14

续表4-6

序号	编号	省份	名称	面积(km²)	总样品数(个)	最大值(×10⁻⁶)	最小值(×10⁻⁶)	平均值(×10⁻⁶)	剔除2.5倍后样品数(个)	剔除2.5倍后平均值(×10⁻⁶)
65	36ZnY01	江西	瑞昌	316.02	81	3473.0	32.5	132.46	80	90.70
66	36ZnY02		彭泽	252.11	70	294.0	51.0	95.46	67	88.03
67	36ZnY03		德安	136.08	34	292.0	42.4	81.70	32	70.93
68	36ZnY04		港口镇	1002.84	253	549.0	31.0	91.29	247	85.74
69	36ZnY05		石门楼镇	844.58	212	194.0	34.0	98.77	208	97.21
70	36ZnY06		德兴	1316.19	331	1145.0	23.8	79.57	326	71.35
71	36ZnY07		华坛山镇	681.55	170	813.2	52.1	122.10	165	110.03
72	36ZnY08		铁砂街-永平	393.55	105	171.0	44.2	83.22	104	82.37
73	36ZnY09		陈坊-永平	914.32	226	562.0	2.3	78.41	221	71.77
74	36ZnY11		东乡	403.38	100	353.0	12.1	80.71	96	71.63
75	36ZnY12		金溪	457.82	102	252.1	36.6	84.79	98	79.12
76	36ZnY13		分宜-上高	1106.1	331	1500.0	0.4	84.19	328	76.27
77	36ZnY14		金瑞镇	558.74	153	2000.0	0.4	108.62	151	90.85
78	36ZnY15		浒坑	1483.65	368	650.0	24.0	72.36	362	67.69
79	36ZnY16		宜黄	421.24	104	188.1	34.1	92.60	101	89.90
80	36ZnY17		广昌	1073.08	267	918.0	44.1	99.36	264	94.98
81	36ZnY18		青塘镇	729.7	184	500.0	35.0	88.42	180	83.78
82	36ZnY19		银坑	647.65	163	400.0	26.0	72.42	160	67.87
83	36ZnY20		崇义	1703.35	424	750.0	28.0	91.47	414	80.27
84	36ZnY21		祁禄山	790.95	202	390.0	20.0	68.90	195	62.25
85	36ZnY22		筠门岭	464.14	113	600.0	24.0	90.35	109	80.27
86	36ZnY23		龙南	573.49	142	310.0	26.0	75.86	139	72.94

八、锑矿找矿预测区

华东地区锑矿对安徽和江西两省进行了预测,共圈定锑矿地球化学找矿预测区23处,主要分布在安徽南部和江西省北部地区。预测锑矿主要以热液型为主,锑矿预测区分布位置见图4-8,各预测区锑地球化学参数等详见表4-7。安徽宁国墩、青阳县等18个预测区Sb背景值是华东地区的2倍以上,其中安徽宁国墩、青阳县二预测区背景值在8倍以上,江西武宁-德安、桐木-金瑞、大茅山、分宜-上高,安徽的伏岭、牌楼、七都7个预测区背景值也达4倍以上,是锑矿成矿条件有利区。

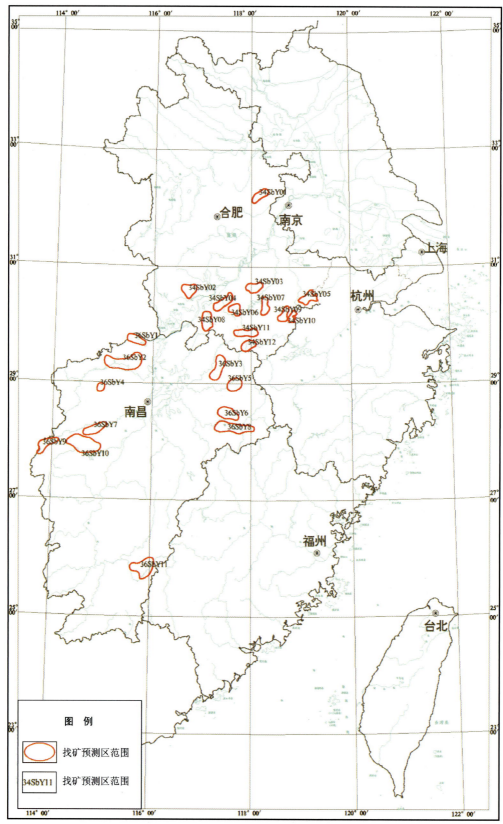

图 4-8 华东地区锑地球化学找矿预测图

表 4-7　华东地区锑矿找矿预测区地球化学参数表

序号	编号	省份	名称	面积（km²）	总样品数（个）	最大值（×10⁻⁶）	最小值（×10⁻⁶）	平均值（×10⁻⁶）	剔除2.5倍后	
									样品数（个）	平均值（×10⁻⁶）
1	34SbY01	安徽	滁州	435.65	105	3.67	0.43	0.99	103	0.95
2	34SbY02		潜山	560.99	125	4.35	0.26	0.77	124	0.74
3	34SbY03		青阳	466.25	113	32.67	0.34	5.98	108	5.03
4	34SbY04		牌楼	599.02	148	162.70	0.26	3.63	146	2.25
5	34SbY05		宁国墩	516.55	169	658.00	0.30	10.81	168	6.96
6	34SbY06		七都	384.43	97	7.35	0.12	2.30	96	2.25
7	34SbY07		茂林	397.23	102	11.40	0.16	1.46	99	1.21
8	34SbY08		东至	638.34	159	14.43	0.33	2.58	150	2.05
9	34SbY09		绩溪	371.81	91	8.57	0.25	1.40	88	1.20
10	34SbY10		伏岭	220.19	79	20.90	0.16	2.85	76	2.32
11	34SbY11		黟县	566.44	141	33.06	0.22	2.62	139	2.22
12	34SbY12		汪村	429.89	110	142.60	0.32	2.19	109	0.91
13	36SbY01	江西	瑞昌	412.02	119	16.70	0.70	2.14	115	1.76
14	36SbY02		武宁-德安	452.52	346	351.00	0.50	4.39	344	3.10
15	36SbY03		乐平	275.27	198	33.90	0.40	2.32	195	2.07
16	36SbY04		石门楼镇	190.58	47	24.00	0.10	1.88	45	1.12
17	36SbY05		大茅山	503.86	139	98.00	0.20	3.76	136	2.67
18	36SbY06		华坛山镇	456.09	176	12.70	0.50	1.86	174	1.74
19	36SbY07		分宜-上高	1146.96	158	12.50	0.60	2.55	153	2.32
20	36SbY08		港口-永平	644.56	292	14.00	0.10	1.50	284	1.25
21	36SbY09		桐木-金瑞	1000.63	158	38.90	0.05	2.94	157	2.72
22	36SbY10		新余市分宜	1541.55	385	16.00	0.40	2.22	375	2.00
23	36SbY11		会昌-瑞金	1472.09	280	12.50	0.30	1.60	272	1.43

九、锡矿找矿预测区

华东地区共圈定锡矿地球化学找矿预测区41处，主要分布在安徽南部、浙江西部、江西中部、南部，福建西部等地区。预测锡矿主要类型为热液型、斑岩型、矽卡岩-云英岩型等。锡矿预测区分布位置见图4-9，各预测区编号锡地球化学参数等详见表4-8。福建的明溪九内、长汀濯田、连城庙前-龙岩中甲，江西的三南、寻乌、安福-分宜、定南、赣县-会昌、崇犹余、浙江的淳安县铜山-双溪口、龙泉大桂溪、常山岩前、安吉-德清、绍兴-诸暨、云和，安徽的泾县、汤口、旌德共18个预测区背景值是华东地区的3倍以上，显示为锡矿成矿条件有利区。

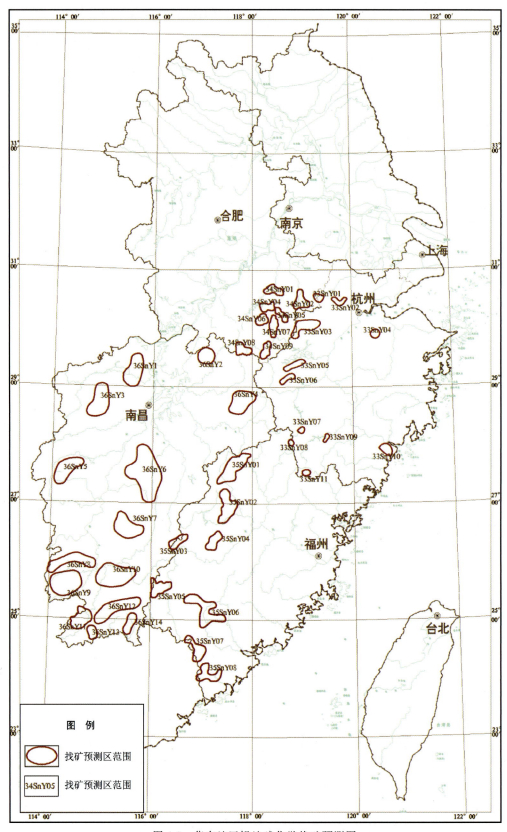

图 4-9 华东地区锡地球化学找矿预测图

表 4-8 华东地区锡矿找矿预测区地球化学参数表

序号	编号	省份	名称	面积（km²）	总样品数（个）	最大值（×10⁻⁶）	最小值（×10⁻⁶）	平均值（×10⁻⁶）	剔除2.5倍后 样品数（个）	剔除2.5倍后 平均值（×10⁻⁶）
1	33SnY01	浙江	仙霞-唐舍	206.78	59	23	3.46	7.14	57	6.69
2	33SnY02		安吉-德清	282.45	57	110	4.40	16.34	56	14.67
3	33SnY03		河桥-黄石潭	934.34	217	135	2.40	13.51	208	10.95
4	33SnY04		绍兴-诸暨	356.79	48	44	4.70	14.86	46	13.74
5	33SnY05		淳安县铜山-双溪口	347.57	73	111	2.85	24.52	69	19.75
6	33SnY06		常山岩前	310.07	57	64	1.80	17.79	56	16.96
7	33SnY07		龙泉大桂溪	143.81	16	100	3.80	23.74	15	18.66
8	33SnY08		龙泉龚岭-八都	146.64	21	25.60	2.10	9.56	20	8.76
9	33SnY09		云和	115.62	17	64	3.20	16.15	16	13.16
10	33SnY10		温州-瑞安	412.67	12	25	4.40	11.68	12	11.68
11	33SnY11		庆元	138.49	42	68	3.40	11.71	40	9.30
12	34SnY01	安徽	泾县	486.96	197	154	2	19.28	191	16.98
13	34SnY02		宁国墩	665.15	214	95.5	1.5	15.13	204	12.42
14	34SnY04		茂林	397.86	413	200	0.60	10.37	397	6.61
15	34SnY05		旌德	316.62	213	920	2	23.99	209	13.44
16	34SnY06		汤口	393.1	475	1259	2.60	20.25	470	15.56
17	34SnY07		歙县	525.45	405	350	1.5	16.48	394	12.15
18	34SnY08		汪村	545.56	1119	110	0.05	7.19	1093	5.95
19	34SnY09		休宁	449.6	404	135	0.20	8.64	394	6.97
20	35SnY01	福建	光泽诸田岗-邵武周远山	1716.87	445	108	1.40	10.28	435	9.36
21	35SnY02		邵武大埠岗-将乐新路口	1430.81	412	235	1.80	13.77	403	11.92
22	35SnY03		宁化铜坑里	573.47	638	600	2	16.70	626	12.32
23	35SnY04		明溪九内	665.31	571	720	1.60	43.38	552	28.11

续表 4-8

序号	编号	省份	名称	面积（km²）	总样品数（个）	最大值（×10⁻⁶）	最小值（×10⁻⁶）	平均值（×10⁻⁶）	剔除2.5倍后	
									样品数（个）	平均值（×10⁻⁶）
24	35SnY05	福建	长汀濯田	878.24	256	175	2	15.23	250	12.99
25	35SnY06		连城庙前-龙岩中甲	1925.16	499	820	0.90	18.89	492	12.75
26	35SnY07		永定下湖-平和浦时	878.63	98	80	2.60	13.31	95	11.55
27	35SnY08		平和九峰-云霄坎顶	895.21	157	130	2.20	12.59	151	9.94
28	36SnY1	江西	永修	622.11	119	41.47	2.83	6.64	115	5.84
29	36SnY10		赣县-会昌	2443.53	430	218	2.30	17.48	415	14.64
30	36SnY11		三南	1292.27	185	2250	0.05	72.41	181	25.66
31	36SnY12		新丰-安远	733.42	164	150	0.5	10.03	162	8.86
32	36SnY13		定南	400.21	488	380	1.10	27.71	461	17.35
33	36SnY14		寻乌	646.19	249	195	2.40	20.79	245	19.45
34	36SnY2		浮梁茅棚店	811.12	171	76.14	2.60	6.24	168	5.40
35	36SnY3		石门楼	2887.82	101	38.62	3.09	8.73	98	8.09
36	36SnY4		玉山-横峰	2296.43	83	23.49	3.57	9.62	81	9.29
37	36SnY5		安福-分宜	1099.03	102	116.70	2.33	19.25	100	17.76
38	36SnY6		丰城徐山	4451.14	129	104.80	2.86	12.12	125	9.98
39	36SnY7		兴国	1842.88	138	560.40	3.18	11.88	137	7.88
40	36SnY8		崇义-上犹	1081.99	115	31.60	2.83	10.13	111	9.48
41	36SnY9		崇犹余	2713.52	361	165	2	15.59	352	13.42

十、钨矿找矿预测区

华东地区共圈定钨矿地球化学找矿预测区65处，主要分布在皖南-赣北，赣南地区。预测钨矿主要类型为热液型、矽卡岩-云英岩型、斑岩型、矽卡岩型等。钨矿预测区分布位置见图4-10，各预测区钨地球化学参数等详见表4-9。江西的崇犹余、南康-于都、定南、遂川大汾镇、上犹横市镇、九岭、遂川-万安、崇义-上犹等预测区背景值均达华东地区钨背景值的6倍以上，钨高含量特征明显，为钨成矿条件有利区。

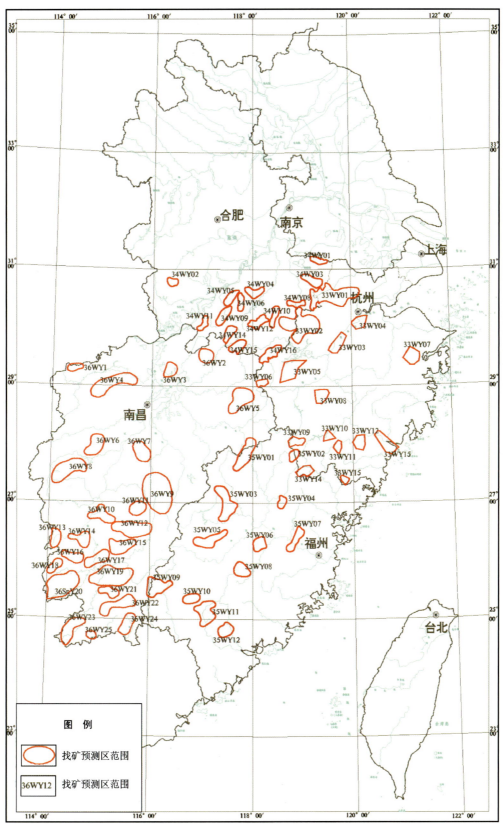

图 4-10 华东地区钨地球化学找矿预测图

表 4-9 华东地区钨矿找矿预测区地球化学参数表

序号	编号	省份	名称	面积(km^2)	总样品数(个)	最大值($\times 10^{-6}$)	最小值($\times 10^{-6}$)	平均值($\times 10^{-6}$)	剔除2.5倍后样品数(个)	平均值($\times 10^{-6}$)
1	33WY01	浙江	安吉-德清	2165.29	754	40.5	1	3.92	738	3.53
2	33WY02		昌化-黄石潭	2191.07	638	2925	1.2	28.76	631	13.24
3	33WY03		桐庐-浦江	716.64	174	12.3	2	3.68	172	3.58
4	33WY04		富阳-萧山	582.3	135	12.5	1.1	2.90	134	2.83
5	33WY05		芳村-石门村	1429.11	291	111.4	1.3	5.25	285	4.25
6	33WY06		开化油溪口	288.93	63	11.2	1.4	4.35	62	4.24
7	33WY07		奉化	718.17	176	11.2	0.86	5.04	170	4.84
8	33WY08		银坑	578.95	152	17.5	1.5	3.43	150	3.29
9	33WY09		龙泉龚岭	439.55	130	118	1.5	5.10	129	4.22
10	33WY10		云和	469.87	74	14.4	1.9	4.92	72	4.69
11	33WY11		景宁	264.14	65	17.6	1	6.19	61	5.55
12	33WY12		青田-瑞安	530.59	131	11.3	2.2	4.72	128	4.60
13	33WY14		庆元	567.08	154	55.9	2.1	6.96	149	5.99
14	33WY15		泰顺-苍南	306.9	236	63.3	0.6	4.33	233	3.95
15	34WY01	安徽	郎溪	315.08	90	31.8	0.75	3.93	88	3.49
16	34WY02		岳西	273.35	70	6.4	0.5	1.73	68	1.61
17	34WY03		广德	590.09	147	13.75	0.5	2.73	144	2.51
18	34WY04		青阳	497.35	124	134	0.6	6.41	122	5.06
19	34WY05		池州	459.75	116	37.5	1.44	4.68	113	4.18
20	34WY06		九华山	341.6	79	46.4	1.2	7.55	78	7.05
21	34WY08		宁国墩	325.43	82	121.4	1.1	6.04	80	3.68
22	34WY09		石台	587.96	148	24.5	1.14	4.44	145	4.16
23	34WY10		旌德	432.76	110	52	1	11.14	104	9.19
24	34WY11		东至	314.25	79	33	1.1	4.41	78	4.05
25	34WY12		汤口	544.43	137	141.5	1	12.62	133	10.44
26	34WY14		历口	466.77	119	30	1.3	4.08	117	3.69
27	34WY15		平里	534.53	133	130.7	2	7.32	130	5.26
28	34WY16		五城	717.6	201	44	1.5	6.57	191	5.44
29	35WY01	福建	武夷山龙渡	1061.48	288	106	0.05	7.25	283	6.39
30	35WY02		松溪半岭	329.41	107	429	1.6	16.11	104	8.14
31	35WY03		将乐新路口	1437.72	362	274	0.2	10.68	356	7.50
32	35WY04		建瓯上房	314.44	78	77.5	1.7	7.10	76	5.85

续表 4-9

序号	编号	省份	名称	面积 (km²)	总样品数(个)	最大值 ($\times 10^{-6}$)	最小值 ($\times 10^{-6}$)	平均值 ($\times 10^{-6}$)	剔除 2.5 倍后 样品数(个)	平均值 ($\times 10^{-6}$)
33	35WY05	福建	清流行洛坑	1058.11	264	793	0.32	18.70	256	7.98
34	35WY06		尤溪南山	549.18	137	168	0.79	6.68	136	5.49
35	35WY07		古田银场	661.06	168	354	0.95	8.20	166	5.11
36	35WY08		大田银顶格	651.12	161	236	1.3	11.31	157	8.50
37	35WY09		长汀濯田	1170.8	326	1370	0.025	14.13	323	8.00
38	35WY10		连城庙前	514.33	132	171	2.2	13.44	127	9.19
39	35WY11		龙岩东宝山	1258.89	312	1070	0.95	20.60	308	12.57
40	35WY12		华安洋竹径	610.43	148	565	1.9	25.00	144	14.35
41	36WY01	江西	港口镇	354.45	84	215	0.05	7.70	83	5.20
42	36WY02		浮梁茅棚店	811.12	163	1030	1.2	20.20	160	9.65
43	36WY03		都昌土塘镇	550.24	121	17	1.6	3.54	119	3.38
44	36WY04		九岭	5359.95	485	3085	0.6	34.86	476	15.29
45	36WY05		灵山-大茅山	3548.42	370	293	0.7	8.86	365	7.10
46	36WY06		分宜-新余	549.35	262	76	1.2	5.42	256	4.24
47	36WY07		樟树洛市镇	975.81	242	280	1.1	7.94	237	4.79
48	36WY08		宜春浒坑镇	1302.51	464	900	0.8	26.28	452	11.93
49	36WY09		徐山-大王山	3474.27	853	525	0.5	8.71	838	5.17
50	36WY10		泰和小龙镇	941.46	235	198.1	0.3	6.62	229	4.27
51	36WY11		上溪沙溪镇	682.78	171	143.9	1.1	7.52	167	5.24
52	36WY12		兴国-于都	2352.33	454	1400	1	25.21	445	11.15
53	36WY13		遂川大汾镇	590.99	146	2520	2	39.09	144	17.13
54	36WY14		遂川-万安	757.01	187	1400	1.1	40.18	182	15.00
55	36WY15		兴国银坑镇	1113.07	278	200	1	12.17	270	9.07
56	36WY16		上犹横市镇	669.71	167	1280	1.6	29.79	164	15.70
57	36WY17		赣县江口镇	913.04	228	440	1.2	14.21	222	8.44
58	36WY18		崇义-上犹	1081.99	124	528	0.9	26.23	120	14.89
59	36WY19		南康-于都	6712.38	609	2000	1.6	48.79	593	25.12
60	36WY20		崇犹余	2713.52	580	1400	1.2	59.83	563	37.46
61	36WY21		新丰新田镇	562.44	137	350	1.6	20.60	132	11.17
62	36WY22		新丰-安远	733.42	326	136	1.6	5.64	323	4.90
63	36WY23		龙南	1333.6	288	520	2	24.12	277	13.58
64	36WY24		寻乌	646.19	207	130	2	6.72	204	5.18
65	36WY25		定南	400.21	60	1400	2	98.23	56	18.46

第三节　重点地球化学找矿远景区

在单元素地球化学找矿预测区分析的基础上，结合已知矿床分布和成矿地质背景分布，华东地区共圈定94个综合找矿远景区。通过对综合找矿预测区的区域地质背景、地质矿产特征、地球化学异常特征分析，优选出14个重点地球化学找矿远景区。

一、安徽省滁州市金铜钼铅锌锑矿找矿远景区

1. 区域地质背景

该远景区在滁州市—马厂镇一带，面积约759.26km^2，为丘陵、低山景观区。在长江中下游成矿带，滁县-庐江铜-金-铁-钼-铅-锌-银-硫成矿亚带内。西北侧以郯庐断裂带为界，北部大面积出露黄石坝组火山岩；东南侧为第四系下蜀组覆盖区。区中出露的主要为青白口纪—奥陶纪地层，即西冷岩组、南华纪—寒武纪地层组，并发育白垩系赤山组等。滁州市西南为滁州岩体，为燕山中期闪长玢岩；西南部马厂镇北部出露燕山中期石英闪长岩。脉岩主要为石英闪长玢岩、闪长玢岩、煌斑岩等，主要分布在断层或岩层接触带上。

区内构造较发育。北东向分布的有龙王庙断层、黄栗树逆断层等，与地层走向一致；后期发生的北西向、或北西西向断裂将北东向断层错断、平移；褶皱构造有钟成-桥头村背斜、春冯-刘冯向斜、大丰山向斜、石沛背斜等。

2. 矿床点分布现状

该区已发现中型滁州市琅琊山铜钼矿（主矿种铜，伴生金、银、钼）、马厂砂金矿；小型全椒县大庙山金矿、全椒县范水洼金矿；以及全椒县雁子山铜矿、全椒县黄泥河金矿点等。铜矿主要为矽卡岩型，分布在远景区北部或南部，与燕山期浅层相石英闪长玢岩密切相关。金矿以低温热液型为主，矿体主要赋存在琅琊山组（$\in_1 l$）碳酸盐岩中。马厂砂金矿位于矽卡岩型铜矿分布区内，产于全新统冲积层及冲坡积层中。

3. 地球化学异常特征

与华东地区1∶20万水系沉积物地球化学测量背景值对比（表4-10，图4-11），安徽省滁州市金-铜-钼-铅-锌-锑矿找矿远景区Ni、Cu、Au、Sb四元素富集系数较高，Cu、Au、Sb、Zn、Ag、Mo元素变差系数较大；Ni元素尽管富集系数高，但变差系数小，成矿特征不明显。区内圈定了发育明显的Cu、Pb、Zn、Ag、Mo等元素地球化学异常。

综合评价：区内矿床、矿点均处于黄栗树逆断层接触带附近，构造、岩浆岩或脉岩、赋矿层位等成矿背景条件相似。按照矿床分带序列，金矿床下部可能存在类似铜矿；同理，砂金矿可能来源于铜矿上部被剥蚀掉的金矿。推断该远景区寻找金、铜等矿仍具有较大潜力。

表 4-10 滁州市金铜铅锌锑矿找矿远景区地球化学参数表

元素	总样数（个）	最大值	最小值	平均值	方差	变异系数	剔除2.5倍方差离群值		方差	华东地区背景值	富集系数
							样品数（个）	背景值			
Ag	188	326	70	113.13	40.25	0.36	180	107.01	27.44	92.98	1.15
Au	188	23.8	0.29	2.10	2.20	1.05	183	1.80	0.81	1.23	1.47
Cu	188	122	10	26.04	13.24	0.51	183	24.32	7.08	15.89	1.53
Pb	188	49	17	24.13	4.51	0.19	183	23.59	3.08	30.30	0.78
Zn	188	312	42	68.00	24.72	0.36	185	65.71	14.29	70.17	0.94
Sb	188	3.7	0.38	0.85	0.42	0.49	181	0.79	0.28	0.58	1.37
W	188	6.6	1.25	2.07	0.60	0.29	184	2.01	0.46	2.68	0.75
Mo	188	1.6	0.38	0.56	0.18	0.32	181	0.52	0.07	0.81	0.64
Sn	188	5.9	2.34	3.52	0.61	0.17	183	3.47	0.54	4.13	0.84
Ni	188	69	14	31.92	8.39	0.26	186	31.57	7.70	17.12	1.84
La	188	65	25	38.75	9.10	0.23	185	38.36	8.62	44.12	0.87
Y	188	29	19	23.98	1.61	0.07	185	24.01	1.50	25.08	0.96

注：Au、Ag 含量单位为 $\times 10^{-9}$，其他元素为 $\times 10^{-6}$。

二、江苏省宁镇铜锌金银钼矿找矿远景区

1. 区域地质背景

该远景区位于江苏省南京市—镇江市一带，面积约 1443.80km²。属长江中下游成矿带沿江成矿亚带。该区在宁镇沿江断裂南侧，西南侧以北西向南京-溧阳断裂为界，东北侧止于北北西向黄钰-洛社断裂，区内发育北东东向宁镇逆掩推覆构造，与地层走向一致。区内地层出露齐全，震旦系—三叠系均比较发育。侵入岩广泛分布，区内较大侵入岩体有 6 个，总体呈近东西向带状分布，由西向东依次分布其林门杂岩体、安基山岩体、下蜀-高资岩体、新桥岩体、石马岩体、九华山-谏壁岩体；岩体主要为中酸性岩的石英闪长岩、石英二长岩、花岗闪长岩，镇江市西南为石英闪长玢岩，均属燕山晚期侵入岩、潜火山岩。

2. 矿床点分布现状

该区铜、铅、锌、钼、金、银等矿床都有分布，尤其是中部汤山—高资一带矿床、矿点分布较多。区内矿床类型以矽卡岩型矿床为主，如中型江宁县安基山铜钼矿，小型江宁县伏牛山铜钼矿、句容市铜山铜钼矿、句容市石砀山铜钼矿等；同时发现斑岩型，如斑岩型镇江市谏壁钨钼矿（中型）、江宁汤山金矿、句容市盘龙岗铜钼矿（小型）；热液型南京市栖霞山铅锌银矿（大型）、句容市宝华山铜矿、江宁县东山铅锌矿、江宁县建新村多金属矿、句容市丁耙岗金矿（矿点）等，热液型矿产主要在石英闪长岩等岩体接触带分布，受岩体控制明显，同时与区内石炭纪—二叠纪碳酸盐岩关系密彻。区内自东向西，成矿元素由 Pb、Zn、Ag 至 Pb、Zn、Cu，再到 W、Mo，有中低温成矿元素向中高温成矿元素演变的趋势。

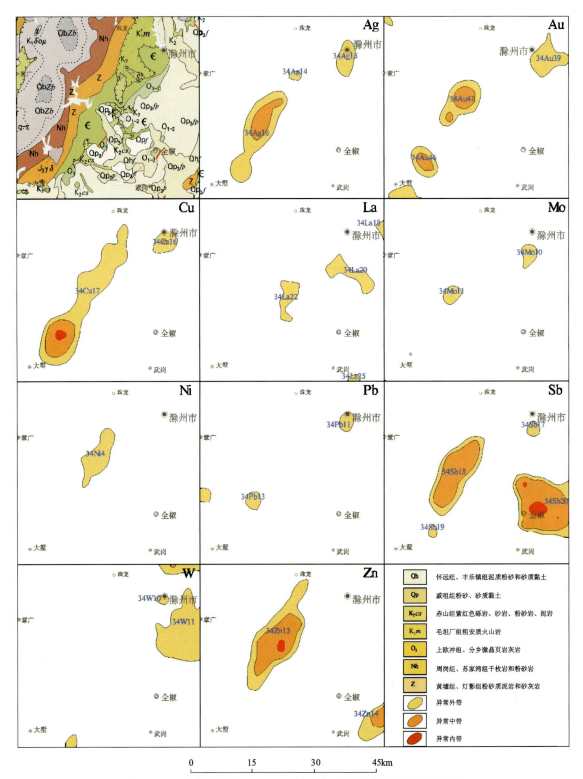

图 4-11 安徽省滁州地区 1:20 万水系沉积物地球化学异常剖析图

3. 地球化学异常特征

区内1:20万水系沉积物地球化学测量结果(表4-11,图4-12)显示 Au、Cu、Sb、Mo、Ni、Ag 等元素明显富集,其中 Au、Cu 富集系数大于2;区内 Ag、Au、Cu、Pb、Zn、Sb、W、Mo 等元素变异常系数大,尤其是 Cu、Mo、Sb 等元素变异系数大于1.5。Ni 元素尽管富集系数高,但变差系数小,成矿特征不明显。区内 Au、Cu、Pb、Zn 最大值是华东平均值的10倍以上,局部矿化明显。根据元素在空间上相互套合关系,结合地质、矿产资料,圈定了72处综合异常。

表4-11 宁镇铜锌金银钼矿找矿远景区地球化学参数表

元素	样品数(个)	最大值	最小值	平均值	方差	变异系数	剔除2.5倍方差离群值		方差	华东地区背景值	富集系数
							样品数(个)	平均值			
Ag	217	2100	24	136.89	176.76	1.29	213	118.57	83.93	92.98	1.28
Au	217	41	0.41	3.69	4.36	1.18	213	3.20	2.33	1.23	2.61
Cu	217	898	16.2	50.24	95.30	1.90	210	34.83	26.21	15.89	2.19
Pb	217	375.7	18.1	36.09	37.69	1.04	213	31.56	15.54	30.30	1.04
Zn	217	691.7	33.4	83.56	78.98	0.95	212	73.47	38.46	70.17	1.05
Sb	217	26	0.24	1.22	1.92	1.57	215	1.05	0.54	0.58	1.82
W	217	17.5	0.41	2.02	1.77	0.88	212	1.80	0.85	2.68	0.67
Mo	217	54	0.33	1.35	3.81	2.82	215	1.03	0.81	0.81	1.27
Sn	217	13.5	0.28	3.78	1.38	0.37	210	3.66	1.01	4.13	0.89
Ni	217	56.3	21	30.64	4.33	0.14	214	30.39	3.73	17.12	1.78
La	217	64.6	11.5	45.00	4.14	0.09	214	45.12	3.09	44.12	1.02
Y	217	25	5.91	20.24	2.23	0.11	214	20.37	1.89	25.08	0.81

注:Au、Ag 含量单位为 $\times 10^{-9}$,其他元素为 $\times 10^{-6}$。

从1:5万地球化学土壤测量综合异常图上可以看出,宁镇地区土壤化探异常具有明显的带状特征,形成一系列的地球化学异常带,异常带的展布与褶皱、断裂以及接触带等构造密切相关。各异常带主要元素异常特征如下。

(1)幕府山异常带:为 Mo、Au、Ag 异常带,包括幕府山 Mo、Au、Ag 异常,二台洞 Au 异常。

(2)栖霞山-铜山异常带:西段以 Pb、Zn、Ag、Sb 为主,东段以 Cu、Mo、Bi 为主。包括大凹山 Pb、Zn 异常,栖霞山 Pb、Zn、Ag 异常,铜山 Cu、Mo、Bi 异常。

(3)宝华山-巢凤山异常带:西段以 Mo 为主,中段以 Cu、Pb、Zn、Bi 为主,东段以 As、Cu、Pb 为主。包括宝华山 Mo、Cu、Pb 异常,老人峰 Cu、Pb、Zn 异常,巢凤山 As、Cu、Mo、Bi 异常。

(4)徐家山-金子山异常带:西段以 Cu、Mo、Zn 为主,中段以 Cu、Mo、Bi、Pb、Zn 为主,东段以 As、Pb、Cu 为主。由西向东分别有青龙山 Cu、Zn、Au 异常,射乌山 Cu、Mo、Bi、Pb、Zn、Ag 异常,安基山 Cu、Mo、Pb、Zn、Ag 异常,观音台 Au、Zn、As 异常。

(5)汤山-仑山异常带:以 Ag、Au、Sb、As 为主异常带。包括汤山 Au、As、Sb 异常,草庵 As、Cu、Bi 异常,饭山 Cu、Au、As 异常。

(6)岔路口-谭家山异常带:以 As、Sb、Zn、Pb 为主异常带。包括岔路口 As、Cu、Zn 异常,太平山 Au、Cu、Zn、Sb 异常。

(7)零山-黄山异常带:以 Pb、Zn、Ag、Mo、Cu 为主异常带。由南东至北西异常有黄山 Cu、Zn 异常,水晶山 Cu、Bi 异常,马迹山 Pb、Zn 异常,零山 Cu、Pb、Zn 异常。

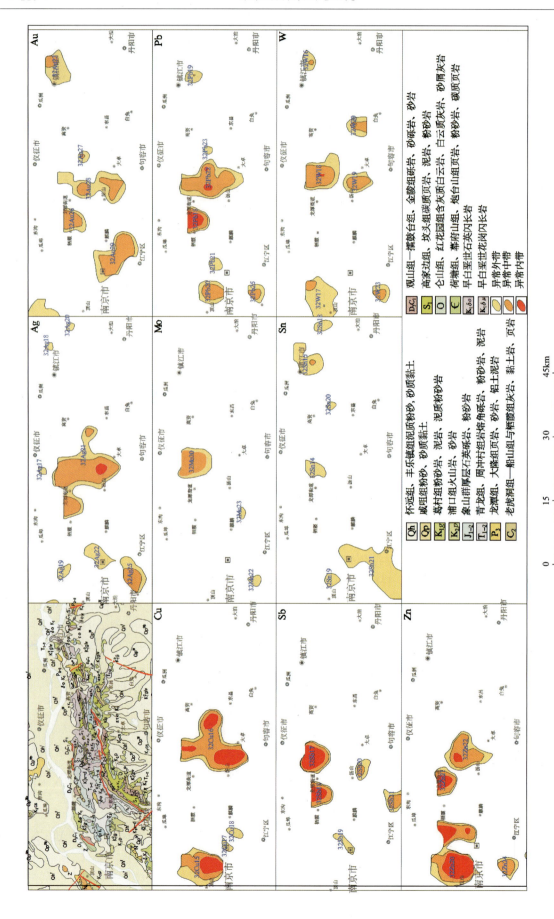

图4-12 江苏省宁镇地区1:20万水系沉积物地球化学异常剖析图

此外,在镇江九华山岩体附近圈定了较好的异常,以镇江九华山 Cu、Pb、Zn、Au、Mo 异常为中心,与周围的三异常,形成以九华山为核心的"卫星状"异常模式。

综上所述,宁镇地区成矿地质、构造、岩浆岩等环境有利,成矿元素富集、矿化特征明显,且横向上成矿具分带性。中部与东、西两端之间尚未发现矿床点,且存在较好异常,这些地区仍是寻找铜等多金属矿重要远景区。

三、安徽省金寨县沙坪沟钼铅锌银矿找矿远景区

1. 区域地质背景

该研究区在安徽省金寨县沙坪沟一带,西侧为河南省,南部至近东西向磨子潭深大断裂西段,为中低山景观区,面积约 275km²。属北秦岭成矿带北淮阳成矿亚带。出露主要为镇关群变质岩(变粒岩、浅粒岩、石英片岩等),三合斑状二长花岗岩,汤汇细粒石英闪长岩。北东向焦园-皂河断裂穿过该远景区。

2. 矿床点分布特征

以特大型沙坪沟钼矿(斑岩型)为中心,外围发现火山热液型金寨县银沙地区冬瓜山铅锌矿、银沙铅锌银多金属矿、关庙银冲铅锌矿等矿床点。

3. 地球化学特征

1:20 万水系沉积物地球化学测量(表 4-12,图 4-13)显示,金寨县沙坪沟地区主要成矿元素背景值与华东地区的对比,Cu、Ni、La、Ag、Au、Zn 呈弱富集。区内 W、Mo、Pb、Au、Ag、Ni 元素相对变差系数大。变差系数与富集系数两者元素不完全重合,尤其是 W、Mo 元素变异系数相对较大,而富集系数小,Ni 元素富集系数与变异系数较大的现象,说明沙坪沟地区独特的成矿地球化学背景。

表 4-12 沙坪沟钼铅锌银矿找矿远景区地球化学参数表

元素	样品数(个)	最大值	最小值	平均值	方差	变异系数	剔除 2.5 倍方差离群值		华东地区背景值	富集系数
							样品数(个)	背景值		
Ag	70	676	65	124.64	77.64	0.62	69	116.65	92.98	1.25
Au	69	4.3	0.1	1.47	1.00	0.68	68	1.43	1.23	1.17
Cu	70	43	12	22.36	6.96	0.31	68	21.79	15.89	1.37
Pb	70	212	18	36.57	26.60	0.73	68	32.74	30.30	1.08
Zn	70	326	58	89.73	40.05	0.45	68	83.78	70.17	1.19
Sb	70	0.67	0.1	0.23	0.09	0.39	68	0.22	0.58	0.38
W	70	18	0.5	2.07	2.60	1.26	68	1.67	2.68	0.62
Mo	70	3.4	0.2	0.66	0.57	0.86	66	0.53	0.81	0.65
Sn	70	6	2	3.74	0.93	0.25	70	3.74	4.13	0.91
Ni	70	104	7	22.13	14.02	0.63	69	20.94	17.12	1.22
La	70	149	25	55.84	23.34	0.42	69	54.49	44.12	1.24
Y	70	33	18	22.84	2.92	0.13	69	22.70	25.08	0.91

注:Au、Ag 含量单位为 $\times 10^{-9}$,其他元素为 $\times 10^{-6}$。

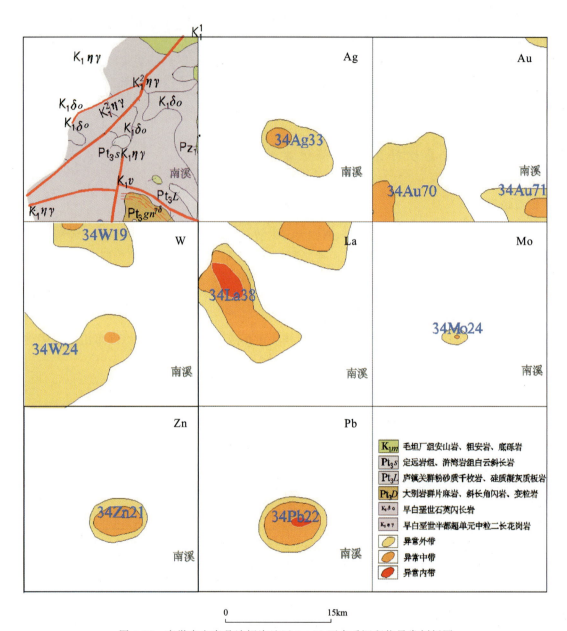

图 4-13 安徽省金寨县沙坪沟地区 1∶20 万水系沉积物异常剖析图

区内存在 Ag 元素异常 1 处(约 52km^2),沙坪沟钼矿和金寨县银沙多金属矿等在该异常范围内;Mo 异常 1 处(6km^2),中带为孤点状,沙坪沟钼矿在异常内;Ni 异常(14km^2)与 Mo 异常基本吻合;W 出现约 220km^2 异常,中带孤点状,与沙坪沟钼矿吻合,铅锌(银)矿在外带中;Zn 异常(40km^2)1 处,异常中带明显,与外带浓度梯度变化陡,4 处矿床点均在中带界线内。Zn、Ag、W、Mo、Ni 异常分布范围逐渐缩小,由外到内,中温向高温序列清晰,与区中已发现矿床点位置和类型高度吻合。矿区岩石测量成果也显示,Mo 异常处于 Pb-Zn 异常内,或位于多个 Pb-Zn 异常组成的异常带中心(图 4-14)。

远景区 Ag、Cu、Pb、Zn、Mo 在沙坪沟钼矿及周边地区异常分带特征明显,由浓集中心向外成矿元素横向序列清晰。Mo 异常浓集中心为钼矿的主要找矿靶区,而 Pb-Zn 套合异常中心也是寻找铅锌多金属矿的有利地区;根据异常规模和异常分带规律,沙坪沟地区仍有进一步寻找 Au、Ag、Cu、Pb、Zn、Mo 的前景。

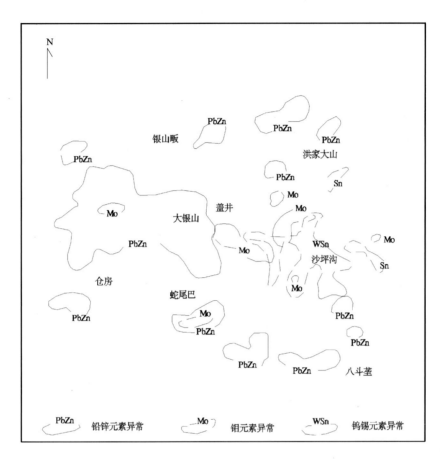

图 4-14 金寨县沙坪沟矿区岩石测量综合异常图
(据张怀东等,2010)

四、安徽省铜陵市铜金铅锌银钼矿找矿远景区

1. 区域地质背景

该远景区位于铜陵市—南陵县工山镇一带,面积约 1088km²。主要为丘陵区、部分低山。属长江中下游成矿带沿江成矿亚带。西侧、东侧分别以长江断裂带和高坦断裂为界;北部及西部被长江所隔,为第四系覆盖;东南部大面积出露白垩系七房村组(K_2qf)、赤山组(K_2c)。区内自志留系至第四系均有出露,地层走向北东,地表三叠纪灰岩分布较广。在铜陵市、朱村镇、宝山陶、工山镇等地分布有(花岗)闪长岩,小枫树、横山岭等地见花岗岩,童埠镇有正长岩出露。自南向北断裂构造北东向主要有丁桥断裂、大尖山正断层、董家宕断层、五峰村-寨山断层、白鹤-铜官山逆断层;北西向尖山正平移断层、钟鸣断层等;褶皱走向北东分布,主要有三岗尖-杨美桥背斜、牌楼向斜、白笏-铜关里背斜、唐田向斜、铜山背斜等。

2. 矿床点分布现状

铜陵地区矿产资源丰富,已发现铜官山、狮子山、新桥、凤凰山、姚家岭 5 个矿田自西向东分布。

(1)铜官山矿田在铜官山—棋盘石一带,位于铜陵市东南,沿铜山背斜两侧展布,分布有矽卡岩型铜官山铜矿(大型)、金口岭铜矿(小型);热液型(中型)黄狮涝山金矿、天马山硫金矿;风化淋滤型(小型)戴家冲金矿、徐村金矿等。矽卡岩型、热液型主要集中在铜官山西北地区,沿铜官山闪长岩周边分布;风化淋滤型金矿,或铁帽型铁矿主要在铜官山西南部棋盘石一带、铜山背斜半山腰的中—上二叠统中。

(2)狮子山矿田在胡家祠堂—狮子山—虎形山—舒家山一带,在铜山背斜与唐田向斜之间。矿床主要集中狮子山区,有层控热液叠改型冬瓜山铜(硫金)矿(大型)、矽卡岩型朝山金矿(中型)、西狮子山铜矿(小型)、热液型曹山硫铁矿、鸡冠石银(金)矿(小型)等 10 余个大中型矿,矿床主要分布在狮子山闪长岩及其接触带上。

(3)新桥矿田在新桥—丁桥一带,新桥矿田分布有层控热液型新桥铜硫矿(大型)、矽卡岩型小型笪箕涝铁矿、羊耳山铁铜矿、青阳县大盖山铜多金属矿、丁桥镇独龙村铁矿、斑岩型舒家店铜矿、热液型虎山硫铁矿(小型)、铁帽型新桥矿牛山矿段(金、银)(小型)。这些矿床与区内出露的新桥石英闪长岩体关系密切,同时区内还存在沉积型大通锰矿(中型)、新桥瑶山锰矿(小型)。

(4)凤凰山矿田主要在丫山镇北部,处牌楼向斜核部,在白笏-铜关里背斜与三岗尖-杨美桥背斜之间,矿床沿新屋岭花岗闪长岩周边或外围分布。岩体周边已发现矽卡岩型凤凰山铜矿(中型,伴生铁、金、银矿)、宝山、铁头山、仙人冲、南阳山、源生铜矿(小型)等矿床;外围发现热液型铜陵市金泉铅锌矿(小型)、南陵县渭湖地区铅锌矿(矿点)、矽卡岩型龙山铅锌矿、南陵县团山铜矿等。矿床主要赋存层位为新屋岭岩体接触带,或中下三叠统地层界面上,受岩浆岩控制。

(5)姚家岭(沙滩角)矿田等,在南陵县工山镇西部,位于三岗尖-杨美桥背斜上。热液充填交代型南陵县姚家岭锌金多金属矿(大型)在该背斜核部倾斜端,南陵县沙滩角、戴腰山等铜矿床赋存在背斜两翼泥盆系或二叠系中,矿体沿断层(如黄家宕断层、大尖山断层),或地层界面分布。

3. 地球化学特征

区内水系沉积物地球化学测量背景值与华东地区背景值相比(表 4-13,图 4-15),Au、Sb、Ag、Cu、Pb、Zn、Mo、Ni 等元素富集系数高,同时 Au、Sb、Ag、Cu、Pb、Zn、Mo、W 变异系数大,都在 1 以上。区域地球化学异常特征显示,区内 Au、Sb、Ag、Cu、Pb、Zn、Mo、W 等元素具有矿化作用强、范围大的特征。与地球化学参数特征相对应的是,区内分布有多个地球化学异常带,且与 5 个矿田及外围部分矿床点对应性较好。主要包括:

(1)大通镇-红星镇地球化学异常带,发育 Ag、Al、As、Au、Ba、Be、Bi、CaO、Co、Cu、Hg、Sn、Sr、Y 等元素或氧化物异常,且分级明显,浓集趋势显著。

(2)董店镇-峙门口地球化学异常带,发育 As、Au、Be、Bi、Co、Cu、F、K_2O、La、Li、Mn、Mo、Ni、P、Sb、Sr、V 等元素或氧化物异常。

(3)新桥镇-丁桥镇地球化学异常带,发育 Ag、As、Au、Ba、Be、Bi、CaO、Cd、Co、Fe、Hg、Mn、Mo、Ni、Pb、Sb、Sn、U、V、Zn 等元素异常,且多见内带,浓集趋势显著。

(4)钟鸣镇-丫山镇地球化学异常带,发育 Ag、Al、As、Au、Ba、Bi、CaO、Cd、Co、Cu、F、Fe、K_2O、MgO、Mn、Mo、Na_2O、Ni、P、Pb、Sb、Sn、U、W、Zn 等元素或氧化物异常。

(5)红星镇-工山镇地球化学异常带,发育 Ag、As、Au、Ba、Bi、Co、Cr、Cu、Fe、Hg、La、Mo、Na_2O、Nb、Sb、Sn、U、W 等元素或氧化物异常,异常分级明显,浓集趋势显著。另外铜陵市发现 Au、Be、Bi、Cd、Cu、Mo、Na_2O、Nb、Sr、Zr 等元素或氧化物异常。

表 4-13 铜陵市铜金铅锌银钼矿找矿远景区地球化学参数表

元素	样品数(个)	最大值	最小值	平均值	方差	变异系数数据	剔除 2.5 倍方差离群值		华东地区背景值	富集系数
							样品数(个)	背景值		
Ag	261	5123	4.5	362.33	671.99	1.85	252	254.43	92.98	2.74
Au	261	288	0.01	10.59	25.87	2.44	253	6.80	1.23	5.55
Cu	261	771	1	54.79	84.07	1.53	253	42.09	15.89	2.65

续表 4-13

元素	样品数（个）	最大值	最小值	平均值	方差	变异系数数据	剔除2.5倍方差离群值 样品数（个）	剔除2.5倍方差离群值 背景值	华东地区背景值	富集系数
Pb	261	2160	1.5	88.82	172.86	1.95	257	72.73	30.30	2.40
Zn	261	1340	5	170.83	178.67	1.05	251	144.03	70.17	2.05
Sb	261	40	0.01	2.23	3.85	1.73	256	1.79	0.58	3.10
W	261	68	0.09	3.21	5.17	1.61	259	2.77	2.68	1.03
Mo	261	20	0.03	1.51	1.68	1.11	257	1.36	0.81	1.68
Sn	261	8.80	2	4.20	1.11	0.26	254	4.10	4.13	0.99
Ni	261	98	0.5	27.29	10.35	0.38	256	26.74	17.12	1.56
La	261	75	20	43.55	8.57	0.20	254	43.57	44.12	0.99
Y	261	39.89	8.09	24.54	4.02	0.16	256	24.40	25.08	0.97

注：Au、Ag 含量单位为 $\times 10^{-9}$，其他元素为 $\times 10^{-6}$。

4. 综合评价

铜陵地区 Cu、Au、Pb、Zn、Mo、Ag 等成矿元素背景含量高，异常强度和规模大；赋矿层位、构造、岩浆岩等条件有利；五矿田除矿床点集中局部地区外，外围有零星矿点分布，且成矿地质背景相似的地球化学异常区，仍是区内寻找类似矿床的重要靶区。另外，从已知矿床点与出露岩浆岩的密切关系可以看出，矿田区闪长岩或石英闪长岩接触带异常区是找矿的重要标志，浅部或中深部存在侵入岩的边缘地带仍具有巨大的潜力。

五、太平祁门钼银铅锌铜钨锡锑稀土矿找矿远景区

1. 区域地质背景

该远景区位于太平县—黄山莲花峰—祁门县一带，为中低山景观区，面积约 3324km²。属江南隆起成矿带东段成矿带九岭-鄣公山成矿亚带。区内出露主要为前震旦系牛屋组、邓家组，南华系，以及震旦系—寒武系徽州组、戚家叽组、芜湖组等；岩浆岩有燕山中期花岗闪长岩、玄武玢岩、花岗斑岩等。区内北东向构造发育，断裂有汤村断层、汤口断裂、下双坑断层、蓝田断层等；褶皱见蓝田向斜、南屏山背斜、查木坦背斜等。

2. 矿床点分布特征

区内矿床、矿点分布较多，矿床类型以热液型为主，主要有中型祁门三宝铅锌银矿，小型黟县银多金属矿、黄山区外桐坑金矿、黄山市尚书里钨锡矿（点）等；其次是矽卡岩型，有小型黄山市南山钼钨多金属矿，泾县南容外潭仓铜矿等矿点。

3. 地球化学特征

该远景区平均值（图 4-16，表 4-14）与华东地区平均值对比，Sn、Au、Cu、Sb、W、Zn、Ag、Mo、Ni 富集，同时 Au、Ag、Sb、W、Mo、Sn 变异系数大；显示该区具有较好的 Au、Ag、Sb、W、Mo、Sn 矿的找矿前景。

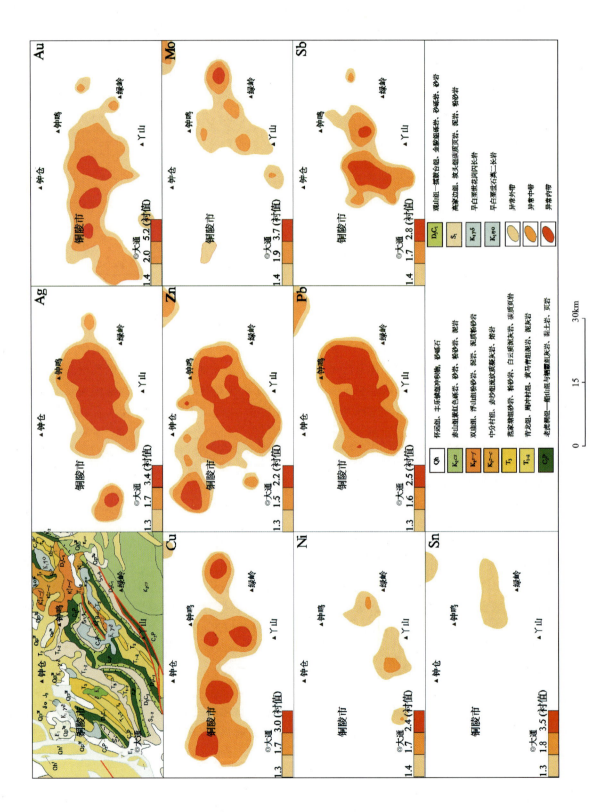

图 4-15 安徽省铜陵地区1:20万水系沉积物异常剖析图

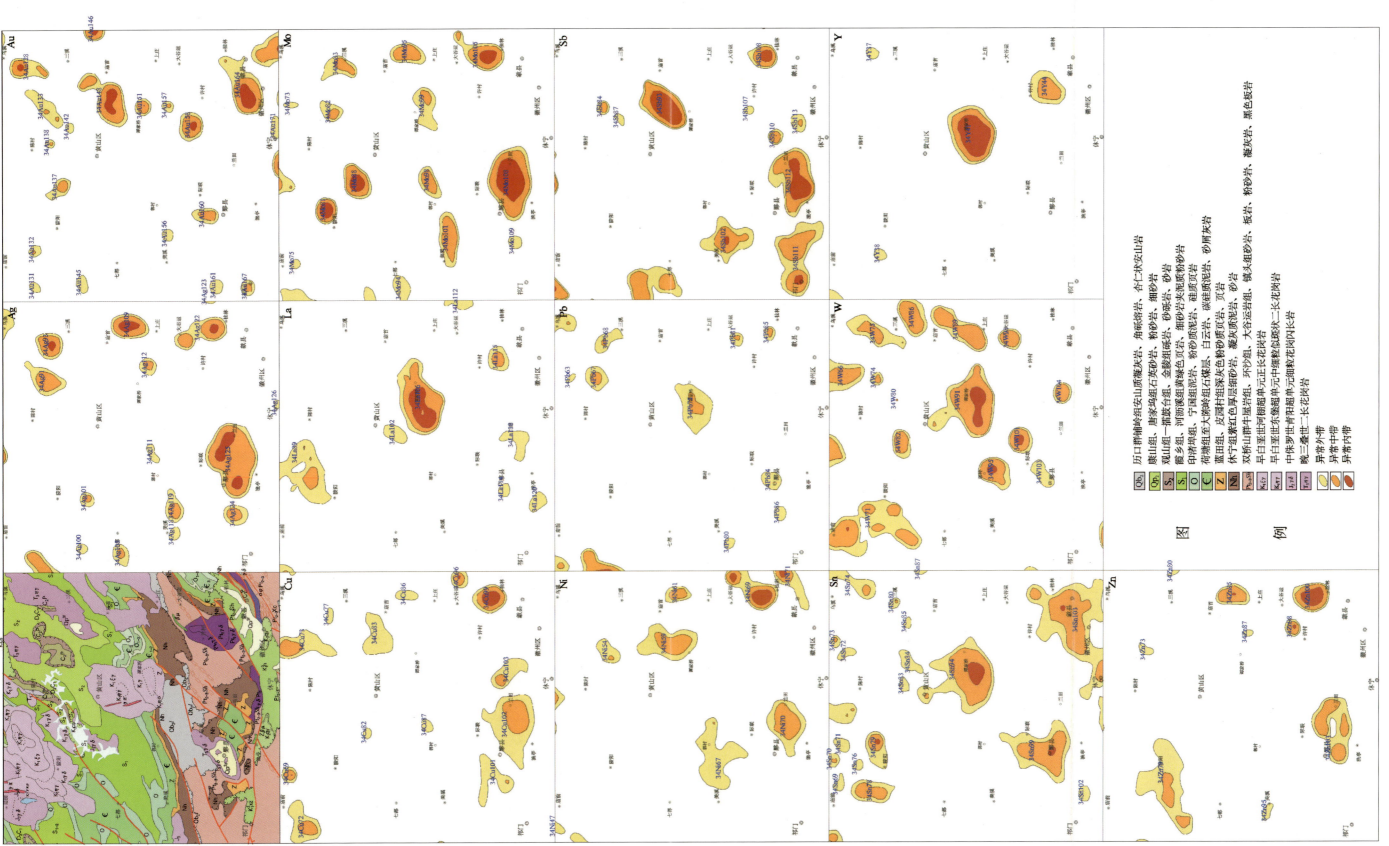

图 4-16 太平祁门地区 1:20 万水系沉积物异常剖析图

表 4-14　太平祁门钼银铅锌铜钨锡锑稀土矿找矿远景区地球化学参数表

元素	样品数（个）	最大值	最小值	平均值	方差	变异系数	剔除2.5倍方差离群值		华东地区背景值	富集系数
							样品数（个）	背景值		
Ag	837	3250	62	161.79	185.79	1.15	819	140.44	92.98	1.51
Au	837	133.2	0.2	3.04	7.36	2.42	829	2.48	1.23	2.02
Cu	837	245	10	33.80	16.00	0.47	826	32.65	15.89	2.05
Pb	837	96.4	11.4	33.12	9.27	0.28	813	32.11	30.30	1.06
Zn	837	486.8	46.6	109.90	34.97	0.32	820	106.58	70.17	1.52
Sb	837	33.06	0.06	1.19	1.93	1.62	824	1.02	0.58	1.77
W	837	141.5	0.72	5.62	8.73	1.55	815	4.49	2.68	1.67
Mo	837	15	0.3	1.49	1.77	1.19	807	1.23	0.81	1.52
Sn	837	116.7	2.17	10.19	10.26	1.01	813	8.90	4.13	2.15
Ni	837	90	1	23.30	11.68	0.50	826	22.79	17.12	1.33
La	837	141	15	44.63	15.62	0.35	818	43.20	44.12	0.98
Y	837	96	14	26.33	8.75	0.33	808	24.85	25.08	0.99

注：Au、Ag含量单位为$\times 10^{-9}$，其他元素为10^{-6}。

区内存在 Ag 异常 6 处、Au 主要异常 7 处、Cu 异常主要有 5 处、La 异常 5 处，Mo 异常 6 处，Sn 异常 8 处、W 异常 5 处。

Ag 异常均发育异常中带，且异常范围大。南部黟县 Ag 异常面积达 270km^2，内、中、外带分带明显，存在 2 个浓集中心。

Au 异常主要在莲花峰-黟县东南部分布，且异常强度大，有 2 个 Au 异常具有内、中、外带分布。

Cu 异常主要在岩体及岩体边部分布，但仅有 2 个显示中带，其他都为外带。

La 异常主要与岩体关系密切，其中莲花峰 La 异常面积达 240km^2；异常内、中、外带发育。

Mo 异常普遍发育中带，其中黟县 Mo 异常面积达 240km^2，且内、中、外带分带明显，内带面积较大，黟县西坑银多金属矿等均在异常范围内。

该地区成矿地质背景较有利，既有富含成矿元素的地层、岩浆岩，也发育断层、褶皱构造，且成矿元素背景含量总体较高，多数呈较强富集特征；另外，高、中、低温成矿元素相伴富集，在区中均已发现矿床点，说明区内具备进一步寻找 Au、Ag、Sb、W、Mo、Sn 矿床的前景。

六、江西省九瑞铜铅锌金钼锑矿找矿远景区

1. 区域地质背景

该远景区位于江西省西北部瑞昌市及西北地区，面积约 1040km^2。属于长江中下游铜多金属成矿带，东北部为平原区，西南为低山景观区。区内地层从奥陶系到三叠系均有出露，走向北东东；远景区东侧邻近赣江断裂带，区内发育多组北东—北东东向断层，与地层走向一致；燕山期次火山岩在区内广泛分布，主要以花岗闪长斑岩为主，部分岩体显示，从老到新由花岗闪长斑岩→花岗斑岩→石英斑岩 3 个单元组成的特点。

2. 矿床点分布现状

区内矿床点以矽卡岩型为主,主要有大型九江县城门山铜钼硫铁矿和瑞昌武山铜银钼硫矿,小型狮子山、郭家桥中金、铜矿,以及邓家山、东雷湾、宝山、通江岭铜矿点等。另有斑岩型瑞昌市洋鸡山金矿(小型)。总体以矽卡岩型铜、钼、金矿为主,伴生银、硫、铁矿等。矿床点附近不同程度发育中酸性岩浆岩等。

3. 地球化学特征

远景区内1∶20万水系沉积物地球化学测量统计结果(表4-15,图4-17)与华东地区背景值对比显示,Cu、Sb呈强烈富集,Ni、Ag、Au为较强富集。区内变异系数显示,Au、Ag、Cu、Zn、Sb、Mo等元素变异常系数较大。Mo元素富集系数不高,但变异系数大,与安徽沙坪沟地区相似,可能指示某一期岩体具有富钼或成钼矿的前景。Ni元素尽管富集系数高,但变异系数不大,指示可能区内有深源物质活动,但Ni成矿可能性较小。Au、Ag、Cu、Zn、Sb富集系数高、变异系数大,是区内的主要成矿元素。

区内有2个铜异常,异常面积大,且内、中、外带齐全,异常与已知矿床对应性较好。

区内有4个钼异常,有2个异常与铜异常叠合好,异常浓集中心与大型铜多金属矿对应较好,但仍有异常浓集中心未发现大型矿床。

区内有4个Au异常,4个异常面积较大,有2个异常段分布有内、中、外带异常,2个分布有中、外带异常,其中有3个Au异常已发现有已知金矿床。

区内有2个Ag异常,且与其中的2个金异常叠合较好,有金矿分布。

区内有3个Zn异常,分别与3个金异常叠合较好。

区内Cu、Au、Ag、Pb、Mo、Sb等单元素异常分布面积大,成矿元素异常套合较好,浓集中心明显,且前缘元素Sb、Ag等异常发育,主要异常组分分带显示为Cu-Au-Sb、Ag、Pb-W、Mo的特征,显示仍有较大的深部找矿前景。

该远景区除城门山和武山为大型矿外,其他基本为小型或规模以下,这些矿床点具有十分相似的地质成矿背景,且均发现提供热动力的花岗闪长(斑)岩。同时Cu、Pb、Zn、Au、Ag等成矿元素背景含量较高,综合异常成矿元素套合好,浓集程度高,组分分带指示区内剥蚀程度不高,综合分析认为该区仍具有寻找大型矿床的巨大潜力。

表4-15 九瑞铜铅锌金钼锑矿找矿远景区地球化学参数表

元素	样品数(个)	最大值	最小值	平均值	方差	变异系数	剔除2.5倍方差离群值 样品数(个)	剔除2.5倍方差离群值 背景值	华东地区背景值	富集系数
Ag	238	12 500	60	209.03	823.78	3.94	237	157.17	92.98	1.69
Au	238	52	0.3	2.68	5.42	2.02	232	1.92	1.23	1.57
Cu	238	1324	17.7	52.84	126.27	2.39	234	38.89	15.89	2.45
Pb	238	300	15	33.09	25.29	0.76	233	30.15	30.30	1.00
Zn	238	3473	32.5	92.50	228.96	2.48	235	72.72	70.17	1.04
Sb	238	16.7	0.6	1.71	1.89	1.11	232	1.46	0.58	2.53
W	238	15	1.1	2.34	1.48	0.63	231	2.11	2.68	0.79
Mo	238	56	0.1	0.95	3.65	3.84	237	0.72	0.81	0.89
Sn	238	9.1	1.8	3.39	0.99	0.29	232	3.28	4.13	0.79
Ni	238	67	21.4	33.63	7.34	0.22	233	33.15	17.12	1.94
La	238	62.5	27.2	43.84	6.94	0.16	233	43.45	44.12	0.98
Y	238	42	18.7	29.53	4.11	0.14	234	29.52	25.08	1.18

注:Au、Ag含量单位为$\times 10^{-9}$,其他元素为$\times 10^{-6}$。

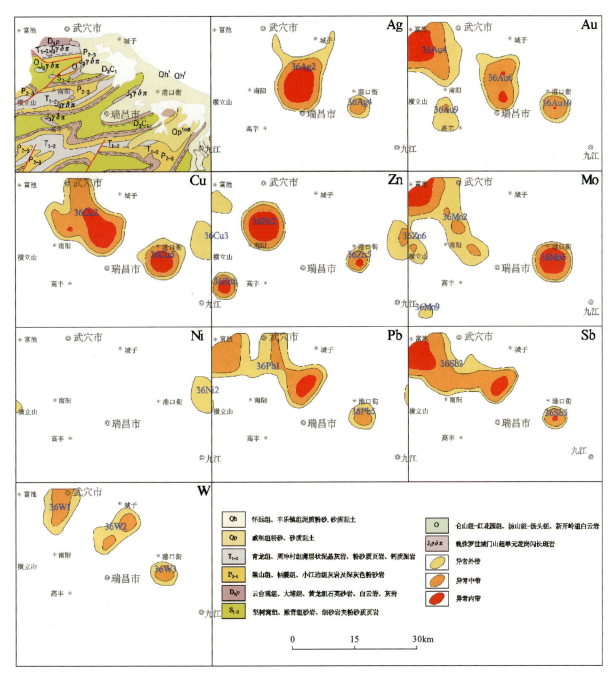

图 4-17 江西省九瑞地区 1：20 万水系沉积物异常剖析图

七、诸暨市金银铜铅锌矿找矿远景区

1. 区域地质背景

诸暨市远景区位于浙江省诸暨市—东阳市一带，面积约 $1053km^2$。西北侧以江山-绍兴深大断裂带为界，东南侧止于丽水-莲花山断裂带，属于浙中-武夷隆起成矿带遂昌-尤溪铜、铅、锌、银、萤石、叶蜡石、地开石成矿亚带。区内出露地层有震旦系、寒武系、奥陶系和上侏罗统磨石山群、下白垩统永康群，走向大多呈北东向,其中磨石山群大面积出露于该区西北侧。区内构造发育,除江山-绍兴深大断裂带、丽水-莲花山断裂带外,还存在一系列北东向断裂等,并被后期多组北西西向断裂错断。区内混合石英二长岩、流纹斑岩、二长花岗岩、辉长岩、安山玢岩等较为发育。

2. 矿床点分布现状

该区已发现中型诸暨七湾锌矿、吴子里银铅锌矿、铜岩山铜矿、诸暨市祝家岭脚银矿,另见东阳罗山金矿、诸暨庙下畈金矿、诸暨梅店金矿、诸暨璜山金矿、诸暨齐村金矿等小型矿床及矿点。区内中部主要为金银矿,以热液型为主;南部存在金银矿、铅锌矿和铜矿,其成矿类型分别为热液型、陆相火山岩型、沉积变质型;北部主要为金、铜矿,成矿类型有热液型、沉积变质型、沉积型(砂金)等。

3. 地球化学特征

水系沉积物地球化学元素平均值(表4-16,图4-18)与华东地区背景值相比,Cu、Au富集系数较高。区内Ag、Au、Cu、Pb、Zn、W等元素变异系数较大。Au元素富集系数高、变异系数大,为区内重要的成矿元素。Zn、Cu元素富集系数相对较高、变异系数相对较大,为区内的重要成矿元素。W元素变异系数大,但富集系数小,应注意与岩体有关的钨矿的评价。

表4-16 诸暨市金银铜铅锌矿找矿远景区地球化学参数表

元素	样品数(个)	最大值	最小值	平均值	方差	变异系数	剔除2.5倍方差离群值		华东地区背景值	富集系数
							样品数(个)	背景值		
Ag	269	860	34	97.47	85.37	0.88	264	88.45	92.98	0.95
Au	269	363.7	0.2	3.37	22.42	6.65	268	2.03	1.23	1.66
Cu	269	332.4	6.2	31.67	31.51	0.99	264	28.75	15.89	1.81
Pb	269	333.7	0.4	33.44	32.74	0.98	262	29.02	30.30	0.96
Zn	269	1302.7	36.9	100.23	121.00	1.21	264	85.32	70.17	1.22
Sb	269	4	0.2	0.52	0.35	0.67	266	0.50	0.58	0.87
W	269	82	0.33	2.97	4.98	1.68	268	2.68	2.68	1.00
Mo	269	5.41	0.07	1.10	0.81	0.74	259	0.98	0.81	1.21
Sn	269	41	1.2	4.22	3.26	0.77	265	3.93	4.13	0.95
Ni	269	121.39	5.95	20.38	16.20	0.79	260	18.22	17.12	1.06
La	269	193.28	18.75	48.54	23.75	0.49	258	44.73	44.12	1.01
Y	269	39.98	8.1	19.81	4.35	0.22	258	19.33	25.08	0.77

注:Au、Ag含量单位为$\times 10^{-9}$,其他元素为$\times 10^{-6}$。

区内Au元素异常呈北东向带状展布,具有明显的3个浓集中心,金矿床点大多在异常范围中,吻合程度较高。Pb、Zn异常3处,异常发育外带、中带,其中诸暨大地塔村异常发育内带;区内铅锌矿床点基本分布在三异常内,吻合较好。Ag异常3处,只发育异常外带、中带,金银矿床点大多分布在异常内或异常间,且与Pb、Zn异常套合好,与铅锌矿床点吻合好。Cu异常沿江山-绍兴深大断裂带呈北东向展布,分布面积大,存在多个浓集中心,发现1个中型铜矿分布在异常中。

该远景区矿床点集中(矿田),成矿类型多样,赋矿层位、构造、岩浆岩等成矿地质背景有利;Ag、Au、Cu、Pb、Zn元素异常发育,且具有多个浓集中心,未发现相应的矿产,区内具有较大的Ag、Au、Cu、Pb、Zn、W等矿产找矿前景。

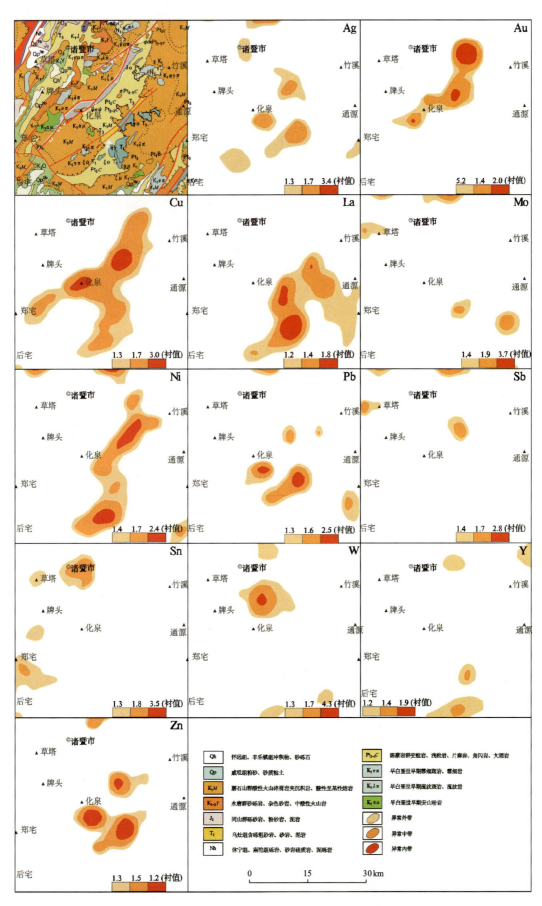

图 4-18 浙江省诸暨地区 1:20 万水系沉积物异常剖析图

八、开化县钨钼锡铅锌金铜银矿找矿远景区

1. 区域地质背景

该远景区位于浙江省西北部开化县东北到建德市西南一带,面积约 1708km²,属中低山、丘陵区。位于萧山-球川大断裂带上,西北侧邻近马金-乌镇断裂带,东南邻近常山-漓渚断裂带;属于钦杭成矿带玉山-杭州湾铜、铁、铌、钽、滑石、硅灰石、萤石成矿亚带。区内地层自青白口系到石炭系均有出露,北东走向,受向斜控制,核部为志留系和泥盆系,两侧向外均为奥陶系、寒武系和南华系。远景区北西及东南两侧大面积出露晚侏罗世花岗岩、黄尖组酸性熔岩或火山碎屑岩。

断裂构造较为发育,主要以北东向和北北东向为主,如马金-乌镇断裂带、球川-萧山断裂带等,前期北东向为后期北北东向切割,另在上方镇东北发育 3 组北西向断裂。

2. 矿床点分布现状

该区已发现矿种有铅锌矿、铅锌银矿、铜矿、钨矿、钨锡矿。铅锌矿主要有常山乐华铅锌银矿、衢江银铜背铅锌银矿、衢州上方镇郑家铅锌银矿、开化大溪边铅锌矿。铜矿主要有淳安白沙畈铜矿、淳安铜山铜矿;钨矿、钨锡矿主要有常山芙蓉乡金家钨矿、淳安双溪口锡矿、淳安洞钨锡矿等。区内矿床类型大多为热液型、矽卡岩型,个别为陆相火山岩型、斑岩型等。矿床总体沿花岗岩与地层接触带呈带状分布,西南侧以热液型为主,并发育斑岩型、陆相火山岩型;西北侧多为热液型,局部见矽卡岩型。

3. 地球化学特征

区内1:20万水系沉积物地球化学测量背景值(表 4-17,图 4-19)与华东地区背景值相比,Sb、Sn 强烈富集,富集系数大于 2;Ag、Au、Cu、Pb、Zn、W、Mo、Ni 都相对富集,富集系数大于 1.2。区内 Ag、Au、Cu、Pb、Zn、Sb、Sn、W、Mo 变异系数均较大。Ag、Au、Cu、Pb、Zn、Sb、Sn、W、Mo 都呈现富集系数高、变异系数大的特征,其均为主要成矿元素。Ni 元素与其他重要远景区一致,表现为富集系数高、变异系数小的特征,指示其可能有深部岩浆参与成矿作用的特征。

区内存在 2 个 Au、Ag、Cu、Pb、Zn、W、Mo 等元素综合异常,分布于南北 2 个岩体及两侧。异常主要分布在岩体与地层接触带,呈带状或串珠状展布。Au、Ag、Cu、Pb、Zn、W、Mo、Sb、Sn 等单元素均发育较强的局部异常,异常内、中、外带均有分布,显示明显的浓集中心。Cu、Pb、Zn、Au、Ag 等元素局部地区异常套合较好,并呈现 W、Sn—Pb、Zn、Sb—Cu、Ag、Au 的组合分带特征,且呈 Pb、Zn、Sb 异常相对面积大,Cu、Ag、Au 相对面积小的特征。

该区已发现矿产以铅锌矿为主,同时存在铜、金、银、钨、锡矿等矿床,具有多矿种、多成因类型特点。具有构造发育、有利成矿岩体分布等有利成矿地质背景。Pb、Zn、Au、Ag、W、Sn 等元素异常发育、浓集中心明显;地球化学异常组合特征与矿产分布特征显示区内已发现矿产以铅锌为主,推断在深部仍有较大的铜、金、钨、锡找矿潜力。

表 4-17 开化县钨钼锡铅锌金铜银矿找矿远景区地球化学参数表

元素	样品数(个)	最大值	最小值	平均值	方差	变异系数	剔除2.5倍方差离群值		华东地区背景值	富集系数
							样品数(个)	背景值		
Ag	428	4700	49	207.86	318.68	1.53	418	171.40	92.98	1.84
Au	428	196.44	0.36	2.57	10.69	4.16	425	1.81	1.23	1.48

续表 4-17

元素	样品数（个）	最大值	最小值	平均值	方差	变异系数	剔除 2.5 倍方差离群值		华东地区背景值	富集系数
							样品数（个）	背景值		
Cu	428	513	5	31.50	34.48	1.09	419	27.77	15.89	1.75
Pb	428	1235	14.8	49.59	73.50	1.48	424	44.20	30.30	1.46
Zn	428	1734	37.1	131.30	127.37	0.97	418	116.38	70.17	1.66
Sb	428	47	0.2	2.22	4.51	2.03	418	1.64	0.58	2.84
W	428	111.4	1.3	4.53	7.49	1.65	420	3.74	2.68	1.39
Mo	428	40.2	0.27	2.29	4.02	1.76	415	1.72	0.81	2.12
Sn	428	111	1.5	12.93	15.49	1.20	414	10.72	4.13	2.60
Ni	428	142.8	8	31.17	14.14	0.45	417	29.60	17.12	1.73
La	428	107.1	19.2	49.30	12.76	0.26	419	48.38	44.12	1.10
Y	428	84.5	21.2	29.30	7.97	0.27	414	28.16	25.08	1.12

注：Au、Ag 含量单位为 $\times 10^{-9}$，其他元素为 $\times 10^{-6}$。

九、景德镇-德兴铜金银锌锑钨钼镍矿找矿远景区

1. 区域地质背景

该远景区位于赣东北景德镇到德兴市一带，主要为低山-丘陵区，面积约 4499.89 km^2。区域构造处于钱塘坳陷与万年隆起带上，赣东北深大断裂通过该区；属于钦杭成矿带乐平坳陷燕山期铜-铅-锌-金-银-钴成矿亚带和万年-德兴隆起铜-铅-锌-金-银成矿亚带。

区内地层北东走向，大面积出露主要为中元古界双桥山群横涌组、张村岩群等浅变质岩系基底，涌山镇—赋春镇一带条带状分布石炭系、三叠系、侏罗系、白垩系，主要为溪口群、双桥山群、武夷群等。岩浆岩呈岩株状沿断层及其两侧分布，岩性主要为钾长花岗岩（涌山镇），石英闪长岩-花岗闪长斑岩系列岩石；矿床多与岩体相伴，岩体与成矿关系密切。区内断裂发育，多条断裂呈北东向分布，断裂控制着岩体分布和矿床发育，主要断裂有景德镇-宜丰断裂带、屯溪-鹰潭-安远断裂带、东乡-德兴断裂带、马金-乌镇断裂带等。褶皱发育，如德兴矿田在近东西向的泗州庙复式向斜南翼，后期构造叠加北东—北北东向西源岭倾伏背斜和官帽山向斜等。

2. 矿床点分布特征

区内已发现矿床点主要集中在景德镇市东南的涌山镇西北部，以及德兴市周边地区。区内主要矿床类型为斑岩型、沉积变质型、热液型等。德兴地区已发现有：斑岩型铜钼矿 3 处，分别为特大型德兴市铜厂铜钼矿区、大型朱砂红铜钼矿区、富家坞铜钼矿区；沉积变质型金矿规模以上 19 处，包括大型八十源金矿、中型西蒋金矿床、金山金矿，小型张家畈金矿、奈坑-董家金矿、新营镇太白门金矿等 16 处，小型银山铅锌铜矿、天门村铅锌矿点等 2 处热液型铅锌银矿；另沿乐安河发现沉积型砂金矿，如浮溪口砂金矿区、香屯砂金矿，沿长乐河的小吴园砂金矿等。涌山镇地区除景德镇市朱溪铜矿、乐平市月形多金属矿、刘家滩金矿、景德镇市山门金矿外，其他主要为铜、金矿点。

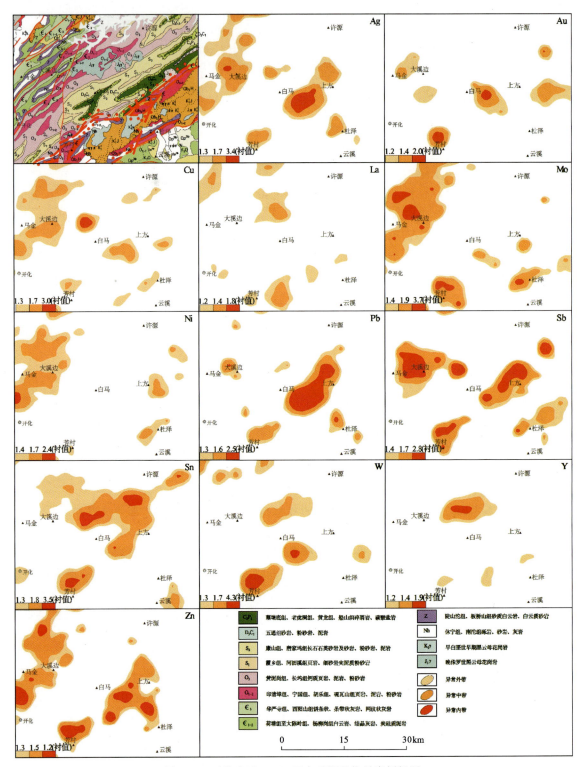

图 4-19 开化地区 1∶20 万水系沉积物异常剖析图

3. 地球化学特征

区内水系沉积物地球化学测量各元素平均含量与华东地区比较（表4-18，图4-20），显示Sb呈强烈富集，Au、Ni、Cu、Ag较强富集；Ag、Mo、W、Au、Cu、Sb、Sn、Pb等元素变异常系数大。区内Au、Cu、Ag、Sb四元素显示富集系数高、变异系数大，为区内主要的成矿元素，也是区内主要的成矿矿种。Mo、W、Sn三元素变异系数大，但富集系数小，显示局部矿化特征，也应加以高度关注；尤其是Au、Cu、Ag、Sb矿深部应更加注意Mo、W、Sn矿的寻找。Ni元素在区内显示了高的富集系数，表明区内地球深部物质的影响存在，是有利的成矿区域。

区内包含2个综合异常，分别为景德镇朱溪Cu-Au-Pb-Zn-Ag-Mo-Sb综合异常，面积241km²，德兴市Cu-Au-Pb-Zn-Ag-Mo-Sb-Ni综合异常，面积396 km²。区内Au异常在德兴市异常呈较大面积出露，内、中、外带分布清晰，浓度梯度平缓，内带分布范围较大，大型八十源金矿、中型西蒋金矿床、小型湾家坞香菇棚金矿均在内带中，中型银山铅锌矿、西山铜金硫矿、小型赖坑-董家金矿等主要分布在Au异常中带内；在景德镇市东南涌山镇同样出现金异常，内、中、外带都有分布，但内带分布面积相对较小，中带较发育；金异常与铜矿、铅锌多金属矿吻合程度高，但与金矿套合程度不好。Ag、Cu、Pb、Zn、Mo、Ni与Au异常对比，异常强弱有一定变化，或以2~3个异常出现，但异常分布以及与矿床点套合关系总体与Au类似，且元素异常之间套合异常、综合异常明显。W、Sn在矿田分布区只见孤点状异常外带，异常特征不明显。

该远景区断裂构造发育，在北部涌山镇、南部德兴都发现了特大型的朱溪铜钨矿和铜兴铜矿；地球化学异常显示Au、Cu、Ag、Sb等异常发育，而W、Sn等异常不发育，表明该区成矿总体剥蚀程度不高，深部具有较大的找矿潜力；近期朱溪铜钨矿深部突破也表明这种推断的正确性。

表4-18 景德镇-德兴铜金银锌锑钨钼镍矿找矿远景区地球化学参数表

元素	样品数（个）	最大值	最小值	平均值	中位数	变异系数	剔除2.5倍方差离群值		华东地区背景值	富集系数
							样品数（个）	背景值		
Ag	1125	35136	6.4	204.01	1130.66	5.54	1120	151.21	92.98	1.63
Au	1125	137.8	0.13	3.39	8.85	2.61	1106	2.44	1.23	1.99
Cu	1125	1615	4	31.62	66.56	2.10	1112	26.49	15.89	1.67
Pb	1125	420	2	30.48	29.62	0.97	1107	27.51	30.30	0.91
Zn	1125	691	26	73.50	33.94	0.46	1113	71.25	70.17	1.02
Sb	1119	98	0.1	1.96	3.57	1.82	1111	1.73	0.58	3.00
W	1125	293	0.7	3.68	9.72	2.64	1115	3.11	2.68	1.16
Mo	1125	56.2	0.1	0.92	2.94	3.20	1115	0.69	0.81	0.85
Sn	1125	170	0.3	4.91	7.97	1.62	1114	4.31	4.13	1.04
Ni	1125	215	5.2	29.46	13.91	0.47	1106	28.13	17.12	1.64
La	1125	178	10.2	36.22	8.78	0.24	1106	35.57	44.12	0.81
Y	1125	93.6	10.7	22.19	8.07	0.36	1098	21.24	25.08	0.85

注：Au、Ag含量单位为$\times 10^{-9}$，其他元素为$\times 10^{-6}$。

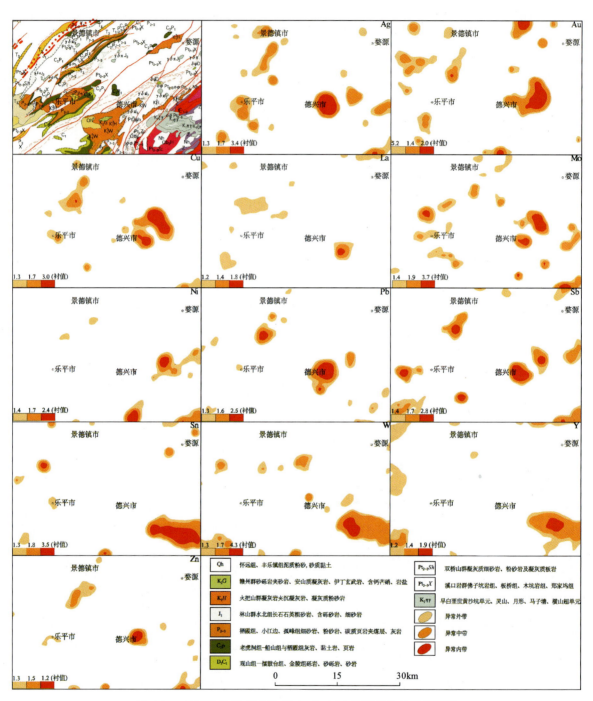

图 4-20 江西景德镇-德兴地区 1:20 万水系沉积物异常剖析图

十、青田县铅锌银铜钨锡钼矿找矿远景区

1. 区域地质背景

该远景区位于浙东南青田县一带,面积约 1315km²。处于温州-镇海大断裂西侧,属于浙闽粤沿海成矿带寿宁-华安-浙东金-铅-锌-银-叶蜡石-明矾石成矿亚带。区内青田县城所在地主要为早白垩世花岗岩、碱性花岗岩(约 27km²),东部为早白垩世安山玢岩(约 8 km²),外围出露的主要是磨石山群西山头组酸性火山碎屑岩夹沉积岩、酸性至基性熔岩。局部出露有陈蔡岩群、高坞组等。远景区位于两组北西向正断层之间,西南部有北东向温州-镇海大断裂,中部发育近南北向数组断层。

2. 矿床点分布特征

远景区西北部发现矿床主要为热液型钼矿,如中型青田石平川钼矿,小型叶山钼矿、永嘉石染乡、永嘉坑里钼矿等,矿床主要沿北东向呈线状分布。中部在侵入岩或次火山岩与火山岩接触带附近,已发现多处小型陆相火山岩型铅锌银矿,如青田县孙坑、六龙乡山根、永嘉银坑、永嘉六龙乡铅锌银矿等。东南部有陆相火山岩型瓯海安下铜铅锌矿(小型)。

3. 地球化学特征

该远景区 Mo 呈强烈富集,Pb、Zn、W、Au、Ag 呈较强富集;Au、Mo、W、Pb、Cu、Zn、Ag、Sn 等元素变异系数大。Mo、Pb、Zn、W、Au、Ag 显示富集系数高、变异常系数大的特点,为区内主要成矿元素;Cu 显示变异常系数大,但富集系数低的特征(表 4-19,图 4-21),表明局部或深部矿化。

表 4-19 青田县铅锌银铜钨锡钼矿找矿远景区地球化学参数表

元素	样品数(个)	最大值	最小值	平均值	方差	变异系数	剔除2.5倍方差离群值		华东地区背景值	富集系数
							样品数(个)	背景值		
Ag	326	2050	26	153.10	176.66	1.15	321	134.46	92.98	1.45
Au	326	794	0.2	5.41	46.28	8.55	323	1.85	1.23	1.51
Cu	326	265	1.2	12.46	17.74	1.42	322	10.82	15.89	0.68
Pb	326	2524	17	84.22	206.31	2.45	322	63.18	30.30	2.09
Zn	326	2161	29	130.69	153.10	1.17	323	117.69	70.17	1.68
Sb	326	1.6	0.1	0.52	0.23	0.44	319	0.50	0.58	0.87
W	326	320	1.6	5.71	18.02	3.16	324	4.56	2.68	1.70
Mo	326	522	0.28	5.02	32.28	6.43	323	2.30	0.81	2.83
Sn	326	68	1.7	5.50	5.55	1.01	321	4.99	4.13	1.21
Ni	326	50	0.7	8.10	5.37	0.66	317	7.47	17.12	0.44
La	326	96.5	18.7	47.60	16.23	0.34	322	47.03	44.12	1.07
Y	326	43.9	10.3	22.88	5.66	0.25	323	22.71	25.08	0.91

注:Au、Ag 含量单位为 $\times 10^{-9}$,其他元素为 $\times 10^{-6}$。

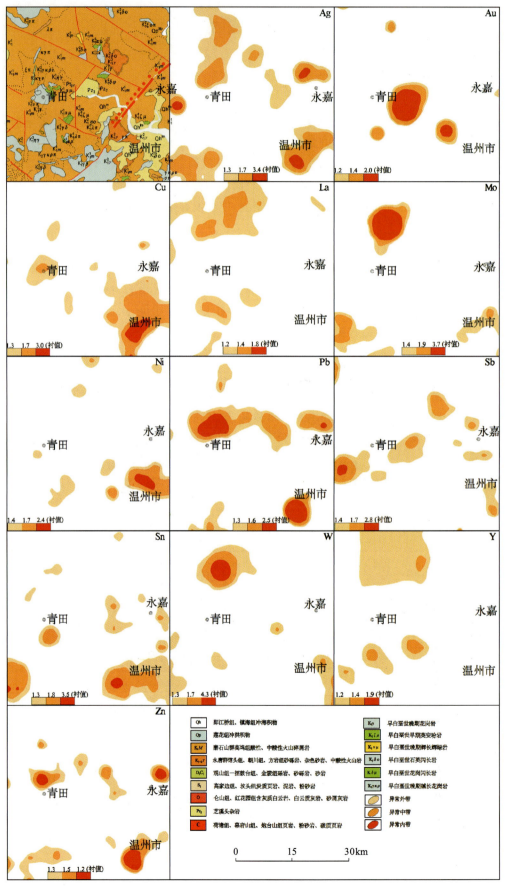

图 4-21 青田地区 1:20 万水系沉积物异常剖析图

区内包含有 2 个综合异常,分别为青田石平川 Mo-Pb-Zn-Ag-Au 综合异常,异常面积 471km²;瓯海曹平-丘山 Pb-Zn-Ag-Cu-Au-W-Sn 综合异常,面积 411km²。区内 Mo、W 在北部,Pb、Zn 在中部,Cu、Ag、Au 在南部分别发育有内带的较强异常,且异常套合好,浓集中心明显,其他异常多见异常中带,部分只有异常外带,异常强度明显较弱。已知矿床大多与该成矿元素或共伴生元素异常浓集中心吻合,如青田石平川钼矿处于 Mo、W 的衬值异常中心,各成矿元素异常具有较好的指示作用。

该远景区主要出露为火山岩、岩浆岩,区内已较好地显示叶蜡石、明矾石等与火山热液密切相关的非金属矿,又显示具有与火山热液密切相关的钼、铅锌、银矿床;表明区内存在较好的与火山热液相关的成矿系列矿床。成矿元素 Mo、Pb、Zn、Ag、Cu、Au 等富集明显,异常与矿床点吻合较好;地球化学异常总体显示 Ag、Au 等异常面积大,Mo、W 异常面积相对较小的特点,显示矿床系列总体剥蚀程度不高;区内具有 Au、Mo、W、Pb、Cu、Zn、Ag 等火山热液型矿床与次火山岩型矿床的成矿前景,尤其是要注意与火山岩或次火山岩有关成矿系列矿床的寻找。

十一、政和县金银铅锌钼钨锡铜矿找矿远景区

1. 成矿地质背景

该远景区位于福建省政和县到浙江省庆元县一带,面积约 2640km²,处于浙闽粤沿海成矿带寿宁-华安-浙东金-铅-锌-银-叶蜡石-明矾石成矿亚带。构造上处于华南加里东褶皱系东部,闽北隆起带与闽东火山断坳带的交界处。区内地层从元古宇到白垩系均有出露,其中元古宙变质岩系的龙北溪组和东岩组为主要赋矿地层。岩浆岩发育,在浙江省庆元县西南及东南,福建省政和县出露大面积晚侏罗世花岗岩、花岗闪长岩、花岗斑岩,局部发育闪长玢岩、正长斑岩等,其中花岗岩呈北东向带状展布,受地层产状和断层控制。区内北东向政和-大埔断裂及其次级断裂沿北北东向、北东向分布,后期北西向断层将北东向断层错断,形成北东向、北西向断裂交错的断裂构造分布格局。

2. 矿床点分布特征

区内已发现的矿产以银、铅、锌、金、铜等矿种为主,具有北部以银为主、中部以铅为主、南部以金为主的特点。区内铅锌银矿成因类型以矽卡岩型、陆相火山岩型、热液型等为主。矽卡岩型矿床有中型政和夏山铅锌矿、小型政和庙后铅矿、松溪东关炉、小型政和铁山和铁山(南)铅锌矿等。陆相火山岩型矿床有小型庆元官垟铅锌矿、桉树垟铅锌矿、小型政和锦屏金银矿、香炉坪银矿等。主要热液型矿床有小型政和星溪金矿、马仑头金矿、王母山金矿、建瓯岭尾金矿、建瓯大丘埂金矿、政和县东际金银矿等。

3. 地球化学特征

水系沉积物地球化学背景含量与华东地区地球化学背景相比(表 4-20,图 4-22),Au、Ag、Mo、Pb、Zn、W 较强富集,Au、Zn、Ag 变异系数大,Mo、Pb、W、Cu 等元素变异系数较大。Au、Zn、Ag、Pb、Mo、W、Cu 变异系数、富集系数同高,为区内的主要成矿元素。

表 4-20　政和县金银铅锌钼钨锡铜矿找矿远景区地球化学参数表

元素	样品数(个)	最大值	最小值	平均值	方差	变异系数	剔除 2.5 倍方差离群值		华东地区背景值	富集系数
							样品数(个)	背景值		
Ag	734	2730	1	238.62	320.79	1.34	716	196.54	92.98	2.11
Au	734	315	0.015	4.78	18.99	3.97	725	2.95	1.23	2.41

续表 4-20

元素	样品数（个）	最大值	最小值	平均值	方差	变异系数	剔除 2.5 倍方差离群值		华东地区背景值	富集系数
							样品数（个）	背景值		
Cu	733	146	0.2	14.58	13.45	0.92	713	12.91	15.89	0.81
Pb	734	967	1.1	62.57	61.03	0.98	723	57.44	30.30	1.90
Zn	734	10 500	2.5	134.56	402.06	2.99	731	115.58	70.17	1.65
Sb	734	1.9	0.005	0.39	0.22	0.56	714	0.37	0.58	0.64
W	734	81.6	0.6	4.81	4.68	0.97	724	4.40	2.68	1.64
Mo	734	17.4	0.16	1.98	1.79	0.90	710	1.73	0.81	2.13
Sn	734	37	0.015	5.00	2.71	0.54	717	4.73	4.13	1.15
Ni	734	98.3	0.005	11.29	10.14	0.90	715	10.10	17.12	0.59
La	734	174	0.2	43.97	15.75	0.36	718	42.80	44.12	0.97
Y	734	50.7	0.75	22.79	5.16	0.23	718	22.51	25.08	0.90

注：Au、Ag 含量单位为 $\times 10^{-9}$，其他元素为 $\times 10^{-6}$。

区内包含有 3 个地球化学综合异常，分别为庆元按树坳 Pb-Zn-Ag-Mo-W-Sn 综合异常，面积 427km²；政和夏山 Au-Cu-Pb-Zn-Ag-Sn-W-Mo-Bi-As-Sb 综合异常，面积 391km²；建瓯岭源 Au-Ag-Pb-W 综合异常，面积 604km²。区内 Au 异常面积大，内、中、外带齐全，其中政和夏山-建瓯岭源金异常面积大，存在多个浓集中心，大部分金矿、金银矿都处于异常带内，但仍有部分内带异常未发现有金矿床。Ag 异常主要分布在庆元县—政和县一带，局部发育中带、内带，锦屏金银矿、香炉坪银矿位于异常中心，政和铁山等小型铅锌矿主要分布在 Ag 异常中带内，但已发现的银矿与异常对应性不够好；Cu 异常主要在政和县及其东北部呈大面积分布，异常内带主要在政和县城附近，政和铁山等小型铅锌矿主要 Cu 异常内带中，相关性好。Pb 异常分布在庆元县—政和县之间，并呈北东走向，内带只在政和县东发育，政和铁山等小型铅锌矿在异常内带中。Sb 在远景区南部政和县一带发育较强异常，中带分布较广，内带不发育，铅锌、银矿在中带内。W、Mo、Sn 异常分别在庆元县、政和县南北两地发育，出现较大面积异常中带，内带不发育，且呈现北强南弱的特点，铅锌矿与异常吻合程度较高，大多出露在异常中带或外带中。

该区成矿地质背景有利，有以银、铅、锌、金、铜等矿种为主的矽卡岩型、陆相火山岩型、热液型等多种成矿类型分布；Au、Ag、Pb、Zn、W、Mo 富集系数、变异系数同高，Au、Ag、Pb、Zn、Sb、Cu 等元素异常发育，W、Mo、Sn 异常较中低温成矿元素异常弱，显示剥蚀程度较低；异常与矿床还存在多处的不对应，表明区内异常区内仍有较好的找矿前景。

十二、宁化县稀土铅锌锡矿找矿远景区

1. 区域地质背景

该远景区位于江西省石城县—福建省西部宁化县一带，面积约 1659km²。大地构造处于光泽-武平北北东向断裂带与南平-宁化构造岩浆岩带交会部，属于浙中-武夷成矿带武夷隆起铌、钽、钨、锡、铜、铅、锌、金、银、锂辉石成矿亚带。区内出露地层主要有中—新元古界万全群、震旦系盖洋群、寒武系林田组和东坑口群、泥盆系天瓦山东组、二叠系文笔山组碎屑岩及白垩系赤石群沙县组（K_2s）火山岩等。西部石城县东部出露燕山晚期花岗斑岩或斑岩脉；东部出露大面积宁化燕山晚期二长花岗岩岩体，风化壳比较发育，呈覆盖式分布，与区内稀土矿密切相关。区内断裂构造发育，以北东向为主，主要有崇安-石城断裂带、南平-宁化断裂带等，还发育多条北西向、近南北向性质不明断层。

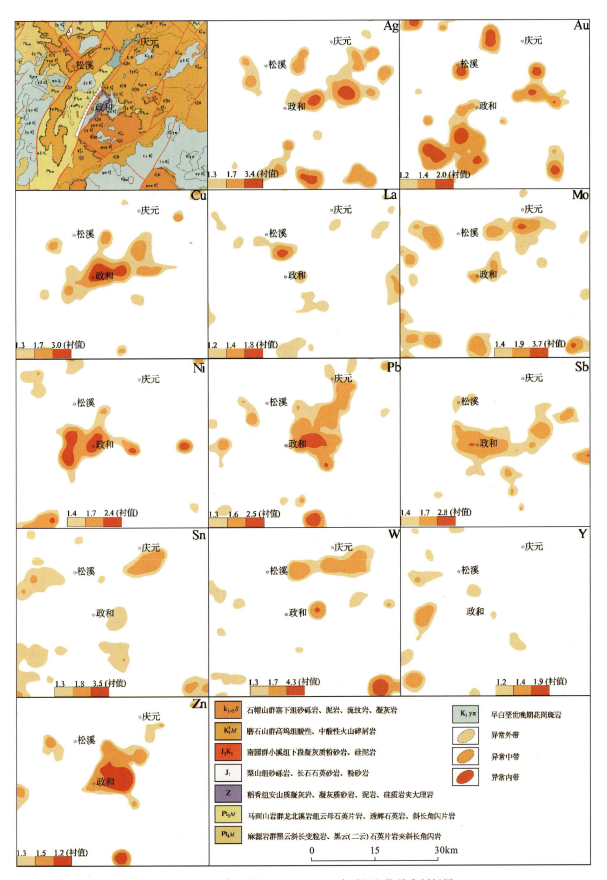

图 4-22 福建省政和地区 1∶20 万水系沉积物异常剖析图

2. 矿床点分布特征

区内已发现矿床点以稀土矿和锡钨矿为主。锡钨矿及铅锌矿点呈带状沿省界两侧北东向分布，主要成因类型为斑岩型、热液型。区内矿床分布有江西省石城县松岭锡矿、福建宁化下伊锡矿、宁化乌竹管锡矿、溪源锡矿、各溪口钨矿、铜坑里铅矿-锌矿点等。稀土矿在区内东部面状分布，主要为风化壳残积型、风化壳离子吸附型，小型稀土矿有宁化张家塘、中沙、武层、旧墩、俞坊等稀土矿，基本分布在宁化岩体中。

3. 地球化学特征

区内水系沉积物地球化学测量结果（表4-21，图4-23）显示：Sn强烈富集，Y、La较富集，Sn、W、Au、Mo、Ag等元素变异系数大；Sn元素富集系数、变异系数都特别高，为区内的主要成矿元素；Y、La富集系数高，但变差系数小，可能是水系沉积物地球化学测量在寻找风化壳残积型、风化壳离子吸附型矿种时的方法局限性。W、Au、Mo、Ag四元素变异系数大，但富集系数低，表明局部地区或深部存在W、Au、Mo、Ag矿化。

区内存在宁化Sn-Zn-Ag-Au-W-Mo-Bi地球化学综合异常，面积424km²。区内存2处地球化学元素异常。一处是宁化岩体西部，沿江西、福建省界分布的异常，主要异常元素包括Ag、Pb、Sn、W、Cu、Mo等元素，其中以W、Sn、Mo、Pb显示有内带异常，且各元素异常叠合较好。另一处是分布在宁化岩体内部，处于宁化县周边的La、Y地球化学异常，La以宁化县为中心，出现较大面积且内、中、外带齐全的地球化学异常；Y以宁化县为界出现南北2处较强异常，且均出现明显内带异常。Y北部异常和La异常与已发现稀土矿床点吻合较好，矿床主要在中带或外带中，南部异常尚未发现稀土矿床。

区内成矿地质背景有利，已知矿床点受燕山晚期花岗斑岩、二长花岗岩控制明显。元素地球化学含量特征也反映Sn、W、Y、La、Pb等成矿元素背景含量高，局部矿化特征显著。综上所述，该区Sn、W、Bi、Mo、稀土成矿条件有利，Cu、Pb、Zn较有利，区内西部锡矿、钨矿区寻找铋、钼矿有一定潜力，而东部宁化县南Y异常区是显著同类型稀土矿重要靶区。

表4-21　宁化县稀土铅锌锡矿找矿远景区地球化学参数表

元素	样品数	最大值	最小值	平均值	方差	变异系数	剔除2.5倍方差离群值		华东地区背景值	富集系数
							样品数	背景值		
Ag	485	1500	0.8	116.03	133.10	1.15	474	100.16	92.98	1.08
Au	473	54.4	0.09	1.25	3.44	2.75	471	1.04	1.23	0.85
Cu	485	120	0.25	11.06	7.35	0.66	478	10.50	15.89	0.66
Pb	485	250	0.4	40.58	27.14	0.67	478	37.97	30.30	1.25
Zn	485	340	0.4	84.99	37.06	0.44	475	82.07	70.17	1.17
Sb	476	3.4	0.06	0.37	0.38	1.03	462	0.32	0.58	0.55
W	483	400	0.5	4.55	19.51	4.29	480	3.33	2.68	1.24
Mo	483	35	0.2	0.90	1.74	1.93	479	0.79	0.81	0.97
Sn	483	2250	1.2	31.89	202.70	6.36	478	12.63	4.13	3.06
Ni	485	206	0.2	10.87	10.22	0.94	483	10.40	17.12	0.61
La	485	159	0.5	63.17	23.42	0.37	479	62.84	44.12	1.42
Y	485	139	0.3	39.16	20.12	0.51	470	37.08	25.08	1.48

注：Au、Ag含量单位为$\times 10^{-9}$，其他元素为$\times 10^{-6}$。

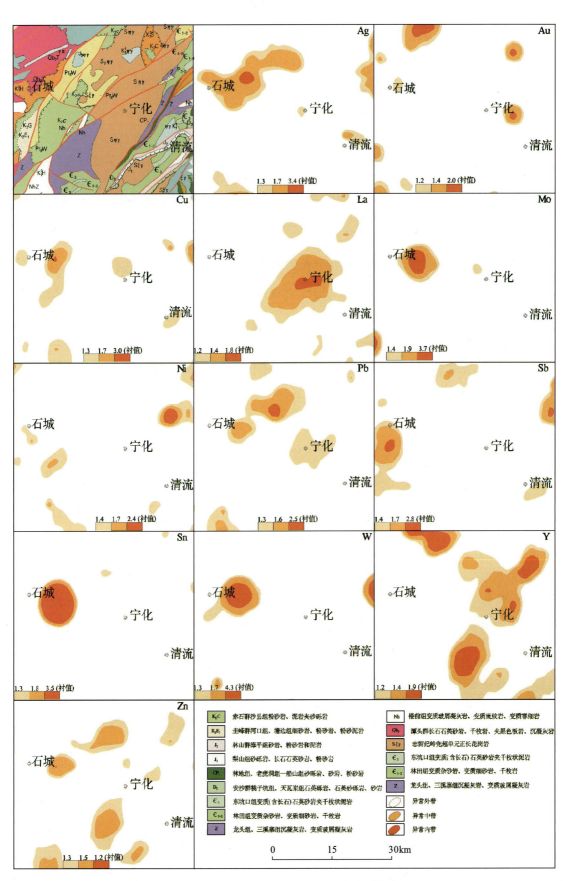

图 4-23 宁化地区 1:20 万水系沉积物异常剖析图

十三、余崇犹钨锡钼铅锌金银镍矿找矿远景区

1. 区域地质背景

该远景区位于赣南钨成矿省余(大余县)崇(崇义县)犹(上犹县)一带,面积约 3002.47 km²。处于诸广山隆起带,属于南岭成矿带雩山隆褶带钨、银、铅、锌、金、锡成矿亚带。区内出露地层有南华系、震旦系、寒武系、奥陶系、泥盆系、石炭系—二叠系及白垩系,其中震旦系和寒武系与成矿关系密切。地层走向主要为北东东向、北北西向。区内岩浆岩发育,以中酸性岩为主,如印支期花岗闪长岩,燕山期黑云母花岗岩和二长花岗岩等,且岩浆岩与构造关系密切。

区内受宁都-大余和与之平行的抚州-遂川深大断裂控制,断裂构造发育;断裂构造走向呈北东向或北东东向。区内同时发育 2 个北北东向古生代断陷盆地和 2 个北东向的新生代断陷盆地。

2. 矿床点分布特征

该区矿产资源丰富,以钨矿为主,已知钨、钨锡、钨铜多金属矿床(点)120 余处,探明 WO_3 储量近 $50×10^4$ t,其中大型有大余县漂塘钨锡钼矿区、西华山钨矿、下垅钨矿等 6 处,中型有大余县樟东坑钨矿、石雷钨锡矿、九龙脑东段钨矿、荡坪钨矿区等 25 处;其他为小型矿床和矿点。矿床成因多为复合内生型,也见有斑岩型和岩浆热液型。

3. 地球化学特征

该远景区水系沉积物地球化学背景值(表 4-22,图 4-24)显示,W、Sn、Mo、Ag 平均含量是华东地区背景值的 2 倍以上,尤其 W、Sn 达 9.84 倍、5.41 倍,呈强烈富集;Sb、Cu、Au、Pb、Ni 呈较强富集;Y、La 弱富集。区内变异系数显示,W、Sn、Mo、Ag 地球化学含量呈现强烈变化,变异系数大于 2;Cu、Au、Pb 地球化学含量变化较大,变异系数大于 1。W、Sn、Mo、Ag 呈现强富集、强分异的特征,为区内的主要成矿元素;Cu、Au、Pb 呈现较强的富集、较强的分异特征,为区内的主要伴生成矿元素。

区内存在 3 个地球化学综合异常:崇义县淘锡坑 W-Sn-Mo-Pb-Zn-Ag-Cu-Au-Ni 地球化学综合异常,异常面积 260 km²;大余下垅 W-Sn-Mo-Pb-Zn-Ag-Cu-Au 地球化学综合异常,异常面积 561 km²;大余县西华山 W-Sn-Mo-Pb-Zn-Ag-Cu-Au 地球化学综合异常,异常面积 512 km²。Pb、Zn 在崇义县东南、大余县西北发育较强异常,异常内带、中带、外带发育,异常区与 W、Sn、Mo 套合,但范围与强度略低。区内 Ag 出现 2 处强异常,异常内、中、外带发育,大型大余下垅钨矿、中型崇义县宝山(铅厂)钨铅锌矿区等在内带中。W、Mo、Sn 异常在大余县西南、崇义县-上犹县西南均发育较强异常,异常内带、中带发育,异常浓度梯度较大;除崇义县宝山(铅厂)钨铅锌矿区外,规模以上矿床点基本分布在异常范围内,异常与矿床点吻合程度非常高。Au 异常 6 处,均出现中带,内带不发育,中型崇义县宝山(铅厂)钨铅锌矿区、大余县樟东坑钨矿在中带范围内,崇义县淘锡坑钨矿、大余九龙脑东段钨矿等分布在异常外带中。Cu 异常 5 处,2 处异常存在内带、中带、外带分布,且有多个浓集中心,大余下垅钨矿、漂塘钨锡钼矿区、九龙脑东段钨矿、崇义县淘锡坑钨矿、宝山(铅厂)钨铅锌矿区等大中型矿床大多在异常内带分布。Sb 异常只在崇义县西部发育,局部出现内带,崇义县淘锡坑钨矿等个别矿床点在异常区内,崇义县东南部大多数矿床点无 Sb 异常。

表 4-22　余崇犹钨锡钼铅锌金银镍矿找矿远景区地球化学参数表

元素	样品数（个）	最大值	最小值	平均值	方差	变异系数	剔除2.5倍方差离群值		华东地区背景值	浓集系数
							样品数（个）	背景值		
Ag	748	132 000	30	432.62	4943.90	11.43	746	221.31	92.98	2.38
Au	748	38	0.2	2.26	2.85	1.26	738	2.01	1.23	1.64
Cu	748	1250	1.5	36.82	71.90	1.95	736	29.52	15.89	1.86
Pb	748	900	10	56.87	76.28	1.34	728	47.15	30.30	1.56
Zn	748	750	20	77.56	66.53	0.86	734	69.98	70.17	1.00
Sb	748	17	0.1	1.24	1.05	0.85	732	1.12	0.58	1.94
W	748	1400	1.2	48.36	144.41	2.99	729	29.63	2.68	11.04
Mo	748	350	0.3	4.02	17.67	4.40	739	2.52	0.81	3.11
Sn	748	720	1.2	36.98	87.85	2.38	726	23.84	4.13	5.77
Ni	748	125	2.7	24.15	12.68	0.53	732	23.06	17.12	1.35
La	748	240	11.3	48.35	23.78	0.49	720	44.89	44.12	1.02
Y	748	250	12.7	34.64	21.71	0.63	721	31.47	25.08	1.25

注：Au、Ag含量单位为$\times 10^{-9}$，其他元素为$\times 10^{-6}$。

该远景区断裂构造发育，与钨、锡、钼等矿床的矿源层以及岩浆岩分布较广；区内 W、Sn、Mo、Ag 等元素呈现强富集、强分异的特征；地球化学 W、Sn、Mo、Pb、Zn、Ag、Cu、Au 等异常分布面积大，异常内带、中带、外带发育；已发现矿床与地球化学异常对应性较好，但仍显示有部分异常具有进一步找矿前景。区内是已发现的钨、锡、钼矿种的最重要靶区之一，钨、锡、钼、银、铜等矿仍具有很大的潜力。

十四、云霄县银铅锌钼锡矿找矿远景区

1. 区域地质背景

该远景区位于福建省东南部南靖县—云霄县一带，为低丘平原区，面积约 3488km²。属于浙闽粤沿海成矿带寿宁-华安-浙东金、铅、锌、银、叶蜡石、明矾石成矿亚带，也是著名的上杭-云霄成矿带中与火山侵入杂岩有关的铜、铅、锌、金、锡多种金属矿的重要成矿地段。区内出露地层主要有南园群和石帽山群、侏罗纪和白垩纪陆相碎屑及火山岩。区内燕山期中—酸性侵入岩类广泛分布，主要有花岗闪长岩、钾长花岗岩、花岗斑岩，辉石闪长岩→石英闪长岩→石英二长闪长岩→花岗闪长岩等系列侵入岩。区内发育有北东向和北西向 2 组断裂，北西向断裂有上杭-云霄断裂带，北东向有福安-南靖断裂带、长乐-南澳断裂带、平潭-东山断裂带等。

2. 矿床点分布特征

区内已发现铜、铅、锌、银、钼矿床、矿点达 30 多处，矿床成因类型为热液型、陆相火山岩型、斑岩型、沉积变质型等。热液型矿床（点）有平和下山铅矿、壶嗣铅矿、平和东西坑锌矿、下龙子锡矿；云霄河溪锡矿、云霄坎顶锡矿、大坑点锡矿、车墩铅矿、双过山铅多金属矿、龙海渐元山铅矿点、东圩锡矿等。陆相火山岩型矿床（点）有平和大望山银矿、诏安狮地凹铅锌矿。沉积变质型矿床（点）有平和东埔银矿点。斑岩型矿床（点）有平和县钟腾铜矿、云霄东圩锌矿等。区内各总体成型矿床不多，以矿点为主。

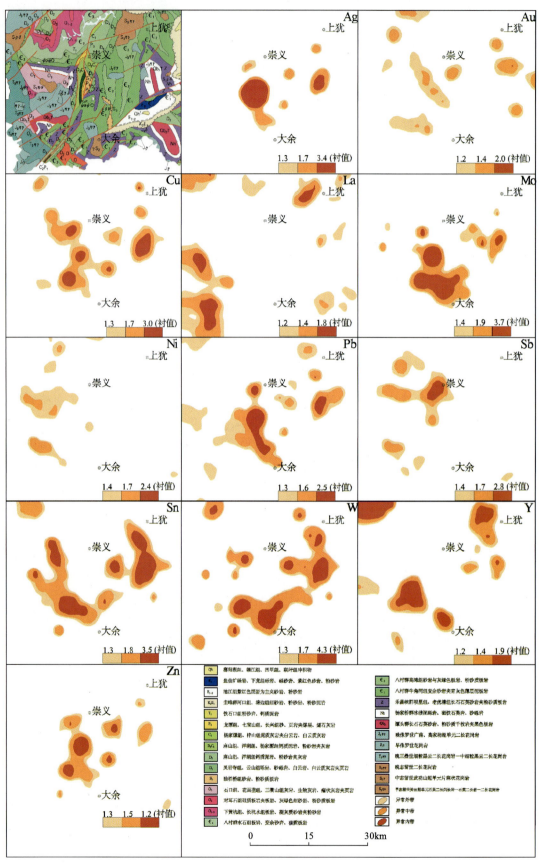

图 4-24 大余—上犹地区 1:20 万水系沉积物异常剖析图

3. 地球化学特征

与华东地区地球化学背景值对比，区内 Mo 强烈富集，富集系数大于 2；Pb、Sn、W、Y、Zn、Ag、Au、La 较强富集。区内 Mo、Sn、Ag、Au、Cu 变异系数相对较大(表 4-23，图 4-25)。Mo 地球化学含量显示强富集和强分异的特征，是区内最为主要的成矿元素；Sn、Ag、Au 等地球化学元素含量为较富集，较强的分异常特征，为区内的主要成矿元素。Cu 元素地球化学含量显示背景贫化，但地球化学变异系数较大的特征，在区内局部地区具有成矿的前景。La、Y 地球化学含量显示较强富集，但变异系数小的特征，这可能与宁化县稀土铅锌锡铜找矿远景区一样，存在水系沉积物地球化学测量在寻找风化壳残积型、风化壳离子吸附型矿种时的方法局限性，但仍可认为 La、Y 是区内的主要成矿元素。

区内存在 5 个地球化学综合异常：平和 Cu-W-Sn 地球化学综合异常，异常面积 249km^2；诏安龙伞嵊 Sn-Mo-Cu-Pb-Zn-Au-Ag 地球化学综合异常，异常面积 403km^2；平和大望山 Ag-Pb-Zn-Cu-Mo-Au 地球化学综合异常，异常面积 204km^2；云霄安吉 Sn-Cu-Pb-Zn-Au-As-Sb-Bi 地球化学综合异常，异常面积 295km^2；云霄常山 W-Mo-Pb-Zn-Cu-Ag-Bi 地球化学综合异常，异常面积 348km^2。区内单元素异常总体呈北西向展布，表现为 Ag、Cu、As、Sb 异常面积相对较大、异常连续性较好，且在远景区的中间分布；Pb、Zn 异常与 Ag、Cu、As、Sb 异常叠合较好，但分布面积相对较小，且异常连续性较差；Mo、Sn、W、Bi 异常相对在 Ag、Cu、As、Sb 异常两侧，异常呈断续分布。

本区岩浆岩分布广泛，且存在多期次活动的特征；处于北东向与北西向深断裂构造的交会部位；地球化学 Mo、W、Sn、Pb、Zn、Ag 等背景含量高、分异特征明显；地球化学异常发育，且显示具有分带规律；该远景区尽管发现了一系列的铜、铅、锌、银、钼矿床，但规模不大，与异常尚不相匹配；区内具有寻找中、大型矿床的巨大潜力。

表 4-23　云霄县银铅锌钼锡矿找远景区地球化学参数表

元素	样品数(个)	最大值	最小值	平均值	方差	变异系数	剔除 2.5 倍方差离群值		华东地区背景值	浓集系数
							样品数(个)	背景值		
Ag	866	1400	1	134.12	115.50	0.86	849	121.85	92.98	1.31
Au	866	198	0.015	1.92	8.17	4.26	860	1.41	1.23	1.15
Cu	864	119	1.5	12.20	9.88	0.81	840	11.15	15.89	0.70
Pb	866	263	1.1	67.77	33.76	0.50	842	64.09	30.30	2.12
Zn	866	410	2.5	98.24	42.07	0.43	842	93.79	70.17	1.34
Sb	864	1.9	0.005	0.35	0.24	0.69	836	0.32	0.58	0.55
W	866	70.7	0.6	5.33	4.40	0.83	852	4.96	2.68	1.85
Mo	866	46.4	0.34	3.22	3.30	1.02	847	2.87	0.81	3.54
Sn	866	95.5	0.015	9.54	10.81	1.13	837	7.96	4.13	1.93
Ni	866	45	0.4	7.47	5.20	0.70	847	6.95	17.12	0.41
La	866	244	1.57	52.05	22.99	0.44	844	49.94	44.12	1.13
Y	866	300	0.75	43.01	27.20	0.63	849	40.61	25.08	1.62

注：Au、Ag 含量单位为 $\times 10^{-9}$，其他元素为 $\times 10^{-6}$。

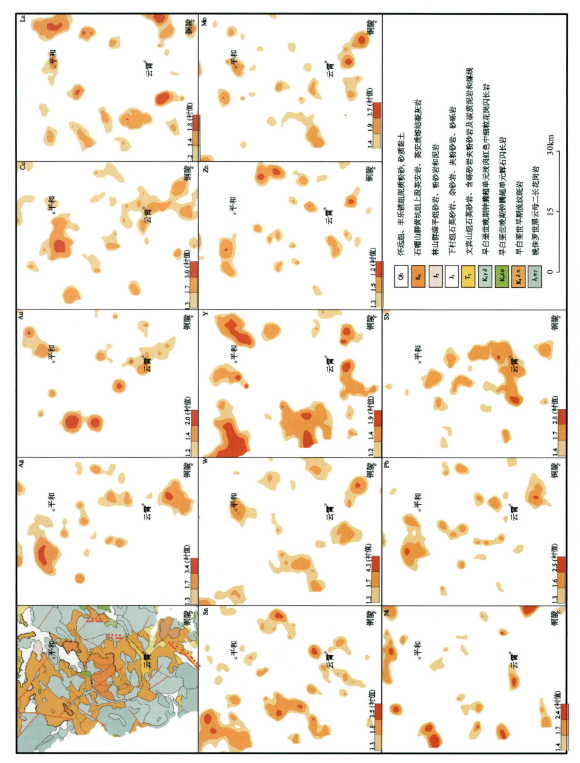

图 4-25 福建省云霄地区 1:20 万水系沉积物异常剖析图

第四节 铜矿产资源地球化学定量预测

应用地球化学信息进行矿产资源定量预测是地质科学中重要的方法手段,其主要任务是在已获取的地球化学勘查数据或资料的基础上,总结分析评价区域的地质背景和成矿规律,建立地球化学找矿模型,圈定有利于成矿的靶区,估算资源量,并圈定资源量的级别,为评价区域的地质矿产勘查工作部署提供依据。

传统资源总量预测所采用的方法主要是国际地质对比计划第98项目所推广的6种方法:区域价值估计法、丰度估计法、体积估计法、矿床模型化法、德尔菲法及综合评价法(马汉峰等,2007)。目前用于矿产资源定量预测的新的地球化学方法主要有地质统计法和非线性理论预测法。中国地质大学(武汉)马振东等(2008,2009)运用面金属量法及类比法先后以长江中下游和西藏冈底斯铜多金属成矿带铜矿为试点,对上述地区铜的资源量进行了定量评价并总结出了一整套工作方法。

华东地区铜的资源量定量评价工作主要借鉴马振东教授总结的方法,先分省进行定量评价,再将华东五省分别预测的A级、B级资源量合并而成。其中福建、浙江定量评价的范围覆盖全省,江苏、安徽因地球化学景观差异,定量评价工作主要集中在长江中下游成矿带范围开展,而江西省铜矿主要分布在长江中下游成矿带和钦杭成矿带,南岭成矿带主要以钨锡为主,其定量预测工作主要围绕长江中下游成矿带和钦杭成矿带两个成矿带进行。定量预测工作所采用的技术路线如图4-26所示。

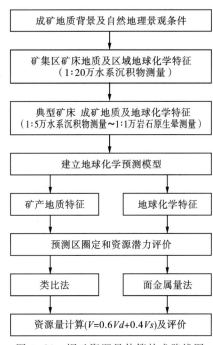

图4-26 铜矿资源量估算技术路线图

一、地球化学定量预测方法

(一)数据准备

在开展铜资源量定量预测前,对地球化学、典型矿床、地质矿产等资料进行收集和数据处理,形成系列资料。地球化学资料包括1:20万水系沉积物地球化学测量数据、地球化学单元素异常图、综合异常图与组合异常图等。铜定量典型矿床资料包括典型矿床基本信息、典型矿床地球化学找矿模型。本次华东地区铜矿定量预测选取的典型矿床信息见表4-24。

表4-24 华东地区典型铜矿床基础信息表

编号	Ⅲ级成矿带名称	矿床名称	行政区	矿床规模	Cu资源储量 ($\times 10^4$ t)	矿床类型
Ⅲ-80	浙闽粤沿海铅、锌、铜、金、银、钨、锡、钼、铌、钽、叶蜡石、明矾石、萤石成矿带	钟腾	平和	小	2.2400	斑岩型
Ⅲ-81	浙中-武夷山(隆起)钨、锡、钼、金、银、铅、锌、铌、钽、铀、叶蜡石、萤石成矿带	管查	浦城	小	2.4000	热液型

续表 4-24

编号	Ⅲ级成矿带名称	矿床名称	行政区	矿床规模	Cu资源储量（×10⁴t）	矿床类型
Ⅲ-82	永安-梅州-惠阳（坳陷）铁、铅、锌、铜、金、银、锑成矿带	罗卜岭	上杭	小	8.3000	斑岩型
Ⅲ-82		紫金山	上杭	大	196.7200	陆相火山岩型
Ⅲ-69	长江中下游铜、金、铁、铅、锌（锶、钨、钼、锑）、硫铁矿、石膏成矿带	安基山	江宁	中	35.9591	矽卡岩型
Ⅲ-69		盘龙岗	句容	小	4.5940	斑岩型
Ⅲ-69		铜井	江宁	矿点	0.7935	陆相火山岩型
Ⅲ-69		大平山	江宁	小	4.4356	陆相火山岩型
Ⅲ-69		观山	溧水	小	1.0530	陆相火山岩型
Ⅲ-69		城门山	九江	大	166.4400	斑岩型
Ⅲ-69		武山	瑞昌	大	128.2900	矽卡岩型
Ⅲ-69		丰山洞	阳新	大	54.3100	矽卡岩型
Ⅲ-69		铜官山	铜陵	中	40.5600	矽卡岩型
Ⅲ-69		狮子山	铜陵	大	151.2400	矽卡岩型
Ⅲ-69		新桥	铜陵	大	50.6400	海相黑色岩系型
Ⅲ-71	武功山-杭州湾铜、铅、锌、银、金、钨、锡、铌、钽、锰、海泡石、萤石、硅灰石成矿带	德兴	上饶	超大	965.1000	斑岩型
Ⅲ-71		银山	德兴	小	1.6200	斑岩型
Ⅲ-71		永平	铅山	中	12.3317	海相火山岩型
Ⅲ-71		铁砂街	弋阳		2.0661	海相火山岩型
Ⅲ-71		枫林	东乡	中	26.4733	海相火山岩型
Ⅲ-71		西裘	绍兴	中	17.2400	海相火山岩型
Ⅲ-71		岭后	建德	中	12.2500	热液型
Ⅲ-71		潘家	淳安	小	2.9600	海相黑色岩系型

（二）异常分析

对区内与铜有关的综合异常成矿意义进行分析。在充分认识元素内生作用与表生作用地球化学性质的基础上，结合本地区的成矿地质背景，通过各异常与已知矿床、矿点异常特征对比或者空间套合等的综合分析，初步判别是否为矿致异常。本次通过分析，确定了华东地区存在135个与铜矿有关的矿致异常。

（三）定量预测地球化学图件编制

地球化学资源量预测图件包括剥蚀程度图、相似度图、衬值图。

1. 剥蚀程度图

矿床（田）的剥蚀深度研究是进行异常解释推断、成矿远景评价和资源量估算的一个重要参数，如何利用1∶20万水系沉积物的数据来判别矿床（田）相对剥蚀程度，是铜矿资源量地球化学预测的一项重要工作。本次开展了 2 种方法的剥蚀程度图编制：一种方法为矿头晕、矿中晕和矿尾晕元素组合的三角图件，编制剥蚀程度三角图；另一种方法为矿尾晕/矿头晕、矿尾晕/矿中晕的比值等值线图，作为剥蚀程度图，判定异常剥蚀程度。

2. 相似度图

本质上地球化学资源量计算方法是基于相似类比的原理，圈定的地球化学预测区的资源量潜力评价，归根结底需要寻找一个相似类比的参考物——典型矿床，而通过样品之间含量相似程度的判断是最直接和有效的手段，即可以通过样品之间的相似性判断来了解典型矿床与预测区的相似性，进而为资源量潜力计算提供类比依据(图 4-27)。

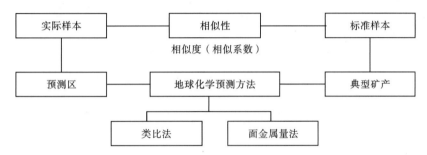

图 4-27 相似度(相似系数)的基本地质含义简图

为了克服极高值和元素量纲的影响，选用元素的对数化值进行相似度计算，计算公式如下：

$$D(S_i) = \left\{ \left[\sum (\lg(X_{SK}) - \lg(X_{iK}))^2 \right] / P \right\}^{1/2}$$

上述公式计算出来的是两个样点之间的距离，需要做如下变换：

$$R = 1 - D(S_i)/\max(D)$$

式中，S 代表已知矿床(标准样本)；i 为需要判别的 1∶20 万水系沉积物地球化学测量的样点；P 为选取的典型矿床的变量个数；X_{SK} 表示标准样本在第 k 个变量(如 Cu 元素)上的取值；X_{iK} 表示第 i 个样本在第 k 个变量上的取值；$D(S_i)$ 为未知样点与已知典型矿床(标准样本)的距离；$\max(D)$ 为样点间距离的最大值；R 为相似度(相似系数)。

从上述计算过程可知，所有样点与已知典型矿床(标准样本)的相似度数据范围都位于(0,1)之间，其中典型矿床自身与标准样本最相似(相似度为 1)，其他均小于 1。通过上述计算，可以定量地衡量未知矿化信息与已知典型矿床的相似程度，这一相似性指标将应用到最后的资源量类比计算中。每个样点计算出相似度值后按照单元素地球化学图的要求进行成图，形成相似度图。

3. 衬值图

本次采用窗口滑动衬值异常法来求取地球化学衬值。研究对大窗口的尺寸进行了详细的对比实验，确定铜元素衬值选择了 5km×5km 的窗口作为背景值，来求取 1∶25 万水系沉积物测量各点的衬度。

(四) 预测区与靶区圈定

1. 预测区圈定

地球化学找矿预测区主要以地球化学异常的分布、元素组合、成因分类为依据，参考成矿区(带)、地球化学区(带)、地质构造区(带)的划分成果和地球化学推断地质构造成果，圈定找矿预测区。并根据异常特征及其找矿意义分类将找矿预测区分为 A、B、C 三级。

A级:根据区内或附近的矿床(田)建立找矿模型,通过比较分析,确认预测区存在一个以上甲、乙类异常,有希望找到(或新增储量)达大型以上规模的矿床或矿田;根据地球化学定量模型计算,预测区预测资源量总和超出探明储量巨大,已知成矿类型有利,有希望找到(或新增储量)达大型以上规模的矿床或矿田;异常显示预测区具有找到新矿田(接替资源)的巨大潜力,异常查证证实该新矿种有希望找到中型以上规模的矿床。

B级:根据成矿区(带)以外所建的找矿模型或理论模型判断,有一个以上的乙类异常存在,有希望找到中型或大型以上规模的矿床;根据地球化学定量模型计算,预测区预测总资源量巨大,有希望找到中型或大型规模的矿床。

C级:有多个丙类异常存在,已知地质条件有利或一般,未进行异常查证或查证后未获得重要突破,但推测有希望找到工业矿体或小型以上矿床;有甲、乙类异常存在,但工作或工程控制程度已经很高(包括深部控制),深、边部找矿有一定潜力,但重大找矿突破的可能性较小。

在对预测区进行划分的基础上,对预测区的圈定准则和可信度进行分级。

在典型矿集区(矿床)地质、地球化学特征研究及建立地球化学找矿模型的基础上,对预测区圈定的地质地球化学指标进行制定,概括为:

(1)元素组合与典型Cu多金属矿床的相似度值大(≥98%)。
(2)成矿地质条件有利。
(3)已发现矿点(矿化点)。
(4)平均衬值≥90%。
(5)Cu衬值≥85%。
(6)至少3个元素衬值≥85%。
(7)至少4个元素衬值≥85%。

由以上7条地质地球化学指标,根据有无相似度的准则划分为A、B、C三级;根据有无已知矿点(矿化点)的准则分为A、B级,为此预测区初步分为3级,具体指标如下:

A级:满足上述(1)~(6)6个条件。
B级:满足上述(1)、(2)、(4)~(6)5个条件。
C级:满足上述(2)、(4)、(5)、(7)4个条件。

可信度级别为:A>B>C,前两者可按制定的资源量计算准则进行资源量估算,C级作为有利的成矿远景区。

2. 找矿靶区圈定

地球化学找矿靶区是在地球化学预测区选择与同成矿区(带)内的典型矿床(模型)十分相似的,或通过3级查证发现有利找矿线索的,或与其他预测方法高度吻合的,具有明确找矿方向和目标的甲、乙类异常分布区。

(五)预测靶区资源量估算

靶区内资源量定量估算是根据铜矿预测类型,以综合异常、预测靶区圈定的范围为基础,应用成矿主元素和区内已知矿产相结合的方法,计算预测靶区资源量。其基本流程见图4-28。

资源量估算的基本思想是类比,其中两种方法(类比法与面金属量法)最常用,为本项目必做的方法,适用于所有的矿床类型,而且计算公式相对简单。

类比法的基本思想是认为,预测靶区资源量(已知典型矿床为储量Pu)与地表水系沉积物中组合元素异常面积和平均含量之积(异常规模P)成正比,预测靶区的正比比例系数(K)与已知最佳相似矿床相同,考虑矿床的剥蚀程度以及矿床之间的相似度,引入剥蚀系数与相似系数。其具体计算公式如下:

$$K=\frac{P_{已知}}{\dfrac{Pu_{已知}}{1-F_{已知}}}=\frac{P_{未知}}{\dfrac{Pu_{未知}}{1-F_{未知}}}\times R$$

式中，$P_{已知}$为典型矿床组合元素异常面积与平均含量之积；$Pu_{已知}$为典型矿床的储量（资源量）；$F_{已知}$为典型矿床剥蚀系数；$P_{未知}$为预测靶区组合元素异常面积和平均含量之积；$Pu_{未知}$为预测靶区的预测资源量；$F_{未知}$为预测靶区剥蚀系数；K为正比比例系数；R为最佳相似矿床相似系数。

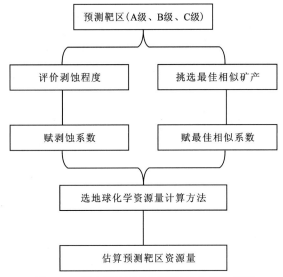

图 4-28 铜定量预测靶区资源量估算流程图

面金属量法的基本思想是认为，预测靶区资源量（已知典型矿床为储量 Pu）与地表水系沉积物中组合元素异常面积和平均值减背景值之差的乘积（面金属量）成正比，即：

$$K=\frac{S_{已知}(X_{已知}-B_{已知})}{\dfrac{Pu_{已知}}{1-F_{已知}}}=\frac{S_{未知}(X_{未知}-B_{未知})}{\dfrac{Pu_{未知}}{1-F_{未知}}}\times R$$

式中，$Pu_{已知}$为典型矿床的储量（资源量）；$S_{已知}$为典型矿床组合元素异常面积；$X_{已知}$为典型矿床组合元素平均含量；$B_{已知}$为典型矿床组合元素背景值；$F_{已知}$为典型矿床剥蚀系数；$Pu_{未知}$为预测靶区的预测资源量；$S_{未知}$为预测靶区组合元素异常面积；$X_{未知}$为预测靶区组合元素平均含量；$B_{未知}$为预测靶区组合元素背景值；$F_{未知}$为预测靶区剥蚀系数；K为正比比例系数；R为最佳相似矿床相似系数。

最终取上述两类加权平均的方法（类比法加权系数为 0.6，面金属量法加权系数为 0.4）来确定资源量：预测资源量$(V)=0.6\times$类比法$(Vd)+0.4\times$面金属量法(Vs)。

二、地球化学预测成果

本次工作重点对华东地区对 A、B 级预测区内的预测靶区进预测，对 C 级预测区因缺失最佳相似矿床，无法进行资源量定量估算。华东地区共圈定 59 个 A 级预测靶区，76 个 B 级预测靶区，各预测靶区详见表 4-25。

华东地区已探明典型矿床铜资源量 1888.02×10^4 t，通过本次预测新增预测资源量 1748.74×10^4 t（其中 A 级预测资源量 536.56×10^4 t，B 级资源量 1212.18×10^4 t）。华东地区铜矿以斑岩型和矽卡岩型为主，其中斑岩型总资源量为 2058.45×10^4 t，约占所有预测类型资源量的 58.9%，矽卡岩型总资源量为 831.64×10^4 t，约占所有预测类型资源量的 23.8%；其次为海相火山岩型和陆相火山岩型，预测资源量分别为 239.91×10^4 t 和 234.59×10^4 t，而海相黑色岩系型和热液型则分布较少（表 4-26）。

表 4-25 华东地区各预测靶区资源量表

序号	经度	纬度	靶区名称	预测类型	最佳相似矿床	相似度元素组合	剥蚀系数	Cu异常峰值 ($\times 10^{-6}$)	Cu异常面积 (km^2)	Cu平均异常强度 ($\times 10^{-6}$)	类比法 ($\times 10^4 t$)	面金属量法 ($\times 10^4 t$)	加权平均值 ($\times 10^4 t$)
1	119°03′43″	32°07′07″	宝华镇黄村	矽卡岩型	安基山	Ag+Bi+Cd+Cu+Mo+Pb+Zn	0.05	125.10	16.85	79.36	4.9104	3.7926	4.4632
2	119°04′59″	32°04′56″	汤山笤湾村	矽卡岩型	安基山	Ag+Bi+Cd+Cu+Mo+Pb+Zn	0.10	707.60	39.29	312.06	43.0151	43.9565	43.3917
3	119°06′59″	32°09′35″	句容市侯前村	斑岩型	盘龙岗	Au+Bi+Cd+Cu+Zn	0.30	324.20	29.41	125.18	3.6362	3.1849	3.4556
4	119°08′13″	32°07′24″	句容市北巷村	斑岩型	安基山	Au+Bi+Cd+Cu+Mo+Pb+Zn	0.10	176.30	7.44	137.73	3.6121	3.3022	3.4881
5	119°11′36″	32°07′43″	句容盘龙岗	斑岩型	盘龙岗	Au+Bi+Cd+Cu+Zn	0.05	898.00	12.53	395.43	6.8415	6.9632	6.8902
6	119°26′55″	32°09′57″	蒋家镇八公洞	斑岩型	盘龙岗	Au+Bi+Cd+Cu+Zn	0.05	49.90	13.64	41.70	0.7397	0.3404	0.5800
7	118°43′22″	31°53′22″	江宁区铜库村	陆相火山岩型	大平山	As+Au+Bi+Cu+Mo+Sb	0.15	84.40	17.69	48.98	3.3682	2.9032	3.1822
8	118°33′05″	31°45′23″	江宁区小柘塘	陆相火山岩型	铜井	Au+Bi+Cu+Hg	0.15	123.60	13.04	92.27	1.2470	1.5366	1.3628
9	118°42′46″	31°43′59″	江宁区后石塘	陆相火山岩型	大平山	As+Au+Bi+Cu+Mo+Sb	0.20	76.30	41.17	40.31	6.2156	4.2511	5.4298
10	118°39′28″	31°48′00″	江宁区响水	陆相火山岩型	大平山	As+Au+Bi+Cu+Mo+Sb	0.15	447.55	6.94	447.55	11.8296	18.9143	14.6635
11	119°03′28″	31°44′24″	溧水区凉蓬村	陆相火山岩型	大平山	Ag+As+Au+Bi+Cd+Cu+Mo+Pb+Sb	0.25	39.50	10.37	39.50	1.2483	0.8282	1.0802
12	119°05′20″	31°31′33″	溧水区新山里	陆相火山岩型	观山	Ag+As+Au+Bi+Cd+Cu+Mo+Pb+Sb	0.10	105.50	29.77	56.06	1.5016	1.6906	1.5772
13	119°26′36″	31°25′58″	溧阳市尹家村	矽卡岩型	安基山	Ag+Bi+Cd+Cu+Mo+Pb+Zn	0.15	88.10	32.59	53.01	5.7842	3.5053	4.8727
14	120°21′27″	31°17′05″	吴中区山坞里	矽卡岩型	安基山	Ag+Bi+Cd+Cu+Mo+Pb+Zn	0.05	54.73	9.39	37.69	1.2861	0.5176	0.9787
15	118°56′51″	32°31′02″	六合区老山村	矽卡岩型	安基山	Ag+Bi+Cd+Cu+Mo+Pb+Zn	0.15	187.00	15.15	94.17	4.6867	3.8665	4.3586
16	118°43′43″	32°11′45″	浦口区貔家凹	矽卡岩型	安基山	Ag+Bi+Cd+Cu+Mo+Pb+Zn	0.05	54.70	2.68	54.70	0.5329	0.3312	0.4523
17	118°48′40″	32°05′11″	玄武区曹后村	矽卡岩型	安基山	Ag+Bi+Cd+Cu+Mo+Pb+Zn	0.05	102.70	31.47	58.27	6.6747	4.3468	5.7436
18	118°57′39″	32°09′23″	栖霞区栖霞山风景区	矽卡岩型	安基山	Ag+Bi+Cd+Cu+Mo+Pb+Zn	0.05	63.20	8.36	63.20	1.9215	1.3197	1.6808
19	118°47′09″	31°52′14″	江宁区中坝	陆相火山岩型	大平山	As+Au+Bi+Cu+Mo+Sb	0.15	56.20	16.46	56.20	3.5205	3.4090	3.4759
20	118°47′43″	31°48′58″	江宁区溯头村	陆相火山岩型	大平山	As+Au+Bi+Cu+Mo+Sb	0.15	69.20	3.77	55.16	0.8265	0.7890	0.8115
21	119°34′46″	31°31′56″	溧阳市后游庄	矽卡岩型	安基山	Ag+Bi+Cd+Cu+Mo+Pb+Zn	0.05	356.30	9.40	356.30	12.3917	12.7938	12.5525
22	119°26′36″	31°09′23″	广德县横山村	矽卡岩型	安基山	Ag+Bi+Cd+Cu+Mo+Pb+Zn	0.10	33.75	5.13	33.75	0.5976	0.1913	0.4351
23	119°29′55″	31°08′14″	广德县双河口村	矽卡岩型	安基山	Ag+Bi+Cd+Cu+Mo+Pb+Zn	0.15	38.90	14.64	34.47	1.6446	0.5536	1.2082
24	119°32′15″	31°09′16″	广德县中横岗	矽卡岩型	安基山	Ag+Bi+Cd+Cu+Mo+Pb+Zn	0.05	25.05	5.43	24.47	0.4894	0.0106	0.2979
25	119°40′37″	31°15′36″	宜兴市桥子门	矽卡岩型	安基山	Ag+Bi+Cd+Cu+Mo+Pb+Zn	0.05	33.10	13.62	29.43	1.4420	0.2953	0.9833
26	120°28′04″	31°20′54″	虎丘山戚湾	矽卡岩型	安基山	Ag+Bi+Cd+Cu+Mo+Pb+Zn	0.10	49.20	42.38	36.45	5.3490	2.0241	4.0191

续表 4-25

序号	经度	纬度	靶区名称	预测类型	最佳相似矿床	相似度元素组合	剥蚀系数	Cu异常峰值 ($\times 10^{-6}$)	Cu异常面积 (km^2)	Cu平均异常强度 ($\times 10^{-6}$)	类比法 ($\times 10^4$ t)	面金属量法 ($\times 10^4$ t)	加权平均值 ($\times 10^4$ t)
27	120°32′00″	31°14′46″	吴中区王家庄	矽卡岩型	安基山	Ag+Bi+Cd+Cu+Mo+Pb+Zn	0.05	39.85	2.59	39.85	0.3762	0.1658	0.2920
28	117°18′18″	34°32′35″	铜山区小历湾	矽卡岩型	安基山	Ag+Bi+Cd+Cu+Mo+Pb+Zn	0.25	966.40	40.33	217.48	11.5147	11.3406	11.4451
29	118°45′07″	34°26′59″	东海县薛埠村	矽卡岩型	安基山	Ag+Bi+Cd+Cu+Mo+Pb+Zn	0.15	35.40	40.10	26.72	1.4458	0.1634	0.9328
30	119°08′44″	34°32′01″	连云港海州区夹山口	矽卡岩型	安基山	Ag+Bi+Cd+Cu+Mo+Pb+Zn	0.10	42.95	6.85	42.95	0.4367	0.2134	0.3474
31	119°22′41″	34°39′52″	连云区朝阳镇	矽卡岩型	安基山	Ag+Bi+Cd+Cu+Mo+Pb+Zn	0.20	472.57	16.74	111.13	2.5432	2.2076	2.4089
32	119°00′00″	30°03′00″	临安市大明山	海相黑色岩系型	潘家	Cu+Pb+Zn+Ag+As+Bi+Sb+W	0.50	226.30	104.50	61.89	6.9400	6.5300	6.7700
33	120°36′36″	29°53′24″	绍兴县西裘村	海相火山岩型	西裘	Cu+Zn+Au+Sb+Mo	0.15	86.30	16.88	77.36	4.2400	5.8800	4.9000
34	118°53′24″	29°55′12″	淳安县岭号坞	海相火山岩型	西裘	Cu+Zn+Au+Sb+Mo	0.15	104.40	51.20	94.66	19.3700	29.1700	23.2900
35	118°39′36″	29°38′24″	淳安县屏峰石	海相黑色岩系型	潘家	Cu+Pb+Zn+Ag+As+Bi+Sb+W	0.15	144.10	31.00	80.22	5.8700	6.3600	6.0700
36	118°34′48″	29°34′48″	淳安县马安村	海相黑色岩系型	潘家	Cu+Pb+Zn+Ag+As+Bi+Sb+W	0.15	174.60	6.30	109.72	4.7100	5.7100	5.1100
37	119°01′12″	29°30′00″	淳安县中坑村	热液型	岭后	Cu+Pb+Zn+W+Sb+As+Au+Ag+Bi+Hg	0.15	3534.50	37.75	515.84	10.7000	11.3100	10.9400
38	118°51′00″	29°23′24″	淳安县蔡里村	海相黑色岩系型	潘家	Cu+Pb+Zn+Ag+As+Bi+Sb+W	0.15	78.30	27.89	53.31	2.6600	2.2400	2.4900
39	118°13′12″	29°06′00″	开化县塘香坞	海相火山岩型	西裘	Cu+Zn+Au+Sb+Mo	0.15	71.10	16.29	65.94	4.8100	6.1400	5.3400
40	119°15′36″	30°33′00″	安吉县顾村	海相黑色岩系型	潘家	Cu+Pb+Zn+Ag+As+Bi+Sb+W	0.15	130.70	36.50	70.95	3.1500	3.2100	3.1700
41	119°35′24″	30°32′24″	安吉县黄连坞	海相黑色岩系型	潘家	Cu+Pb+Zn+Ag+As+Bi+Sb+W	0.15	96.20	10.79	365.90	4.2500	6.1900	5.0300
42	120°09′36″	30°13′48″	上城区高土坊乡	热液型	岭后	Cu+Pb+Zn+W+Sb+As+Au+Ag+Bi+Hg	0.15	104.90	9.14	104.90	0.4100	0.3500	0.3900
43	120°34′48″	30°00′00″	绍兴市渔化桥河沿	热液型	岭后	Cu+Pb+Zn+W+Sb+As+Au+Ag+Bi+Hg	0.10	104.90	13.29	88.55	0.6300	0.5000	0.5800
44	118°47′24″	29°50′24″	淳安县南北塘	海相黑色岩系型	潘家	Cu+Pb+Zn+Ag+As+Bi+Sb+W	0.15	182.60	29.78	116.25	3.9500	4.8700	4.3200
45	118°29′24″	29°19′48″	开化县上塘	海相黑色岩系型	潘家	Cu+Pb+Zn+Ag+As+Bi+Sb+W	0.15	71.00	29.14	49.63	1.8000	1.4200	1.6500
46	118°55′12″	31°12′08″	宣州区双井	矽卡岩型	狮子山	Cu+Ag+As+Au+Cd+Mn+Pb+Sb+Zn	0.10	60.85	3.17	54.64	2.2300	1.4000	1.9000
47	118°10′56″	30°55′22″	南陵县寺冲里	矽卡岩型	武山	Cu+Ag+As+Au+Cd+Hg+Mo+Pb+Sn+W+Zn	0.40	558.09	55.27	115.60	86.8900	69.7800	80.0500
48	117°55′43″	30°40′20″	青阳县江梅村	矽卡岩型	狮子山	Cu+Ag+As+Au+Cd+Mn+Pb+Sb+W+Zn	0.10	334.55	11.33	117.35	15.3900	12.4100	14.2000
49	117°40′40″	30°37′11″	贵池县椅子回	海相黑色岩系型	新桥	Cu+Ag+As+Au+Cd+Mn+Mo+Pb+Sb+W+Zn	0.10	149.00	17.04	66.84	3.4100	2.2500	2.9500
50	116°49′22″	30°35′07″	怀宁县王白屋	矽卡岩型	丰山洞	Cu+Ag+As+Au+Cd+Mn+Mo+Pb+Sb+W	0.40	251.64	51.66	84.63	19.5000	14.2500	17.4000
51	117°31′54″	30°33′58″	贵池区新华村	矽卡岩型	武山	Cu+Ag+As+Au+Cd+Mn+Mo+Pb+Sb+W+Zn	0.20	938.93	16.58	206.17	61.9900	55.1400	59.2500
52	117°29′21″	30°25′19″	贵池区雍溪	海相黑色岩系型	新桥	Cu+Ag+A+Au+Cd+Hg+Mo+Pb+Sb+Sn+W+Zn	0.10	60.85	5.93	56.92	1.0800	0.6800	0.9200

续表 4-25

序号	经度	纬度	靶区名称	预测类型	最佳相似矿床	相似度元素组合	剥蚀系数	Cu异常峰值 ($\times 10^{-6}$)	Cu异常面积 (km^2)	Cu平均异常强度 ($\times 10^{-6}$)	类比法 ($\times 10^4 t$)	面金属量法 ($\times 10^4 t$)	加权平均值 ($\times 10^4 t$)
53	117°43′34″	31°29′07″	巢湖土木街	矽卡岩型	铜官山	Cu+Ag+As+Cd+Mo+Pb+Zn	0.40	56.96	29.68	60.85	3.0600	1.9100	9.9500
54	117°09′22″	30°24′17″	贵池区塘田镇	海相黑色岩系型	新桥	Cu+Ag+As+Au+Cd+Hg+Mn+Pb+Sb	0.10	60.85	0.89	54.66	0.1600	0.1000	0.1400
55	118°57′47″	31°15′21″	高淳区蒋家村	斑岩型	城门山	Cu+Mo	0.20	60.85	0.58	44.61	2.6900	1.6800	2.2900
56	117°33′06″	30°26′23″	贵池区林茶	矽卡岩型	狮子山	Cu+Ag+As+Au+Cd+Mn+Pb+Sb+Sn+Zn	0.10	296.53	19.71	88.33	20.1500	14.9600	18.0700
57	118°26′08″	28°09′33″	浦城县九牧镇	热液型	管查	Ag+Cu+Pb+Sn+Zn	0.20	29.30	33.16	22.21	0.2400	0.1400	0.2000
58	117°49′40″	25°49′05″	大田县前坪乡	斑岩型	罗卜岭	Ag+Au+Cu+Mo+Pb+Zn	0.30	668.00	85.29	127.23	8.7200	8.9900	8.8300
59	116°43′54″	25°21′03″	连城县珠地村	斑岩型	罗卜岭	Ag+Au+Cu+Mo+Pb+Zn	0.20	343.00	87.94	88.80	7.1700	7.1200	7.1500
60	116°46′19″	25°12′23″	上杭县古田镇	斑岩型	罗卜岭	Ag+Au+Cu+Mo+Pb+Zn	0.10	186.00	78.92	49.82	4.0600	3.6400	3.8900
61	116°52′17″	24°46′24″	永定县大坑背	斑岩型	罗卜岭	Ag+Au+Cu+Mo+Pb+Zn	0.10	76.00	21.07	48.85	0.9300	0.9700	0.9500
62	117°01′47″	24°42′04″	南靖县苦竹坑	斑岩型	罗卜岭	Ag+Au+Cu+Mo+Pb+Zn	0.10	128.00	55.56	37.55	2.0000	1.6500	1.8600
63	119°21′38″	26°41′06″	蕉城区垒丫	斑岩型	钟腾	Au+Bi+Cu+Mo	0.10	83.30	134.67	41.92	3.3900	3.4500	3.4100
64	119°34′56″	26°43′02″	蕉城区岭后	斑岩型	钟腾	Au+Bi+Cu+Mo	0.10	118.00	28.85	67.10	1.1000	1.2200	1.1500
65	118°41′20″	26°04′52″	闽清县池园镇	斑岩型	钟腾	Au+Bi+Cu+Mo	0.20	77.90	80.28	17.36	0.7000	0.4900	0.6200
66	118°08′48″	25°47′51″	德化县南头坡	斑岩型	钟腾	Au+Bi+Cu+Mo	0.40	46.60	118.22	25.11	1.1900	1.0300	1.1300
67	117°15′58″	24°21′27″	平和县牛头仑	斑岩型	钟腾	Au+Bi+Cu+Mo	0.30	59.50	40.26	35.37	0.6600	0.6500	0.6600
68	117°23′45″	27°50′28″	光泽县郭坑	热液型	管查	Ag+Cu+Pb+Sn+Zn	0.20	45.70	68.39	18.69	0.4100	0.2000	0.3300
69	117°06′29″	23°48′58″	诏安县建设乡	斑岩型	钟腾	Au+Bi+Cu+Mo	0.10	50.30	33.28	19.71	0.3900	0.3000	0.3500
70	118°18′32″	27°47′58″	浦城县山下乡	热液型	管查	Ag+Cu+Pb+Sn+Zn	0.40	180.00	130.66	38.12	1.3300	1.1700	1.2700
71	118°49′00″	27°49′47″	松溪县溪源洞	热液型	管查	Ag+Cu+Pb+Sn+Zn	0.30	588.00	55.48	108.85	1.8800	2.1300	1.9800
72	117°28′27″	27°07′08″	邵武市肖家洋	热液型	管查	Ag+Cu+Pb+Sn+Zn	0.20	58.10	115.38	28.55	1.0600	0.8000	0.9600
73	117°56′19″	27°11′20″	建阳市横坑仔	热液型	管查	Ag+Cu+Pb+Sn+Zn	0.20	106.00	67.77	53.28	1.2800	1.2700	1.2800
74	117°41′40″	26°54′05″	顺昌县仙场	热液型	管查	Ag+Cu+Pb+Sn+Zn	0.20	71.70	64.74	37.47	0.8600	0.7600	0.8200
75	117°28′22″	26°48′44″	将乐县店前	热液型	管查	Ag+Cu+Pb+Sn+Zn	0.40	81.20	63.38	30.96	0.5200	0.4200	0.4800
76	116°58′12″	25°44′53″	连城县长校村	斑岩型	罗卜岭	Ag+Au+Cu+Mo+Pb+Zn	0.10	147.00	65.93	33.20	1.9700	1.5500	1.8000
77	117°53′03″	27°56′50″	武夷山市羊庄乡	热液型	管查	Ag+Cu+Pb+Sn+Zn	0.20	30.70	57.29	19.47	0.4000	0.2000	0.3200
78	116°51′03″	25°34′04″	连城县木陂村	斑岩型	罗卜岭	Ag+Au+Cu+Mo+Pb+Zn	0.10	254.00	49.81	57.33	2.7300	2.5300	2.6500
79	116°37′58″	25°12′22″	上杭县刘斜	斑岩型	罗卜岭	Ag+Au+Cu+Mo+Pb+Zn	0.20	119.00	69.33	34.34	2.0200	1.6100	1.8600
80	117°04′10″	25°14′33″	新罗区黄土庵	斑岩型	罗卜岭	Ag+Au+Cu+Mo+Pb+Zn	0.30	149.00	76.56	66.20	1.8700	1.7700	1.8300

续表 4-25

序号	经度	纬度	靶区名称	预测类型	最佳相似度矿床	相似度元素组合	剥蚀系数	Cu异常峰值 (×10⁻⁶)	Cu异常面积 (km²)	Cu平均异常强度 (×10⁻⁶)	类比法 (×10⁴t)	面金属量法 (×10⁴t)	加权平均值 (×10⁴t)
81	117°11′19″	25°15′37″	新罗区陂尾村	斑岩型	罗卜岭	Ag+Au+Cu+Mo+Pb+Zn	0.40	104.00	36.00	64.53	2.7500	2.6400	2.7100
82	117°01′48″	25°06′58″	新罗区铁山镇	斑岩型	罗卜岭	Ag+Au+Cu+Mo+Pb+Zn	0.10	110.00	60.96	70.70	5.2400	4.9600	5.1300
83	119°59′15″	26°51′13″	霞浦县宝清村	斑岩型	钟腾	Au+Bi+Cu+Mo	0.10	113.00	83.47	50.79	2.5400	2.7000	2.6000
84	119°43′18″	26°39′38″	蕉城区前澳	斑岩型	钟腾	Au+Bi+Cu+Mo	0.10	530.00	92.78	122.03	6.7900	7.9500	7.2500
85	118°10′06″	25°58′40″	尤溪县常山	斑岩型	钟腾	Au+Bi+Cu+Mo	0.30	172.00	61.80	44.92	1.2300	1.2700	1.2500
86	116°58′14″	24°00′53″	诏安县黄龙坑	斑岩型	钟腾	Au+Bi+Cu+Mo	0.10	29.50	52.05	15.95	0.5000	0.3200	0.4300
87	117°13′34″	23°58′42″	云霄县马田	斑岩型	钟腾	Au+Bi+Cu+Mo	0.10	42.00	64.09	20.09	0.7300	0.5700	0.6700
88	117°52′57″	27°44′55″	武夷山市毛西坑	热液型	管查	Ag+Cu+Pb+Sn+Zn	0.20	39.20	93.89	19.96	0.5600	0.3000	0.4600
89	118°25′47″	27°42′29″	浦城县石陂镇	热液型	管查	Ag+Cu+Pb+Sn+Zn	0.10	53.00	50.09	28.50	0.5700	0.4300	0.5100
90	117°05′28″	27°35′20″	光泽县铁路坑	热液型	管查	Ag+Cu+Pb+Sn+Zn	0.20	45.20	73.85	22.06	0.4900	0.2900	0.4100
91	117°54′40″	26°17′13″	沙县南霞乡	斑岩型	罗卜岭	Ag+Au+Cu+Mo+Pb+Zn	0.10	33.00	64.41	21.81	1.1800	0.7300	1.0000
92	117°49′45″	26°01′00″	大田县桃舟村	斑岩型	罗卜岭	Ag+Au+Cu+Mo+Pb+Zn	0.10	188.00	97.87	43.43	3.8200	3.3000	3.6100
93	116°16′18″	25°53′27″	长汀县大片前	斑岩型	罗卜岭	Ag+Au+Cu+Mo+Pb+Zn	0.10	55.30	36.62	34.21	1.0700	0.8500	0.9800
94	117°16′10″	25°50′18″	永安市苦竹岭	斑岩型	罗卜岭	Ag+Au+Cu+Mo+Pb+Zn	0.20	554.00	52.18	72.83	3.2300	3.1200	3.1900
95	117°41′14″	25°38′18″	大田县武陵乡	斑岩型	罗卜岭	Ag+Au+Cu+Mo+Pb+Zn	0.10	76.00	81.25	36.58	2.8400	2.3200	2.6300
96	117°58′38″	29°14′46″	婺源县坑头	斑岩型	德兴	Cu+Mo+Au+Ag+Sb+W+Bi	0.10	1502.36	22.78	181.64	26.2067	24.8169	25.6507
97	115°30′39″	29°47′32″	瑞昌市柯家脑	矽卡岩型	武山	Cu+Zn+Au+As+Sb	0.10	380.00	25.84	107.17	35.6800	28.7600	32.9100
98	117°17′53″	29°12′48″	浮梁县盘龙岗	斑岩型	德兴	Cu+Mo+Au+Ag+Sb+W+Bi	0.10	1502.36	22.41	142.51	27.8111	25.3401	26.8227
99	117°15′25″	29°07′23″	乐平市月形村	斑岩型	德兴	Cu+Mo+Au+Ag+Sb+W+Bi	0.00	1502.36	71.76	70.32	40.6118	30.0733	36.3964
100	116°59′23″	29°06′19″	鄱阳县难头村	海相火山岩型	枫林	Cu+As+Sb+W+Bi+Ag	0.20	1397.14	1.25	715.18	0.3044	0.3304	0.3148
101	117°05′33″	29°04′09″	乐安市书房	斑岩型	德兴	Cu+Mo+Au+Ag+Sb+W+Bi	0.10	1502.36	27.15	84.39	13.9061	11.0788	12.7752
102	117°25′11″	28°43′32″	德兴市尚利村	海相火山岩型	枫林	Cu+As+Sb+W+Bi+Ag	0.20	1397.14	46.86	117.57	2.4615	2.2465	2.3755
103	117°23′56″	28°40′18″	弋阳县宽坞	海相火山岩型	枫林	Cu+As+Sb+W+Bi+Ag	0.20	1397.14	64.69	88.64	0.3035	0.2840	0.2957
104	115°33′09″	27°31′40″	新干县木源村	海相火山岩型	枫林	Cu+As+Sb+W+Bi+Ag	0.20	1397.14	22.98	326.77	2.9114	3.0424	2.9638
105	114°57′19″	28°04′46″	渝水区傅家	斑岩型	枫林	Cu+As+Sb+W+Bi+Ag	0.20	1397.14	53.23	764.99	19.2636	20.9510	19.9385
106	118°03′39″	29°24′29″	婺源县汪路岭	斑岩型	德兴	Cu+Mo+Au+Ag+Sb+W+Bi	0.20	1502.36	15.73	128.22	13.5668	12.1100	12.9841
107	117°48′24″	28°28′17″	上饶县杨古源	斑岩型	德兴	Cu+Mo+Au+Ag+Sb+W+Bi	0.20	1502.36	24.70	768.95	130.2857	136.3543	132.7131

续表 4-25

序号	经度	纬度	靶区名称	预测类型	最佳相似矿床	相似度元素组合	剥蚀系数	Cu异常峰值 ($\times 10^{-6}$)	Cu异常面积 (km^2)	Cu平均异常强度 ($\times 10^{-6}$)	类比法 ($\times 10^4$t)	面金属量法 ($\times 10^4$t)	加权平均值 ($\times 10^4$t)
108	117°41′02″	28°26′09″	横峰县港边乡	斑岩型	德兴	Cu+Mo+Au+Ag+Sb+W+Bi	0.20	1502.36	46.33	109.52	47.5345	40.9308	44.8930
109	117°21′36″	29°14′57″	浮梁县九阴山	海相火山岩型	枫林	Cu+As+Sb+W+Bi+Ag	0.10	1397.14	4.21	304.26	0.6059	0.6299	0.6155
110	117°28′59″	29°09′31″	乐平市曹家里	斑岩型	德兴	Cu+Mo+Au+Ag+Sb+W+Bi	0.10	1502.36	10.50	768.95	51.1461	53.5284	52.0990
111	117°27′42″	28°56′32″	乐平市燕里	斑岩型	德兴	Cu+Mo+Au+Ag+Sb+W+Bi	0.10	1502.36	3.57	174.47	4.5956	4.3272	4.4883
112	116°50′51″	27°57′01″	金溪县石溪村	海相火山岩型	永平	Cu+Mo+Pb+W+Bi+Ba+Ag	0.10	597.28	7.28	314.55	0.9587	1.1471	1.0340
113	116°48′25″	27°53′46″	金溪县秀谷镇	海相火山岩型	永平	Cu+Mo+Pb+W+Bi+Ba+Ag	0.10	597.28	33.15	314.55	4.2017	5.0274	4.5320
114	116°28′59″	27°39′39″	临川县际下	海相火山岩型	枫林	Cu+As+Sb+W+Bi+Ag	0.10	1397.14	63.46	213.37	4.4484	4.4728	4.4582
115	115°45′00″	27°57′46″	丰城市冷水	海相火山岩型	枫林	Cu+As+Sb+W+Bi+Ag	0.10	1397.14	9.77	764.99	3.6347	3.9531	3.7620
116	115°48′43″	27°53′28″	丰城县岐山下	海相火山岩型	枫林	Cu+As+Sb+W+Bi+Ag	0.20	1397.14	29.63	764.99	12.0640	13.1208	12.4867
117	118°01′05″	29°15′51″	婺源县大畈	斑岩型	德兴	Cu+Mo+Au+Ag+Sb+W+Bi	0.00	1502.36	10.04	768.95	51.9509	54.3708	52.9189
118	115°00′17″	27°36′40″	峡江县瓜丘	海相火山岩型	枫林	Cu+As+Sb+W+Bi+Ag	0.20	1397.14	58.85	297.39	6.8983	7.1580	7.0022
119	114°45′23″	27°51′36″	分宜县湖泽镇	斑岩型	德兴	Cu+Mo+Au+Ag+Sb+W+Bi	0.20	1502.36	99.97	469.47	439.6375	451.4753	444.3726
120	114°53′56″	27°50′39″	渝水区观巢镇	海相火山岩型	枫林	Cu+As+Sb+W+Bi+Ag	0.10	1397.14	47.36	371.09	8.7749	9.2477	8.9640
121	114°33′27″	27°40′34″	分宜县笋元	海相火山岩型	枫林	Cu+As+Sb+W+Bi+Ag	0.20	1397.14	99.71	764.99	34.5792	37.6082	35.7908
122	114°05′01″	27°58′25″	袁州区凤背冲	斑岩型	银山	Cu+Mo+Pb+Au+Ag+Sb+Cd	0.00	1923.04	40.88	396.51	0.3248	0.3371	0.3297
123	114°13′33″	27°58′35″	袁州区马鞍岭	海相火山岩型	枫林	Cu+As+Sb+W+Bi+Ag	0.10	1397.14	115.08	118.81	4.5812	4.1909	4.4251
124	114°19′01″	27°34′54″	袁州区唐佳山村	海相火山岩型	枫林	Cu+As+Sb+W+Bi+Ag	0.20	1397.14	210.46	764.99	8.1154	9.7725	8.7783
125	114°09′35″	27°23′53″	安福县邓家源	海相火山岩型	永平	Cu+Mo+Pb+W+Bi+Ba+Ag	0.10	597.28	79.47	362.29	15.4701	18.6900	16.7580
126	113°48′51″	27°57′28″	上栗县山明村	斑岩型	德兴	Cu+Mo+Au+Ag+Sb+W+Bi	0.20	1502.36	31.00	192.81	52.0439	49.6770	51.0971
127	115°36′14″	29°47′35″	瑞昌市翠竹林	砂卡岩型	武山	Cu+Pb+Ag	0.10	522.00	46.45	140.25	83.9500	73.1000	79.6100
128	118°05′42″	28°45′31″	玉山县山门村	海相火山岩型	枫林	Cu+As+Sb+W+Bi+Ag	0.20	1397.14	29.62	106.37	1.5936	1.4198	1.5241
129	115°39′21″	29°45′60″	瑞昌市金凤村	砂卡岩型	武山	W+Au+Ag	0.40	127.00	6.17	77.06	4.0800	2.8500	3.5900
130	117°42′39″	29°23′31″	婺源县石岭	海相火山岩型	枫林	Cu+As+Sb+W+Bi+Ag	0.10	1397.14	12.13	718.27	2.2899	2.4857	2.3682
131	117°49′58″	29°10′30″	婺源县渡头	斑岩型	德兴	Cu+Mo+Au+Ag+Sb+W+Bi	0.10	1502.36	5.05	768.95	23.5693	24.6671	24.0084
132	117°31′27″	29°08′25″	婺源县周溪村	斑岩型	德兴	Cu+Mo+Au+Ag+Sb+W+Bi	0.20	1502.36	11.89	119.39	10.6743	9.3824	10.1575
133	117°35′06″	29°01′55″	德兴市上岗	斑岩型	德兴	Cu+Mo+Au+Ag+Sb+W+Bi	0.20	1502.36	4.85	367.84	14.8156	15.0080	14.8925
134	117°37′34″	29°01′54″	德兴市潭埠村	斑岩型	德兴	Cu+Mo+Au+Ag+Sb+W+Bi	0.20	1502.36	3.89	786.72	24.6538	25.8193	25.1200
135	117°44′53″	28°49′57″	上饶县桐西村	海相火山岩型	枫林	Cu+As+Sb+W+Bi+Ag	0.20	1397.14	31.66	764.99	9.5463	10.3826	9.8808

表 4-26 华东地区重要成矿带铜矿资源量预测成果表

预测类型	A级资源量	B级资源量	预测资源量	典型矿床资源量	总资源量	比例(%)
斑岩型	144.37	910.15	1054.52	1148.3	2058.45	58.9
矽卡岩型	262.9	158.38	421.28	410.36	831.64	23.8
热液型	18.26	2.67	20.93	14.65	35.58	1.0
海相火山岩型	59.42	122.38	181.8	58.11	239.91	6.9
陆相火山岩型	27.3	4.29	31.59	203	234.59	6.7
海相黑色岩系型	24.31	14.31	38.62	53.6	92.22	2.6
合计	536.56	1212.18	1748.74	1888.02	3492.39	

注:资源量含量单位为$\times 10^4$t。

第五章 地球化学综合推断

第一节 岩体推断

1∶20万水系沉积物地球化学测量资料进行推断岩体,主要是通过岩体特征指示元素的地球化学分布进行圈定,重点是隐体—半隐伏岩体。在华东地区基性岩地球化学组合特征明显,但酸性岩类由于不同期次之间的地球化学性质差异较大,利用地球化学分布难以准确圈定,本次工作仅对基性岩体进行推断。

对华东地区1∶20万水系沉积物地球化学测量所有样品,进行39种元素的因子分析,在方差总解释量为85%的情况下获得25个因子。经方差最大旋转后,形成元素在各因子中的组合。对因子中元素组合的载荷进行分析,提出与基性岩有关的因子,并分别编制因子得分图。以因子得分图与地质图进行对比分析,并结合单元素地球化学图和地球化学异常图对地质体进行综合推断。

反映基性—超基性岩浆岩的推断因子组合的主要元素为:Fe、Co、Ni、V、Ti、Cr、Mg、P等铁族元素;其中Fe_2O_3的因子载荷为0.85,Co的因子载荷为0.83,Ni的因子载荷为0.79,V的因子载荷为0.83,Ti的因子载荷为0.76,Cr的因子载荷为0.796,Mg的因子载荷为0.49,P的因子载荷为0.48。通过因子得分图,结合已知基性—超基性岩分布范围,推断了6处基性—超基性岩浆岩分布范围,分别为盱眙、六合、东海、徐州、诸暨、新昌、黄山、明溪、建瓯、龙岩、漳浦等地,主要岩性为玄武岩、玄武安山质火山岩、辉长闪长玢岩等基性—超基性喷发—超浅成火山岩分布范围(表5-1)。

表 5-1 华东地区推断基性—超基性侵入岩

分布位置	推断性质	已知地质体
江苏盱眙—安徽来安	隐伏、半隐伏,喷发—超浅成火山岩	桂五组灰色、灰黑色致密块状橄榄玄武岩、粗玄岩、玄武质角砾熔岩,凝灰质泥岩及气孔、杏仁状玄武岩及方山组橄榄玄武岩
安徽滁州	隐伏、半隐伏,喷发—超浅成火山岩	地表出露安山质凝灰质震旦纪、寒武纪地层
江苏南京—安徽芜湖	隐伏、半隐伏,喷发—超浅成火山岩	玄武安山质火山岩、辉长闪长玢岩
浙江诸暨	隐伏、半隐伏,喷发—超浅成火山岩	嵊县组玄武岩夹黏土、砂砾、褐煤、硅藻土
浙江嵊州—新昌	隐伏、半隐伏,喷发—超浅成火山岩	嵊县组玄武岩夹黏土、砂砾、褐煤、硅藻土
福建明溪	隐伏,喷发—超浅成火山岩	佛县组玄武岩、砂砾岩夹褐煤、油页岩

第二节 重要地质矿产规律推断

一、江南古陆北东缘成矿带推断

在下扬子地层区存在明显的地球化学异常带，异常范围包括东至—石台—旌德—宁国—昌化—淳安—开化—德兴—横峰，异常元素有 Fe_2O_3、MgO、Cr、Ni、V、Cu、Mo、Zn、W、U、Ba、F、As、Sb（图 5-1，图 5-2，图 5-3）。且地球化学异常存在一定的分带性，在江南古陆老地层出露区内侧存在 Cu、W、Mo、Zn、Cd、As 等元素异常，在江南古陆老地层出露区边界线上，出现 Fe_2O_3、MgO、Cr、Ni、V、Cu、Mo、Zn、W、U、Ba、F、As、Sb 等元素或氧化物异常，在江南古陆老地层出露区外侧存在 Cu、Zn、Mo、W、As、Sb、Cd 等元素异常。

在该带内同样存在明显的航磁异常（图 5-4），航磁异常带与地球化学异常带分布一致，且连续性较好。

该带内包含现在划分的彭山-九华山、天目山、九岭-鄣公山、万年-德兴、怀玉山成等成矿亚带。该区内已知的金属矿有江西省曾家垅锡矿、江西省尖峰坡锡矿、江西省张十八铅锌银矿、江西省宝山锑矿、江西省德安县萤石矿、江西省葛源钨锡铌钽矿、江西省横峰黄山铌矿、江西省革坂萤石矿、江西省怀玉萤石矿、江西省程汪萤石矿、江西省德兴铜矿、江西省朱砂红金矿、江西省富家坞金矿、江西省金山金矿、江

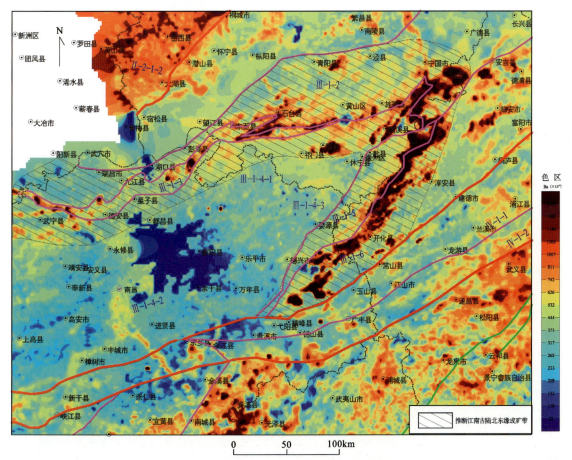

图 5-1 江南古陆北东缘 Ba 地球化学图

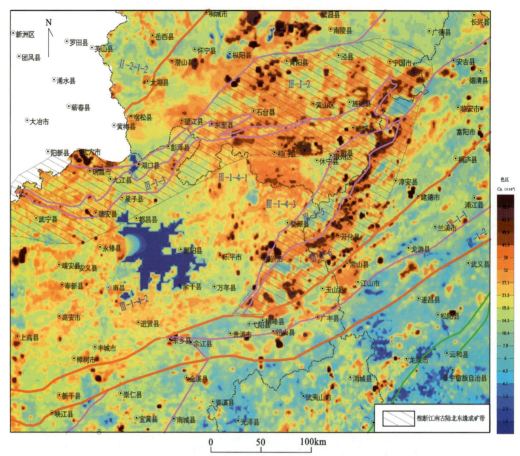

图 5-2 江南古陆北东缘 Cu 地球化学图

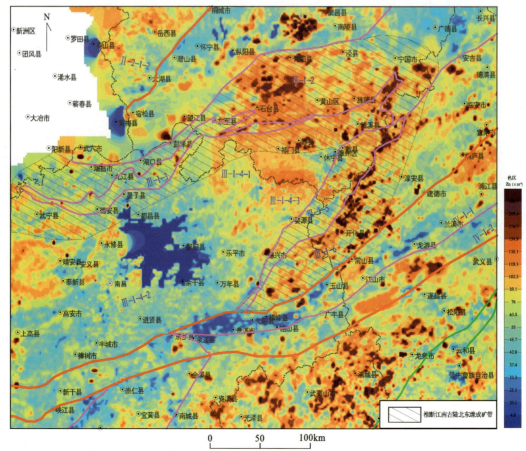

图 5-3 江南古陆北东缘 Zn 地球化学图

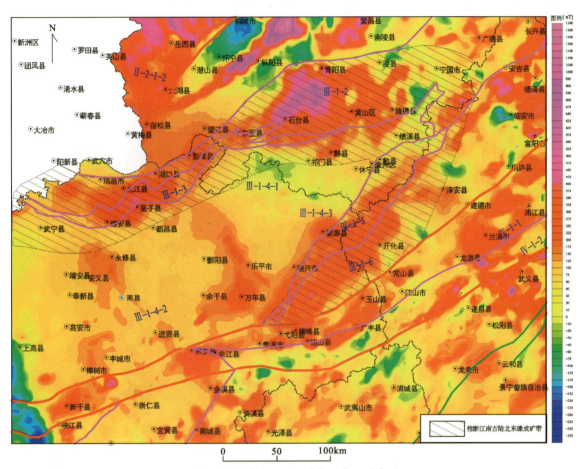

图 5-4　江南古陆北东缘航磁化极异常图

西省银山金矿、江西省万年虎家尖金矿,安徽省高家榜钨矿、安徽省百丈岩钨钼矿床、安徽省吕山金矿床、安徽省南山钼钨多金属矿、安徽省宁国兰花岭钨钼矿、逍遥矽卡岩型钨铜矿、安徽省巧川钨矿、安徽省竹溪岭钨钼矿、安徽省逍遥矽卡岩型钨铜矿,浙江省临安太阳乡乌金山铁矿、浙江省临安横路乡七里垄钨钼矿、浙江省新桥萤石矿、浙江省常山萤石矿、浙江省岭后铜矿、浙江省东溪式海相沉积型磷矿、浙江省潘家型铜矿、浙江省上台门铅锌矿、浙江省尹山庵金银矿、浙江省银坑式斑岩型钼矿、浙江省三宝台式(岩浆)热液型锑矿、浙江省淳安银山银矿、浙江省建德岭后铜矿、浙江省淳安潘家铜矿、浙江省石龙头金矿等。

根据地球化学特征、航磁异常特征、矿床分布特征,我们推断在江南古陆北东存在铜、钨多金属成矿带,该带也是华东地区最主要的成矿带。

二、北淮阳增生杂岩与北大别基底变质杂岩关系分析

北淮阳增生杂岩夹持于晓天-磨子潭和六安断裂带之间,是北秦岭加里东对接带向东的延伸,发育于早古生代陆缘活动带,由新元古界庐镇关岩群和震旦系—泥盆系佛子岭岩群等变质构造岩片组成,前者为变质火山-沉积岩建造,后者为类复理石建造,总体属浊积岩亚相。

大别基底变质杂岩主体由大别杂岩晋宁期深熔花岗片麻岩、中生代岩浆岩及一些构造就位的变质超镁铁质岩块等组成,构成造山带剥露最深的古老陆核基底,与相邻构造带间被韧性剪切带分隔,共同

构成造山带基底堆叠体。

根据地球化学分布特征分析,北淮阳增生杂岩与大别基底变质杂岩间 MgO、Na_2O、CaO、SiO_2、Zr、Sr、Ba、Li、P、Co、V、F、Sb、Zn 等元素或氧化物在金寨南部地区、舒城南部地区表现为明显的一致性(图 5-5、图 5-6),但 Bi、Ni 等部分元素表现出明显的差异性。同样航磁异常在金寨南部地区、舒城南部地区

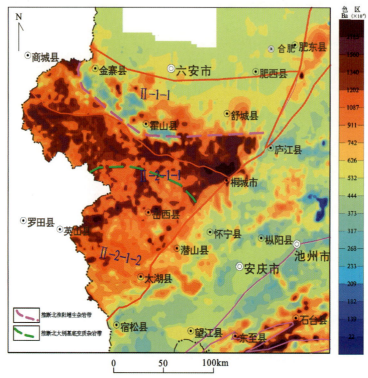

图 5-5　大别山地区 Ba 地球化学图

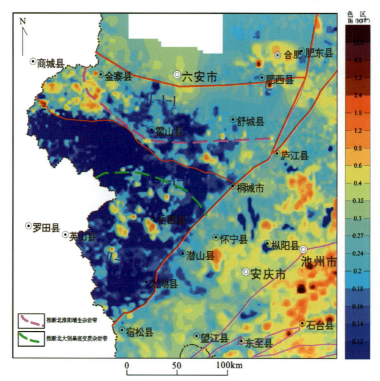

图 5-6　大别山地区 Bi 地球化学图

的北淮阳增生杂岩与大别基底变质杂岩间表现为明显的一致性(图 5-7)。

根据航磁异常与地球化学异常分布特征,我们推测在北淮阳增生杂岩中存在华北陆块与秦岭弧盆系之间的早古生代缝合带,其位置应在金寨南部—霍山南部—舒城南部。

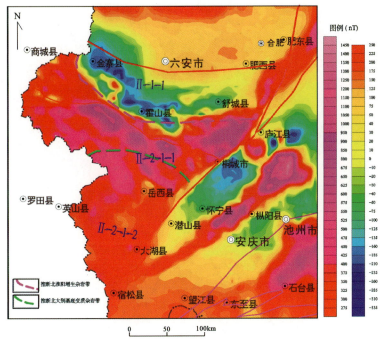

图 5-7 大别山地区航磁化极异常图

三、福建光泽-江西赣州稀土稀有成矿带推断

福建光泽-江西赣州存在一个由 La、Y、Nb、Th、U、Li 等元素组成的地球化学异常带(图 5-8、图 5-9),且稀土元素 La、Y 具有一定的分带性,南部以重稀土 Y 异常较为明显,而北部以 La 异常含量较高为特征。该带也是一个航磁异常带(图 5-10),航磁异常呈现北东向断续分布,且与 La 异常一样呈现北窄南宽的"八"形形分布。

该带加里东、海西、印支、燕山和喜马拉雅 5 个旋回岩浆岩都有分布,其中燕山旋回岩浆岩侵入最活跃、出露面积最大,岩性主要有正长花岗岩、二长花岗岩、黑云母花岗岩等。区内已知的稀土稀有矿产有龙南县足洞重稀土矿、信丰县安西中稀土矿、信丰县桐木中稀土矿、安远县岗下重稀土矿、寻乌县南桥轻稀土矿、宁都小布中稀土矿、宁化张家塘稀土矿、宁都河源锂辉石矿等。

推断该带具有较大的稀土稀有矿找矿潜力,尤其是北部地区现在发现的稀土矿相对较少,且有更大的找矿前景。

四、上栗-万载-上高地区隐伏岩体发育,具深部找矿潜力

上栗-万载-上高地区处于九岭隆起南部,宜丰-景德镇近东西向深断裂带西段南侧。主要出露晚古生代及中生代碎屑岩及碳酸盐岩地层,区内地表岩浆不发育;区内发育一系列逆冲断裂及构造混杂岩带。该带内已发现的典型矿床有江西省村前矽卡岩型铜钼银铅锌硫矿、江西省七宝山层控热液型铅锌

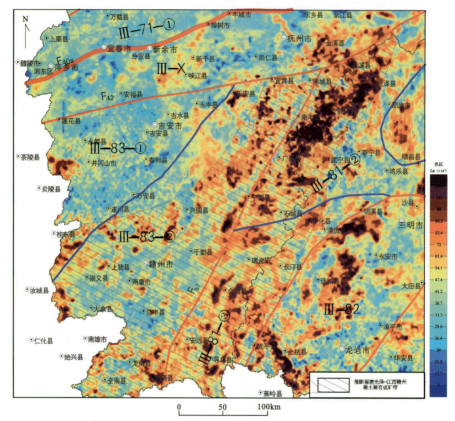

图 5-8　江山-赣州地区 La 地球化学图

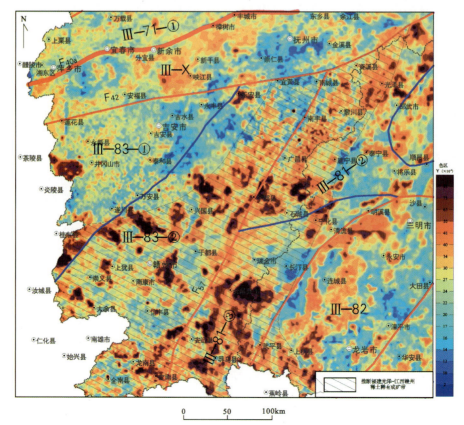

图 5-9　江山-赣州地区 Y 地球化学图

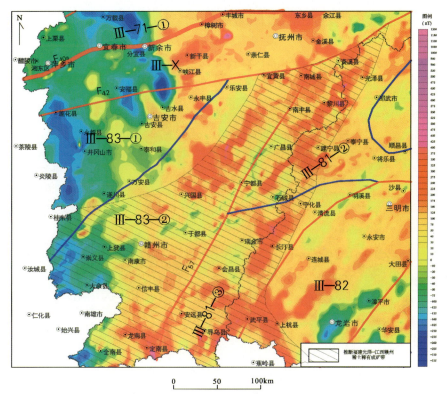

图 5-10 江山-赣州地区航磁化极异常图

矿、江西省吴村微细浸染型金矿、江西省铁山岩浆热液型硫铁矿等。

上栗-万载-上高地区显示具有连续性好的 F、Hg 等元素地球化学异常(图 5-11、图 5-12),尤其是除

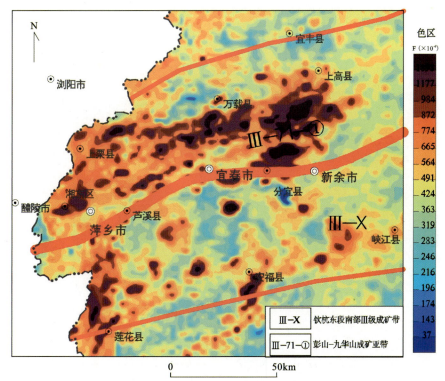

图 5-11 上栗-万载-上高地区 F 地球化学图

F 地球化学异常连续性好外,还显示具有含量高的特点。另区内还显示有 Mg、Sr、Ni 等元素高背景的特点(图 5-13),显示区内具有海底构造混杂岩的地球化学特点。

F、Hg 等元素异常的大规模发育,且已发现的典型矿床都与热液活动关系密切,推断区内深部具有较强的成矿流体供给源,且剥蚀程度浅,深部具有较大的金属矿找矿前景。

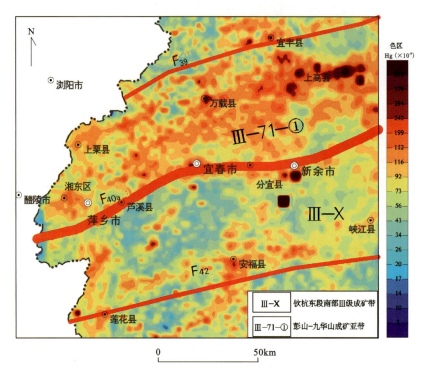

图 5-12 上栗-万载-上高地区 Hg 地球化学图

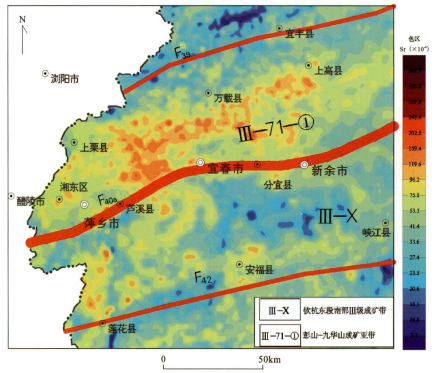

图 5-13 上栗-万载-上高地区 Sr 地球化学图

主要参考文献

安徽省地质矿产局.安徽省区域地质志[M].北京:地质出版社,1987.
安徽省区调队.安徽地层志(10个分册)[M].合肥:安徽科学技术出版社,1983—1988.
蔡伯良.江苏省铜井铜(金)矿地质特征及找矿潜力[J].工业技术,2009(9):101.
蔡壬侯.浙江省植被类型及百万分之一植被图[J].浙江大学学报(理学版),1991(1):86-90.
蔡以评,郭小平,夏春金,等.福建省表壳元素丰度[J].福建地质,1997(3):105-109.
陈先兵,张登明.江苏安基山铜矿的燕山期应力场及构造演化[J].矿产与地质,1994,6:440-444.
迟清华,鄢明才.应用地球化学元素丰度数据手册[M].北京:地质出版社,2007.
储彬彬,罗立强,王晓芳.南京栖霞山铅锌矿区铅同位素示踪[J].地球学报,2012,33(2):209-215.
崔峰.联合剖面歧变解释法在盘龙岗矿区的应用[J].江苏地质,1991,1:46-48.
戴爱华,王华田,袁旭音.江苏溧阳土包山金矿的地球化学特征[J].江苏地质,1995,19(4):199-208.
范永香.金矿床主要类型及其地质特征[M].武汉:中国地质大学出版社,1989.
傅梅娟.谏壁含钼二长花岗岩地球化学特征及其成因[J].江苏地质,1990(2):35-38.
何春林,吴新民.江苏浅覆盖区化探找矿方法试验研究[J].江苏地质,1995,19(1):39-42.
黎彤.地壳元素丰度的若干统计特征[J].地质与勘探,1992(10):1.
李秉伦,刘义茂,等.江西南部内生钨铍矿床矿物学[M].1版.北京:科学出版社,1965.
刘家远,沈纪利.江西钨的成矿岩浆体系[J].吉林大学学报,1982(1):81-90.
刘如英,金淳浩,邬宽廉,等.计算机地球化学编图系统(小比例尺)(GCMCS)[J].物探化探计算技术,1994(2):147-188.
刘英俊.元素地球化学导论[M].北京:地质出版社,1987.
刘英俊,等.地球化学[M].北京:科学出版社,1979.
秦燕,王登红,吴礼彬,等.安徽东源钨矿含矿斑岩中的锆石SHRIMP U-Pb年龄及其地质意义[J].地质学报,2001,84(4):479.
浙江省地质矿产局.全国地层多重划分对比研究——浙江省岩石地层[M].武汉:中国地质大学出版社,1996.
阮天健,朱有光.地球化学找矿[M].北京:地质出版社,1985.
邬介人,任秉琛.华北陆块及其陆缘古生代重要成矿作用类型和加里东构造成矿旋回的历史地位[J].矿床地质,2004,23(增刊):99-111.
吴承烈,等.中国主要铜矿勘查地球化学模型[M].北京:地质出版社,1998.
向运川,任天祥,牟绪赞,等.化探资料应用技术要求[M].北京:地质出版社,2010.
鄢明才,迟清华.中国东部地壳与岩石的化学组成[M].北京:科学出版社,1997.
於崇文,骆庭川,鲍征宇,等.南岭地区区域地球化学[M].北京:地质出版社,1987.
赵文广,孙乘云,狄勤松,等.安徽省青阳县百丈岩钨钼矿床地质特征、成因及找矿方向分析[J].安徽地质,2007,17(2):90.
中国地质科学院成矿远景区划室.成矿预测的理论和方法[M].中国地质科学院,1990.
杨佩明,周全兴,杨则东.安徽省岩石地球化学特征[J].安徽地质,2005,15(1):1-7.
朱训.德兴斑岩铜矿[M].北京:地质出版社,1983.

主要内部资料

地矿部物化探研究所. 我国若干省区域地球化学背景值的研究[R]. 1990.

地质矿产部. 区域化探全国扫面工作方法若干规定[R]. 1985.

顾丰,秦国生,王志鸿,等. 安徽省铜陵地区物探化探遥感综合调查成果报告[R]. 地矿部第一综合物探大队,1986.

浙江省地质矿产厅. 关塘、蛤湖地区区域物化探调查报告[R]. 1991.

海南省地质调查院. 海南省矿产资源潜力评价化探资源应用(阶段性)成果报告[R]. 2010.

浙江省地质矿产厅. 河上、场口地区区域物化探调查报告[R]. 1990.

宦鹏德,杨根福,贾成禄,等. 安徽省枞阳-怀宁地区物探化探调查工作成果报告[R]. 地矿部第一综合物探大队,1985.

江苏省地质矿产局第三地质大队. 江苏省江宁县安基山铜矿区深部及外围铜矿普查地质报告[R]. 1993.

江苏地质矿产局. 江苏省铅锌银矿第二轮成矿远景区划报告[R]. 1994.

江西省地质矿产局. 江西省区域地质志[R]. 1984.

江西省地质矿产局. 江西省区域矿产总结[R]. 1909.

江西省地质矿产局物化探大队. 江西省区域地球物理、地球化学场的基本特征——1∶50万物化探图件说明书[R].

江西省地质矿产局物化探大队. 江西省寻乌-安山火山岩地区物化探异常特征及找矿方向研究[R]. 1993.

江苏省地质矿产局. 溧水地区1∶5万区调报告[R]. 1984.

廖日璋,等. 浦城县大铁坑—崇安县五夫工区物化探综合普查报告[R]. 1998.

马新丁,等. 安徽省霍山地区化探普查工作报告[R]. 安徽省地矿局313地质队,1983.

马新丁,等. 安徽省金寨地区化探普查工作报告[R]. 安徽省地矿局313地质队,1984.

牟绪赞,等. 地球物理地球化学勘查标准汇编(化探部分)[R]. 北京:地质矿产部地质调查局,1996.

浙江省区域地质调查大队. 沐尘、焦川幅1∶5万区域物化探调查报告[R]. 1992.

浙江省区域地质调查大队. 平水、丰惠幅1∶5万区域物化探调查报告[R]. 1990.

浙江省地质矿产厅. 上方地区1∶5万区域物化探调查报告[R]. 1989.

浙江省区域地质调查大队. 浙江省区域化探成果说明书(1∶20万)[R]. 1984.

田乃荣,等. 安徽省徽州地区1∶5万水系沉积物测量报告[R]. 安徽省地矿局332地质队,1984.

万仁良,袁平,陈国光,等. 安徽省贵池地区遥感、物探、化探调查成果报告[R]. 地矿部第一综合物探大队,1993.

汪方展,等. 福建省浦城山下—武夷山坪地钼多金属矿评价报告[R]. 2002.

王宝林,等. 安徽五河小溪集一带以金为主化探普查简报[R]. 地矿部第一综合物探大队,1988.

夏春金,等. 福建省大田乌峰寨等八个测区1∶5万水系沉积物测量报告[R]. 1998.

夏春金,等. 福建省浦城县官司坪、长汀县坪埔地区1∶5万水系沉积物测量报告[R]. 2000.

夏春金,等. 闽西南地区1∶5万地球化学普查报告[R]. 2000.

江苏省地质矿产局. 宜溧地区1∶5万区域地质调查报告[R]. 1988.

赵华荣,赵和仓. 安徽省青阳县杨美桥-泾县北贡地区地球化学普查报告[R]. 安徽省物化探院,1992.

浙江省地质矿产局. 中华人民共和国地质矿产部地质专刊—浙江省区域地质志[R]. 1989.

朱熙道,等. 福建东部火山岩地区银矿找矿方向研究报告[R]. 1992.

左延龙,李永成,王拥军,等. 1∶5万五城幅、大汉口幅区域矿产调查[R]. 安徽省地矿局332地质队,2006.